建筑与市政工程施工现场专业人员职业标准培训教材

施工员质量员通用与基础知识
（装饰方向）
（第2版）

建筑与市政工程施工现场专业人员职业标准培训教材编审委员会　编

主编　焦　涛
主审　焦振宏

U0235748

黄河水利出版社
·郑州·

内 容 提 要

本书为建筑与市政工程施工现场专业人员职业标准培训教材之一,以住房和城乡建设部人事司 2012 年 8 月发布的《建筑与市政工程施工现场专业人员考核评价大纲》为依据编写,讲述了常用建筑装饰材料、装饰施工图、装饰工程施工工艺和方法、装饰工程项目管理的基本知识,以及力学、建筑结构、装饰构造、装饰工程预算、施工测量、计算机和相关资料信息管理软件的基本知识及应用。

本书既可作为装饰装修施工员质量员培训教材,也可供装饰工程设计、施工、工程管理及监理等装饰装修技术人员阅读参考。

图书在版编目(CIP)数据

施工员质量员通用与基础知识.装饰方向/焦涛主编;
建筑与市政工程施工现场专业人员职业标准培训教材编审
委员会编.—2 版—郑州:黄河水利出版社,2018.2
建筑与市政工程施工现场专业人员职业标准培训教材
ISBN 978-7-5509-1984-6

Ⅰ.①施… Ⅱ.①焦… ②建… Ⅲ.①建筑装饰-工程施工-职业培训-教材 Ⅳ.①TU767

中国版本图书馆 CIP 数据核字(2018)第 044751 号

出 版 社:黄河水利出版社　　　　　　　　　网址:www.yrcp.com
　　　　地址:河南省郑州市顺河路黄委会综合楼 14 层　邮政编码:450003
发行单位:黄河水利出版社
　　　　发行部电话:0371-66026940、66020550、66028024、66022620(传真)
　　　　E-mail:hhslcbs@ 126.com
承印单位:河南承创印务有限公司
开本:787 mm×1 092 mm　1/16
印张:13.75
字数:334 千字　　　　　　　　　　　　　　印数:1—3 000
版次:2018 年 2 月第 1 版　　　　　　　　　印次:2018 年 2 月第 1 次印刷
定价:40.00 元

建筑与市政工程施工现场专业人员职业标准培训教材
编审委员会

序

为了加强建筑工程施工现场专业人员队伍的建设,规范专业人员的职业能力评价方法,指导专业人员的使用与教育培训,提高其职业素质、专业知识和专业技能水平,住房和城乡建设部颁布了《建筑与市政工程施工现场专业人员职业标准》(JGJ/T 250—2011),并自2012年1月1日起颁布实施。我们根据《建筑与市政工程施工现场专业人员职业标准》(JGJ/T 250—2011)配套的考核评价大纲,组织建设类专业高等院校资深教授、一线教师,以及建筑施工企业的专家共同编写了《建筑与市政工程施工现场专业人员职业标准培训教材》,为2014年全面启动《建筑与市政工程施工现场专业人员职业标准》的贯彻实施工作奠定了一个坚实的基础。

本系列培训教材包括《建筑与市政工程施工现场专业人员职业标准》涉及的土建、装饰、市政、设备4个专业的施工员、质量员、安全员、材料员、资料员5个岗位的内容,教材内容覆盖了考核评价大纲中的各个知识点和能力点。我们在编写过程中始终紧扣《建筑与市政工程施工现场专业人员职业标准》(JGJ/T 250—2011)和考核评价大纲,坚持与施工现场专业人员的定位相结合、与现行的国家标准和行业标准相结合、与建设类职业院校的专业设置相结合、与当前建设行业关键岗位管理人员培训工作现状相结合,力求体现当前建筑与市政行业技术发展水平,注重科学性、针对性、实用性和创新性,避免内容偏深、偏难,理论知识以满足使用为度。对每个专业、岗位,根据其职业工作的需要,注意精选教学内容、优化知识结构,突出能力要求,对知识和技能经过归纳,编写了《通用与基础知识》和《岗位知识与专业技能》,其中施工员和质量员按专业分类,安全员、资料员和材料员为通用专业。本系列教材第一批编写完成19本,以后将根据住房和城乡建设部颁布的其他岗位职业标准和施工现场专业人员的工作需要进行补充完善。

本系列培训教材的使用对象为职业院校建设类相关专业的学生、相关岗位的在职人员和转入相关岗位的从业人员,既可作为建筑与市政工程现场施工人员的考试学习用书,也可供建筑与市政工程的从业人员自学使用,还可供建设类专业职业院校的相关专业师生参考。

本系列培训教材的编撰者大多为建设类专业高等院校、行业协会和施工企业的专家和教师,在此,谨向他们表示衷心的感谢。

在本系列培训教材的编写过程中,虽经反复推敲,仍难免有不妥甚至疏漏之处,恳请广大读者提出宝贵意见,以便再版时补充修改,使其在提升建筑与市政工程施工现场专业人员的素质和能力方面发挥更大的作用。

建筑与市政工程施工现场专业人员职业标准培训教材编审委员会

2013年9月

前　言

本书以住房和城乡建设部人事司 2012 年 8 月发布的《建筑与市政工程施工现场专业人员考核评价大纲》为依据编写，讲述了常用建筑装饰材料、装饰施工图、装饰装修施工工艺与方法、装饰工程项目管理，以及力学、建筑结构、装饰构造、装饰工程预算、施工测量、计算机和相关资料信息管理软件的基本知识及应用、抽样统计分析基本知识。通过学习，使学员既能掌握装饰基本知识技能，又熟知应用技能知识，提高其职业技能。

本书采用了最新技术规范及标准，以建筑装饰工程实际应用为切入点，突出应用性，并有代表地介绍了装饰工程新材料、新技术、新工艺及其发展方向。实用性强，适用面宽，既可作为装饰装修施工员培训教材，也可供装饰工程设计、施工、工程管理及监理等装饰装修技术人员阅读参考。

本书建议安排 90 学时，各培训机构也可根据要求灵活安排。

本书由河南建筑职业技术学院焦涛担任主编，由中国建筑第七工程局建筑装饰工程有限公司总工程师焦振宏担任主审。河南建筑职业技术学院韩应江、袁新华、王一鸣、徐向东、刘红丹、宋乔、张照方、张文明，河南省建设教育协会吉三玲参与编写。编写分工如下：袁新华、吉三玲共同编写第一章，王一鸣编写第二章与第九章，张照方编写第四章，徐向东编写第五章，焦涛编写第三章、第六章第一节，宋乔编写第六章第二节，韩应江编写第七章，张文明编写第八章，刘红丹编写第十章。

由于建筑装饰行业发展很快，新材料、新技术、新工艺层出不穷，行业技术标准不断更新，编写时间仓促，书中难免有不当甚至错误之处，敬请读者批评指正。

编　者

2017 年 10 月

前　言

目　录

第一篇　通用知识

第一章　装饰材料的基本知识

【学习目标】　通过本章学习,了解建筑装饰材料的种类,掌握各类常用建筑装饰材料的性能、特点、技术指标与应用。

第一节　胶凝材料

一、胶凝材料概述

(一)胶凝材料的定义

胶凝材料是指在一定条件下,经过一系列物理、化学作用后,能从浆体变成坚固的石状体,并能胶结其他物料,制成具有一定强度复合固体的材料。这些材料在建筑工程中应用极其广泛。

(二)胶凝材料的分类

胶凝材料按化学性质不同可分为有机和无机胶凝材料两大类。

无机胶凝材料根据硬化条件可分为气硬性胶凝材料与水硬性胶凝材料。气硬性胶凝材料只能在空气中硬化,并且只能在空气中保持或发展其强度,如石膏、石灰等;水硬性胶凝材料则不仅能在空气中,而且能更好地在水中硬化,保持并发展其强度,如水泥。

二、水泥

1.通用硅酸盐水泥

通用硅酸盐水泥是指以硅酸盐水泥熟料和适量的石膏,以及规定的混合材料制成的水硬性胶凝材料。

通用硅酸盐水泥按混合材料的品种和掺量分为硅酸盐水泥、普通硅酸盐水泥、矿渣硅酸盐水泥、火山灰质硅酸盐水泥、粉煤灰硅酸盐水泥和复合硅酸盐水泥。各品种的组分和代号应符合现行《通用硅酸盐水泥》(GB 175—2007)的相关规定。

(1)强度等级

硅酸盐水泥的强度等级分为 42.5、42.5R、52.5、52.5R、62.5、62.5R 六个等级;

普通硅酸盐水泥的强度等级分为 42.5、42.5R、52.5、52.5R 四个等级;

矿渣硅酸盐水泥、火山灰质硅酸盐水泥、粉煤灰硅酸盐水泥、复合硅酸盐水泥的强度等级分为 32.5、32.5R、42.5、42.5R、52.5、52.5R 六个等级。

（2）技术要求

通用硅酸盐水泥的化学指标、物理指标以及碱含量、细度等应符合现行《通用硅酸盐水泥》（GB 175—2007）的相关规定。其中不同品种不同强度等级的通用硅酸盐水泥，其不同各龄期的强度应符合表 1-1 的规定。

表 1-1　通用硅酸盐水泥的强度

品种	强度等级	抗压强度（MPa）		抗折强度（MPa）	
		3 d	28 d	3 d	28 d
硅酸盐水泥	42.5	≥17.0	≥42.5	≥3.5	≥6.5
	42.5R	≥22.0		≥4.0	
	52.5	≥23.0	≥52.5	≥4.0	≥7.0
	52.5R	≥27.0		≥5.0	
	62.5	≥28.0	≥62.5	≥5.0	≥8.0
	62.5R	≥32.0		≥5.5	
普通硅酸盐水泥	42.5	≥17.0	≥42.5	≥3.5	≥6.5
	42.5R	≥22.0		≥4.0	
	52.5	≥23.0	≥52.5	≥4.0	≥7.0
	52.5R	≥27.0		≥5.0	
矿渣硅酸盐水泥 火山灰硅酸盐水泥 粉煤灰硅酸盐水泥 复合硅酸盐水泥	32.5	≥10.0	≥32.5	≥2.5	≥5.5
	32.5R	≥15.0		≥3.5	
	42.5	≥15.0	≥42.5	≥3.5	≥6.5
	42.5R	≥19.0		≥4.0	
	52.5	≥21.0	≥52.5	≥4.0	≥7.0
	52.5R	≥23.0		≥4.5	

注：R 为早强。

（3）通用硅酸盐水泥的特性及应用

通用硅酸盐水泥的特性及应用见表 1-2。

表 1-2　通用硅酸盐水泥的特性及应用

品种	硅酸盐水泥	普通水泥	矿渣水泥	火山灰水泥	粉煤灰水泥	复合水泥
主要特性	①凝结硬化快②早期强度高③水化热大④抗冻性好⑤干缩性小⑥耐腐蚀性差⑦耐热性差	①凝结硬化较快②早期强度较高③水化热较大④抗冻性较好⑤干缩性较小⑥耐腐蚀性较差⑦耐热性较差	①凝结硬化慢②早期强度低,后期强度增长较快③水化热较低④抗冻性差⑤干缩性大⑥耐腐蚀性较好⑦耐热性好⑧泌水性大	①凝结硬化慢②早期强度低,后期强度增长较快③水化热较低④抗冻性差⑤干缩性大⑥耐腐蚀性较好⑦耐热性较好⑧抗渗性较好	①凝结硬化慢②早期强度低,后期强度增长较快③水化热较低④抗冻性差⑤干缩性较小,抗裂性较好⑥耐腐蚀性较好⑦耐热性较好	与所掺两种或两种以上混合材料的种类、掺量有关,其特性及应用基本上与矿渣水泥、火山灰水泥、粉煤灰水泥的特性相似
适用范围	一般土建工程中钢筋混凝土及预应力钢筋混凝土结构;受反复冰冻作用的结构;配制高强和早强混凝土	与硅酸盐水泥基本相同	高温和有耐热耐火要求的混凝土结构;大体积混凝土结构;蒸汽养护的构件;有抗硫酸盐侵蚀要求的工程	地下、水中大体积混凝土结构和有抗渗要求的混凝土结构;蒸汽养护的构件;有抗硫酸盐侵蚀要求的工程	地上、地下及水中大体积混凝土结构;蒸汽养护的构件;抗裂性要求较高的构件;有抗硫酸盐侵蚀要求的工程	
不适用范围	大体积混凝土结构;受化学及海水侵蚀的工程	与硅酸盐水泥基本相同	早期强度要求高的工程;有抗冻、抗渗要求的混凝土工程	早期强度要求高的工程;有抗冻要求的混凝土工程;干热环境中的混凝土工程	早期强度要求高的工程;有抗冻要求的混凝土工程;有抗碳化要求的工程	

2.白色水泥

有氧化铁含量少的硅酸盐水泥熟料加入适量的石膏及其他混合材料,磨细制成的水硬性胶凝材料,称为白色硅酸盐水泥,简称为白色水泥。

（1）强度等级

白色水泥的强度等级分为 32.5、42.5、52.5。

（2）技术要求

根据现行《白色硅酸盐水泥》(GB/T 2015—2017)的规定,水泥中三氧化硫的含量应不超过 3.5%;细度要求 80 cm 方孔筛筛余应不超过 10%;初凝时间应不早于 45 min,终凝时间应不迟于 10 h;安定性用煮沸法检验必须合格;各强度等级的白色水泥的各龄期强度应不低于表 1-3 规定。

表 1-3　白色硅酸盐水泥各龄期强度指标

强度等级	抗压强度（MPa）		抗折强度（MPa）	
	3 d	28 d	3 d	28 d
32.5	12.0	32.5	3.0	6.0
42.5	17.0	42.5	3.5	6.5
52.5	22.0	52.5	4.0	7.0

白度是白色水泥的一项重要的技术性能指标,是衡量白水泥质量好坏的关键指标。现行《白色硅酸盐水泥》(GB/T 2015—2017)中规定,白色水泥的白度应不低于87。

(3)应用

白色水泥具有强度高、色泽洁白的特点,可配制各种彩色砂浆及彩色涂料,用于装饰工程的粉刷;制造有艺术性的各种白色和彩色混凝土或钢筋混凝土等的装饰结构部件;制造各种颜色的水刷石、仿大理石及水磨石等制品;配制彩色水泥等。

3.彩色水泥

以硅酸盐水泥熟料及适量石膏(或白色硅酸盐水泥)、混合材及着色剂磨细或混合制成的带有色彩的水硬性胶凝材料称为彩色硅酸盐水泥,简称彩色水泥。基本色有红色、黄色、蓝色、绿色、棕色和黑色等,其他颜色可由供需双方协商。

(1)强度等级

彩色水泥的强度等级分为27.5、32.5、42.5。

(2)技术要求

根据现行《彩色硅酸盐水泥》(JC/T 870—2012)的规定,水泥中三氧化硫的含量(质量分数)不大于4.0%;细度要求80 μm方孔筛筛余不大于6.0%;初凝时间不得早于1 h;终凝时间不得迟于10 h;安定性用煮沸法检验必须合格;各强度等级的彩色水泥的各龄期强度应符合表1-4规定。色差和颜色耐久性也应符合现行《彩色硅酸盐水泥》(JC/T 870—2012)的规定。

表1-4　彩色硅酸盐水泥各龄期强度指标

强度等级	抗压强度(MPa)		抗折强度(MPa)	
	3 d	28 d	3 d	28 d
27.5	≥7.5	≥27.5	≥2.0	≥5.0
32.5	≥10.0	≥32.5	≥2.5	≥5.5
42.5	≥15.0	≥42.5	≥3.5	≥6.5

(3)应用

①配制彩色水泥浆。作为彩色水泥涂料用于建筑物内外墙、天棚和柱子的粉刷,还广泛应用于贴面装饰工程的擦缝和勾缝工序,具有很好的辅助装饰效果。

②配制彩色水泥砂浆。主要用于建筑物内、外墙装饰。

③配制彩色混凝土。根据不同的施工工艺可达到不同的装饰效果。也可制成各种彩色制品及人造石,如彩色砌块、彩色水泥砖等。

三、砂浆

砂浆由胶凝材料、水和细骨料拌制而成。建筑砂浆按所用胶凝材料的不同,分为水泥砂浆、水泥混合砂浆、石灰砂浆及石膏砂浆等。按其主要用途可分为砌筑砂浆和抹面砂浆。

1.砂浆的技术性能

(1)砂浆的和易性

新拌砂浆应具有良好的和易性。砂浆的和易性包括流动性和保水性两个方面。

流动性也称稠度,用砂浆稠度仪测定,以沉入度(mm)作为砂浆稠度指标。砂浆稠度与用水量、胶凝材料的品种及用量等有关。

保水性是指砂浆保持其内部水分不泌出流失的能力。保水性用砂浆分层度筒测定,以分层度(mm)表示。水泥砂浆分层度不宜大于 30 mm,混合砂浆不宜大于 20 mm。

（2）强度及强度等级

砂浆以抗压强度为其强度指标。其抗压强度是以一组(6 块)标准试件,养护至 28d 所测定的抗压强度平均值来确定的。砂浆的强度等级共分为 M20、M15、M10、M7.5、M5、M2.5 六个等级。

抹灰砂浆的主要技术要求不是强度,而是和易性及与基底材料的黏结力。

2.装饰砂浆

（1）装饰砂浆的组成与分类

装饰砂浆主要由胶凝材料、细骨料、水和颜料组成。

装饰砂浆按饰面效果可分为两类,即灰浆类饰面和石渣类饰面。

（2）装饰砂浆的饰面方式

①灰浆类砂浆饰面。根据施工工艺,灰浆类砂浆饰面方式有拉毛灰、甩毛灰、扫毛灰及拉条抹灰等。如拉条抹灰,具有美观、大方、不易积灰、成本低等优点,并有良好的音响效果,适用于公共建筑门厅、会议室、观众厅等。也可用于外墙喷涂、滚涂、弹涂等。

②石渣类砂浆饰面。石渣类砂浆饰面可做成水刷石、水磨石、斩假石、干粘石等效果。

四、建筑石膏及制品

常用的建筑石膏是将天然生石膏加热至 107 ~ 170℃分解而得的半水石膏($CaSO_4 \cdot 1/2H_2O$),故建筑石膏又称熟石膏或半水石膏。石膏属于气硬性无机胶凝材料。

1.技术性能

建筑石膏的技术性能主要有强度、细度和凝结时间,其 2h 抗折强度≥2.0 MPa,2h 抗压强度≥4.5 MPa,细度以 0.2mm 方孔筛筛余百分数计,筛余量应≤10%。建筑石膏的初凝时间不得小于 3min,终凝时间不得大于 30min。其有害物质含量的要求见表1-5。

表 1-5　建筑石膏有害物质含量

氧化钾(K_2O)	氧化钠(Na_2O)	氧化镁(MgO)	五氧化二磷(P_2O_5)	氟(F)
≤0.05% （可溶性）	≤0.05% （可溶性）	≤0.05% （可溶性）	≤0.10% （可溶性）	≤1.00% （总量）

2.特点

①凝结硬化快、强度较低。

②体积微膨胀。石膏浆体在凝结硬化初期体积会发生微膨胀,膨胀率为 0.5% ~ 1.0%。这一特性使模塑形成的石膏制品表面光滑,尺寸精确,棱角清晰、饱满,装饰性好。

③孔隙率大、保温性好、吸声性好。建筑石膏制品硬化后内部形成大量的毛细孔隙,孔隙率达 50% ~ 60%。因而石膏制品导热系数小,保温隔热性及吸声性好。

④具有一定的调节温、湿度作用。建筑石膏制品的热容量较大,具有一定的调节温度的

作用,建筑石膏制品内部大量毛细孔隙对空气中的水蒸气具有较强的吸附能力,因此对湿度也有一定的调节作用。

⑤耐水性、抗冻性差。石膏制品的孔隙率大,且二水石膏微溶于水,具有很强的吸湿性和吸水性,石膏的软化系数只有 0.2~0.3,所以石膏制品的耐水性和抗冻性较差。

⑥防火性好、但耐火性差。建筑石膏制品的导热系数小、传热慢,且二水石膏受热脱水产生的水蒸气能阻碍火势的蔓延。但二水石膏脱水后,强度下降,因此建筑石膏耐火性较差,不宜长期在 65 ℃以上的高温部位使用。

3.应用

建筑石膏大量用于石膏抹面灰浆、墙面泥子以及生产各种石膏板材(如纸面石膏板、装饰石膏板等)、石膏花饰、柱饰以及石膏浮雕制品、室内陈设品等;建筑石膏制品广泛用于吊顶、墙面和隔墙工程。

五、建筑胶粘剂

胶粘剂是指能直接将两种材料牢固地粘接起来的多组分材料。

胶粘剂品种繁多,分类方法也较多。按照《室内装饰装修材料 胶粘剂中有害物质限量》(GB 18583—2008),室内建筑装饰装修用胶粘剂分为溶剂型、水基型、本体型三大类,各自有害物质限量应符合规范规定。

建筑中常用的胶粘剂及其性能见表1-6。

表 1-6　建筑中常用的胶粘剂及其性能

种类		性能	主要用途
热塑性合成树脂胶粘剂	聚乙烯醇缩甲醛类胶粘剂	粘接强度较高,耐水性、耐油性、耐磨性及抗老化性较好	粘贴壁纸、墙布、瓷砖等,可用于涂料的主要成膜物质,或用于拌制水泥砂浆
	聚醋酸乙烯酯类胶粘剂	常温固化快,粘接强度高,粘接层的韧性和耐久性好,不易老化,无毒、无味、不易燃爆,价格低,但耐水性差	广泛用于粘贴壁纸、玻璃、陶瓷、塑料、纤维织物、石材、混凝土、石膏等各种非金属材料,也可作为水泥增强剂
	聚乙烯醇胶粘剂(胶水)	水溶性胶粘剂,无毒,使用方便,粘接强度不高	可用于胶合板、壁纸、纸张等的粘接
热固性合成树脂胶粘剂	环氧树脂类胶粘剂	粘接强度高,收缩率小,耐腐蚀,电绝缘性好,耐水,耐油	粘接金属制品、玻璃、陶瓷、木材、塑料、皮革、水泥制品、纤维制品等
	酚醛树脂类胶粘剂	粘接强度高,耐疲劳,耐热,耐气候老化	用于粘接金属、陶瓷、玻璃、塑料和其他非金属材料制品
	聚氨酯类胶粘剂	黏附性好,耐疲劳,耐油,耐水、耐酸、韧性好,耐低温性能优异,可室温固化,但耐热差	适于粘接塑料、木材、皮革等,特别适用于防水、耐酸、耐碱等工程中

种类		性能	主要用途
合成橡胶胶粘剂	丁腈橡胶胶粘剂	弹性及耐候性良好,耐疲劳,耐油、耐溶剂性好,耐热,有良好的混溶性,但黏着性差,成膜缓慢	适用于耐油部件中橡胶与橡胶、橡胶与金属、织物等的粘接。尤其适用于粘接软质聚氯乙烯材料
	氯丁橡胶胶粘剂	黏附力、内聚强度高,耐燃、耐油、耐溶剂性好。储存稳定性差	用于结构粘接。如橡胶、木材、陶瓷、石棉等不同材料的粘接
	聚硫橡胶胶粘剂	很好的弹性、黏附性。耐油、耐候性好,对气体和蒸汽不渗透,防老化性好	作密封胶及用于路面、地坪、混凝土的修补、表面密封和防滑。用于海港、码头及水下建筑物的密封
	硅橡胶胶粘剂	良好的耐紫外线、耐老化性、耐热、耐腐蚀性、黏附性好、防水防震	用于金属、陶瓷、混凝土、部分塑料的粘接。尤其适用于门窗玻璃的安装以及隧道、地铁等地下建筑中瓷砖、岩石接缝间的密封

第二节　建筑装饰石材

一、天然大理石

(一)大理石板材分类、等级和标记

大理石板材按矿物组成分为方解石大理石(FL)、白云石大理石(BL)、蛇纹石大理石(SL);按形状分为毛光板(MG)、普型板(PX)、圆弧版(HM)、异形板(YX);按表面加工分为镜面板(JM)和粗面板(CM)。

大理石板材的等级按加工质量和外观质量分为 A、B、C 三级。

大理石板材按照名称、类别、规格尺寸、等级、标准编号的顺序进行标记。例如:用房山汉白玉大理石荒料加工的 600 mm×600 mm×20 mm、普型、A 级、镜面板材,标记为:房山汉白玉大理石或(M1101)BL PX JM 600×600×20 A GB/T 19766—2016。

(二)大理石板材的材料要求

普型板的尺寸系列见表 1-7,圆弧板、异形板和特殊要求的普型板规格尺寸由供需双方协商确定。

表 1-7　普型板尺寸系列

边长系列	300ª、305ª、400、500、600ª、700、800、900、1 000、1 200
厚度系列	10ª、12、15、18、20ª、25、30、35、40、50

注: ª 为常用规格。

坚固性差的板材应采用背网加固,背网用胶粘剂应使用饰面石材用胶粘剂,其性能应符合 GB 24264 要求,并应有增强粘结性的措施。

板材应选用适宜的防护剂进行表面处理,防护剂应符合《天然石材防护剂》(GB/T 32837—2016)要求。

(三)大理石板材的技术要求

1.加工质量

大理石板材的加工质量应符合现行《天然大理石建筑板材》(GB/T 19766—2016)相关要求。

2.外观质量

大理石板材的外观质量应符合现行《天然大理石建筑板材》(GB/T 19766—2016)相关要求,具体如下:同一批板材的色调应基本调和,花纹应基本一致;板材正面的外观缺陷应符合表1-8的规定;板材允许粘接和修补,粘接和修补后应不影响板材的装饰效果,不降低板材物理性能。

表1-8 板材外观缺陷要求

缺陷名称	规定内容	技术指标		
		A	B	C
裂纹	长度≤10 mm 的条数/条	0		
缺棱	长度≤8 mm,宽度≤1.5 mm(长度≤4 mm,宽度≤1 mm 不计),每米长允许个数/个	0	1	2
缺角	沿板材边长顺延方向,长度≤3 mm,宽度≤3 mm(长度≤2 mm,宽度≤2 mm 不计),每块板允许个数/个			
色斑	面积≤6 cm²(面积<2 cm² 不计)每块板允许个数/个			
砂眼	直径<2 mm		不明显	有,不影响装饰效果

＊对锚光板不做要求

3.物理性能

大理石板材的物理性能应符合表1-9的规定,工程对板材物理性能项目及指标有特殊要求的,按工程要求执行。

表1-9 物理性能要求

项目		技术指标		
		方解石大理石	白云石大理石	蛇纹石大理石
体积密度/(g/cm³) ≥		2.60	2.80	2.56
吸水率/% ≤		0.50	0.50	0.60
压缩强度/MPa ≥	干燥	5.2	5.2	70
	水饱和			
弯曲强度/MPa ≥	干燥	7.0	7.0	7.0
	水饱和			
耐磨性＊/(1/cm³) ≥		10	10	10

＊仅适用于地面、楼梯踏步、台面等易磨损部位的大理石石材

(四)大理石板材的选用

大理石板材主要用于建筑装饰等级要求高的建筑物,一般用于纪念性建筑、大型公共建筑,如宾馆、展览馆、剧院、商场、图书馆、机场、车站、办公楼等建筑物的室内墙面、柱面、服务台、栏板、电梯间门口等部位,也可用于制作大理石壁画、工艺品等。除少数稳定、耐久的品种(如汉白玉、艾叶青)外,绝大多数大理石品种只宜用于室内装饰。

二、天然花岗石

(一)花岗石板材分类、等级和标记

天然花岗石板材按形状分为毛光板(MG)、普型板(PX)、圆弧板(HM)和异型板(YX)四类。按表面加工程度分为镜面板(JM)、细面板(YG)和粗面板(CM)三类。按用途分为一般用途和功能用途。

毛光板按厚度偏差、平面度公差及外观质量等,普型板按规格尺寸偏差、平面度公差、角度公差及外观质量等,圆弧板按规格尺寸偏差、直线度公差、线轮廓度公差及外观质量等分别将板材分为优等品(A)、一等品(B)、合格品(C)三个等级。

花岗石建筑板材按荒料产地地名、花纹色调特征描述、花岗石顺序命名。编号采用GB/T 17670的规定,标记顺序为:名称、类别、规格尺寸、等级、标准编号。例如:用山东济南青花岗石荒料加工的 600 mm×600 mm×20 mm、普型、镜面、优等品板材标记为:济南青花岗石(G3701)PXJM600×600×20 A GB/T 18601—2009。

(二)花岗石板材的技术要求

1.一般要求

规格板的尺寸系列见表1-10,圆弧板、异型板和特殊要求的普型板规格尺寸由供需双方协商确定。

表 1-10　规格板的尺寸系列　　　　　　　　　　　　(单位:mm)

边长系列	300ᵃ、305ᵃ、400、500、600ᵃ、800、900、1 000、1 200、1 500、1 800
厚度系列	10ᵃ、12、15、18、20ᵃ、25、30、35、40、50

注:ᵃ 为常用规格。

2.外观质量

按照现行《天然花岗石建筑板材》(GB/T 18601—2009)的规定,同一批板材的色调应基本调和,花纹应基本一致。板材正面的外观缺陷的质量要求应符合表1-11规定,毛光板外观缺陷不包括缺棱和缺角。

3.放射性

根据国家标准现行《建筑材料放射性核素限量》(GB 6566—2010),天然石材产品根据镭-226、钍-232、钾-40的放射性比活度限值分为 A、B、C 三类,见表1-12。

4.加工质量和物理性能

加工质量和物理性能应符合现行《天然花岗岩石建筑板材》(GB/T 18601—2009)的相关规定。

表 1-11　板材正面的外观缺陷的质量要求

名称	规定内容	优等品	一等品	合格品
缺棱	长度≤10 mm,宽度≤1.2 mm(长度<5 mm,宽度<1.0 mm不计),周边每米长允许个数(个)	0	1	2
缺角	沿板材边长,长度≤3 mm,宽度≤3 mm(长度≤2 mm,宽度≤2 mm不计),每块板允许个数(个)	0	1	2
裂纹	长度不超过两端顺延至板边总长度的1/10(长度<20 mm不计),每块板允许条数(条)	0	1	2
色斑	面积≤15 mm×30 mm(面积<10 mm×10 mm不计),每块板允许个数(个)	2	2	3
色线	长度不超过两端顺延至板边总长度的1/10(长度<40 mm不计),每块板允许条数(条)	2	2	3

注:干挂板材不允许有裂纹存在。

表 1-12　天然花岗石放射性级别和使用范围

级别	I_r	I_{Ra}	使用范围
A	≤1.3	≤1.0	产销与使用范围不受限制
B	≤1.9	≤1.3	不可用于Ⅰ类民用建筑的内饰面,但可用于Ⅱ类民用建筑物、工业建筑内饰面及其他一切建筑的外饰面
C	≤2.8	>1.3	只可用于建筑物的外饰面及室外其他用途

注:Ⅰ类民用建筑包括住宅、老年公寓、托儿所、医院和学校、办公楼、宾馆等,Ⅱ类民用建筑包括商场、文化娱乐场所、书店、图书馆、展览馆、体育馆和公共交通等候室、餐厅、理发店等。

(三)花岗石板材的选用

花岗石属高级装饰材料,造价较高,因其不易风化,外观色泽可保持百年以上,因而主要应用于纪念碑、影剧院、纪念馆、宾馆、礼堂等大型公共建筑或装饰等级要求较高的室内外装饰工程。粗面和细面板常用于室外地面、台阶、基座、墙面、柱面、基座、勒角等;镜面板多用于室内外墙面、地面、柱面、台面、台阶等,特别适宜做大型公共建筑大厅的地面。

三、人造石材

人造石材是由人工制造的具有天然石材的花纹和质感的合成石材。按生产所用原材料及生产工艺,可分为聚酯型人造石材、水泥型人造石材、复合型人造石材、烧结型人造石材四类。

(一)聚酯型人造石材

聚酯型人造石材主要包括聚酯型人造大理石及花岗岩、玉石合成饰面板等。其特性是易于成型,且光泽度高、质地高雅、强度较高、密度小、厚度薄、耐水、耐污染、基色浅,可调制成各种鲜艳的颜色。缺点是耐刻划性较差且填料级配若不合理,产品易出现翘曲变形。聚酯型人造石材可用于室内外墙面、柱面、楼梯面板、服务台面等部位的装饰装修。

（二）水泥型人造石材

水泥型人造石材生产取材方便,其结构致密、表面光亮,呈半透明状,同时花纹耐久、抗风化,耐火性、抗冻性、防火性能优良。水泥型人造石材的缺点是耐腐蚀性能较差,且表面容易出现龟裂和泛霜,因此不宜用作卫生洁具,也不宜用于外墙装饰。水泥型人造石材适用于建筑物的地面、墙面、柱面、窗台、踢脚、台面、楼梯踏步等处,还可以制成桌面、水池、花盆、茶几等。

（三）复合型人造石材

复合型人造石材所采用的胶凝材料中,既有有机聚合物树脂,又有无机水泥,综合了聚酯型人造石材和水泥型人造石材的优点,既具有良好的性能,成本也较低,但它受温差影响后聚酯面易产生剥落或开裂。复合型人造石材适用于建筑物的地面、墙面、柱面等。

（四）烧结型人造石材

烧结型人造石材用土作胶结材料,需经高温焙烧,耗能大,造价高,且产品破损率也大。

第三节　装饰木材

一、木材的分类

（一）按树种分类

按树种分为针叶树和阔叶树。

针叶树木材是主要的建筑用材,广泛用作各种构件、装修和装饰部件。常用的树种有落叶松、云杉、冷杉、杉木、柏木等。

阔叶树木材适用于室内装修,制作家具和胶合板等。常用的树种有柚木、榉木、水曲柳、樟木、桦木等。

（二）按加工程度和用途分类

按加工程度和用途分为原木、杉原条、板方材。

原木主要用于制作胶合板。杉原条主要用于制作家具。板方材是指已经加工锯解成材的木料,一般用于制作家具。

二、人造板材

（一）胶合板

胶合板是用原木旋切成薄片,再用胶粘剂按奇数层数,以各层纤维互相垂直的方向黏合热压而成的人造板材。胶合板板材幅面大,易于加工;板面平整,收缩性小,不翘不裂;板面具有美丽的木纹,是装饰工程中使用最频繁、数量最大的板材。

1.普通胶合板

胶合板可分为三夹(厘)板、五夹(厘)板、七夹(厘)板和九(厘)夹板,其中五夹(厘)板、九夹(厘)板最为常用。其厚度规格为 2.7 mm、3.0 mm、3.5 mm、4.0 mm、5.0 mm、5.5 mm、6.0 mm 等,自 6 mm 起按 1 mm 递增。厚度小于或等于 4 mm 为薄胶合板。幅面尺寸最为常见的是 2 440 mm×1 220 mm。

普通胶合板的技术要求应符合现行《胶合板第 3 部分:普通胶合板通用技术条件》(GB/

T 9846.3)的相关规定。

2.细木工板

细木工板又称大芯板,具有密度小、变形小、强度高、尺寸稳定性好、握钉力强等优点,因此是家庭装修中墙体、顶部装修和制作家具必不可少的木材制品。

细木工板按表面加工状态可分为一面砂光、两面砂光和不砂光三种;按所使用的胶合剂可分为Ⅰ类胶细木工板、Ⅱ类胶细木工板;按面板材质和加工工艺质量可分为一等、二等、三等三个等级。

细木工板的技术要求应符合《细木工板》(GB/T 5849—2016)的相关规定。

3.装饰单板贴面胶合板

装饰单板贴面胶合板(又称装饰面板)是用优质木材经刨切或旋切加工方法制成的薄木片,是室内装修最常使用的材料之一。在建筑装饰工程中常用作装饰贴面,经过清水油漆后可显示木纹路的天然质朴、自然高贵,可以营造出与人有最佳亲和力、高雅的居室环境。

单板贴面胶合板按装饰面可分为单面和双面装饰单板贴面胶合板;按耐水性能可分为Ⅰ类、Ⅱ类、Ⅲ类;按纹理可分为径向和弦向装饰单板贴面胶合板。常见的是单面装饰单板贴面胶合板。装饰单板常用的材种有桦木、水曲柳、柞木、水青岗、榆木、核桃木等。

装饰单板贴面胶合板的技术要求应符合现行《装饰单板贴面人造板》(GB/T 15104—2006)的相关规定。

(二)纤维板

纤维板是以木材加工中的零料碎屑(树皮、刨花、树枝)或其他植物纤维、稻草、麦秆、玉米秆)为主要原料,经粉碎、水解、打浆、铺膜成型、热压、等温等湿处理而成的。

密度板是常用的纤维板之一。按其密度的不同,密度板分为高密度板、中密度板、低密度板,现在市场上常用的是中密度板。

中密度纤维板的结构均匀、密度适中、力学强度较高、尺寸稳定性好、变形小、表面光滑、边缘牢固,且板材表面的装饰性能好,所以它可制成各种型面,用于制造强化木地板、家具以及隔断、隔墙、门等。缺点是加工精度和工艺要求较高,造价较高;不宜在装修现场加工;此外,握钉力较差。

中密度纤维板分为(干燥、潮湿、高湿度、室外条件下)普通型中密度纤维板、家具型中密度纤维板、承重型中密度纤维板;还可附加分类为阻燃、防虫害、抗真菌等。

中密度纤维板的外观质量、幅面尺寸、尺寸偏差、密度及偏差、含水率、物理力学性能、甲醛释放量等技术要求应符合现行《中密度纤维板》(GB/T 11718—2009)的相关规定。

(三)刨花板

刨花板是采用木材加工中的刨花、碎片及木屑为原料,使用专用机械切断粉碎成细丝状纤维,经烘干、施加胶料、拌和铺膜、预压成型,再通过高温、高压压制而成的一种人造板材。它具有质量轻、强度低、隔音、保温等特点。

刨花板按用途分为(干燥状态下、潮湿状态下、高湿状态下)使用的普通型刨花板、家具型刨花板、承载型刨花板、重载型刨花板;按功能分为阻燃刨花板、防虫害刨花板、抗真菌刨花板。

刨花板的幅面尺寸为1 220 mm×2440 mm,厚度及特殊幅面尺寸由供需双方商定。

刨花板的尺寸偏差、外观质量、理化性能等技术要求应符合现行《刨花板》(GB/T

4897—2015)的相关规定。

三、常用木质装饰品

(一)实木地板

1.特点

实木地板是指用实木直接加工而成的地板。实木地板由于其天然的木材质地,具有质感润泽、触感柔和、高贵典雅等特点,深受人们的喜欢。

2.分类

按形状分为榫接实木地板、平接实木地板、仿石实木地板;按表面有无涂饰分为涂饰实木地板、未涂饰实木地板;按表面涂饰类型分为漆饰实木地板、油饰实木地板。

3.技术要求

实木地板按产品的外观质量、物理性能分为优等品、一等品和合格品。

实木地板的规格尺寸与偏差、外观质量、物理性能等技术要求应符合现行《实木地板第1部分:技术要求》(GB/T 15036.1—2009)的相关规定。

(二)实木复合地板

1.特点

实木复合地板是以实木拼板或单板为面板、以实木拼板、单板或胶合板为芯层或底层,经不同组合层压加工而成的地板。以面层树种来确定地板树种名称(面层为不同树种的拼花地板除外)。它具有实木地板木纹自然美观、脚感舒适、隔音保温等优点,同时又克服了实木地板易变形的缺点,且规格大,铺设方便。缺点是如胶合质量差会出现脱胶,在使用中必须重视维护保养。

2.分类

按面层材料分为天然整张单板为面板的实木复合地板、天然拼接(含拼花)单板为面板的实木复合地板、重组装饰单板为面板的实木复合地板、调色单板为面板的实木复合地板;按结构分为两层实木复合地板、三层实木复合地板和多层实木复合地板;按涂饰方式分为油饰面实木复合地板、油漆饰面实木复合地板、未涂饰实木复合地板。

3.技术要求

实木复合地板根据产品的外观质量分为优等品、一等品和合格品。实木复合地板的材料要求、外观质量、规格尺寸与偏差、理化性能等技术要求应符合现行《实木复合地板》(GB/T 18103—2013)的相关规定。

(三)浸渍纸层压木质地板

1.特点

浸渍纸层压木质地板也称强化木地板,是以一层或多层专用纸浸渍热固性氨基树脂,铺装在刨花板、中密度纤维板、高密度纤维板等人造板基材表面,背面加平衡层,正面加耐磨层,经热压而成的地板。

浸渍纸层压木质地板的特点是耐磨性强,表面装饰花纹整齐,色泽均匀,抗压性强,抗冲击,抗静电,耐污染,耐光照,耐香烟灼烧,安装方便,保养简单,价格便宜,便于清洁护理。但弹性和脚感不如实木地板,水泡损坏后不可修复。另外,胶粘剂中含有一定的甲醛,应严格控制在国家标准范围之内。

2.分类

(1)按地板基材分：①以刨花板为基材的浸渍纸层压木质地板；②以中密度纤维板为基材的浸渍纸层压木质地板；③以高密度纤维板为基材的浸渍纸层压木质地板。

(2)按装饰层分：①单层浸渍纸层压木质地板；②多层浸渍纸层压木质地板；③热固性树脂装饰层压板层压木质地板。

(3)按表面图案分：①浮雕浸渍纸层压木质地板；②光面浸渍纸层压木质地板。

(4)按用途分：①公共场所用浸渍纸层压木质地板(耐磨转数≥9 000 转)；②家庭用浸渍纸层压木质地板(耐磨转数≥6 000 转)。

(5)按甲醛释放量分：①A 类浸渍纸层压木质地板(甲醛释放量：≤9 mg/100 g)；②B 类浸渍纸层压木质地板(甲醛释放量：>9~40 mg/100 g)。

3.技术要求

浸渍纸层压木质地板根据产品的外观质量、理化性能分为优等品、一等品和合格品。其外观质量、规格尺寸与偏差、理化性能等技术要求应符合现行《浸渍纸层压木质地板》(GB/T 18102—2007)的相关规定。

(四)木装饰线条

木装饰线条简称木线，木线可油漆成各种色彩和木纹本色，又可进行对接、拼接，还可弯曲成各种弧线。木线在室内装饰中主要起着固定、连接、加强装饰饰面的作用。

木线按材质不同可分为硬度杂木线、进口洋杂木线、白元木线、水曲柳木线、山樟木线、核桃木线、柚木线等；按功能可分为压边线、柱角线、压角线、墙角线、墙腰线、上楣线、覆盖线、封边线、镜框线等；按外形可分为半圆线、直角线、斜角线、指甲线等；从款式上可分为外凸式、内凹式、凸凹结合式、嵌槽式等。各种木线的常用长度为 2~5 m。

木线具有表面光滑，棱角、棱边、弧面弧线垂直，轮廓分明，耐磨、耐腐蚀，不劈裂，上色性好、黏结性好等特点，在室内装饰中应用广泛，主要用作天花板、墙面、门窗柜、家具等不同层次面的交接处，不同材料面的对接处以及平面造型等收边封口材料。

(五)木花格

木花格是指用木板和方木制成具有若干分格的木架，这些分格的尺寸、形状各不相同，具有良好的装饰效果。木花格一般选用硬木或杉木树材制作，并要求材质木节少、颜色好、无虫蛀腐蚀等。木花格具有加工制作比较简单、饰件轻巧纤细、表面纹理清晰等特点，适用于建筑物室内的花窗、隔断、博古架等，它能起到调节室内设计格调、改进空间效能和提高室内艺术效果等作用。

第四节　金属装饰材料

一、金属装饰材料的种类

金属材料通常分为黑色金属与有色金属两大类。黑色金属是以铁元素为基本成分的金属及其合金，如铁、钢；有色金属是指铁以外的其他金属及其合金的总称，如铜、锌、锡、钛等。

在建筑装饰工程中，从使用性质与要求上分为两种：结构承重材料和饰面材料。结构承重材料多用作骨架、支柱、扶手、爬梯等；而饰面材料通常较薄，表面精度要求较高，如各种饰面板。

二、铝合金材料

(一)铝合金的特性和分类

铝合金轻质高强,耐腐蚀性能、低温性能较好,易着色,有较好的装饰性。但其弹性模量小,刚度较小,易变形;线膨胀系数大,约为钢材的 2 倍;耐热性、可焊性也较差。

根据成分和工艺的特点,铝合金可以分为变形铝合金和铸造铝合金。

(二)常用铝合金装饰制品

1.铝合金门窗

铝合金门窗质量轻,强度高,气密性和隔声性能好,装饰效果好,耐久性好,维修方便,便于工业化生产。

铝合金门窗的品种:按开启方式分为推拉门(窗)、平开门(窗)、固定窗、悬挂窗、百叶窗、纱窗和回转门(窗)等。

铝合金门窗的等级:按抗风压强度、空气渗透性能和雨水渗透性能分为 A、B、C 三类,分别表示高性能、中性能和低性能。每一类又按抗风压强度、空气渗透性能和雨水渗透性能分为优等品、一等品和合格品三个等级。

2.铝合金装饰板

铝合金装饰板具有质量轻、不燃烧、耐久性好、施工方便、装饰效果好等优点,适用于公共建筑室内外墙面和柱面的装饰。当前的产品规格有开放式、封闭式、波浪式、重叠式条板和藻井式、内圆式、龟板式块状吊顶板。颜色有本色、金黄色、古铜色、茶色等。表面处理方法有烤漆和阳极氧化等形式。在装饰工程中用得较多的铝合金板材有铝合金花纹板及浅花纹板、铝合金压形板、铝合金穿孔板等。

三、不锈钢及制品

(一)不锈钢的分类

按照耐腐蚀性能分为耐酸钢和不锈钢两种。

根据不锈钢的组织特点分为马氏不锈钢、铁素体不锈钢、奥氏体不锈钢和沉淀硬化不锈钢。

(二)不锈钢板材

装饰不锈钢板材通常按照板材的反光率分为镜面或光面板、压光板和浮雕板三种类型。镜面板表面光滑光亮,反光率在 90% 以上,常用于室内墙面或柱面。压光板的光线反射率为 50% 以下,其光泽柔和、不晃眼,可用于室内外装饰。浮雕板的表面是经辊压、研磨、腐蚀或雕刻而形成浮雕纹路,一般蚀刻深度在 0.015~0.5 mm,价格较贵。

(三)彩色不锈钢板

彩色不锈钢板无毒、耐腐蚀、耐高温、耐摩擦和耐候性好,色层不剥离,色彩经久不褪,耐烟雾腐蚀性能超过一般不锈钢,彩色不锈钢板的加工性能好,可弯曲、可拉伸、可冲压等。耐腐蚀性超过一般的不锈钢,耐磨和耐刻划性能相当于箔层镀金的性能。

彩色不锈钢板适用于高级建筑物的电梯厢板、厅堂墙板、顶棚、门、柱等处,也可做车厢板、建筑装潢和招牌等。

（四）不锈钢型材

不锈钢型材有等边不锈钢角材、等边不锈钢槽材、不等边不锈钢角材和不等边不锈钢槽材、方管、圆管等，用作压条、拉手和建筑五金等。

第五节　建筑装饰陶瓷

一、陶瓷墙地砖

（一）陶瓷墙地砖的种类与性能

1.按用途分

按用途陶瓷墙地砖可分为墙面砖和地面砖。

1）外墙面砖

外墙面砖具有坚固耐用、色彩鲜艳、易清洗、防火、防水、耐磨、耐腐蚀和维修费用低等特点。要求其不仅具有装饰性能，更要满足一定的抗冻性、抗风化能力和耐污染性能。但不足之处是造价偏高、工效低、自重大。常用外墙砖的规格有 45 mm×195 mm、50 mm×200 mm、52 mm×230 mm、60 mm×240 mm、100 mm×100 mm、100 mm×200 mm、200 mm×400 mm 等，厚 6~8 mm。外墙面砖表面有施釉和无釉之分，施釉砖有亚光和亮光之分，表面有平滑和粗糙之分。外墙面砖的种类、性能和用途见表 1-13。

2）釉面内墙砖

釉面内墙砖简称釉面砖，是用于建筑物内墙面装饰的薄片状精陶建筑材料，其结构由坯体和表面釉彩层两部分组成。它具有色泽柔和、典雅、美观耐用、表面光滑洁净、耐火、防水、抗腐蚀、热稳定性能良好等特点。

釉面砖是多孔的精陶坯体，吸水率为 18%～21%，易发生冻胀爆裂，故釉面砖不能用于外墙和室外。由于釉面砖的热稳定性好、防火、防潮、耐酸碱、表面光滑、易清洗，常用于厨房、浴室、卫生间、实验室、医院等室内墙面、台面等装饰。

釉面砖的主要种类及特点见表 1-14。

表 1-13　外墙面砖的种类、性能和用途

种类		性能	用途
名称	说明		
表面无釉外墙面砖（墙面砖）	有白、浅黄、深黄、红、绿等色	质地坚硬，吸水率较小，色调柔和，耐水抗冻，经久耐用，防火，易清洗等	用于建筑物外墙，作装饰及保护墙面之用
表面有釉外墙面砖（彩釉砖）	有红、蓝、绿、金砂釉、黄、白等色		
线砖	表面有突起线条、有釉，并有黄绿等色		
外墙立体面砖（立体彩釉砖）	表面有釉，做成各种立体图案		

表 1-14　釉面砖的主要种类及特点

种类		特点
白色釉面砖		色纯白、釉面光亮、清洁大方
彩色釉面砖	有光彩色釉面砖	釉面光亮晶莹、色彩丰富雅致
	无光彩色釉面砖	釉面半无光、不晃眼、色泽一致、柔和
装饰釉面砖	花釉砖	是在同一砖上施以多种彩釉经高温烧成;色釉互相渗透,花纹千姿百态,装饰效果良好
	结晶釉砖	晶化辉映,纹理多姿
	斑纹釉砖	斑纹釉面,丰富生动
	仿大理石釉砖	具有天然大理石花纹,颜色丰富,美观大方
图案砖	白色图案砖	是在白色釉面砖上装饰各种图案经高温烧成;纹样清晰
	彩色地图案砖	是在有光或无光的彩色釉面砖上装饰各种图案,经高温烧成;具有浮雕、缎光、绒毛、彩漆等效果
字画釉面砖	瓷砖画	以各种釉面砖拼成各种瓷砖画,或根据已有画稿烧制成釉面砖,拼装成各种瓷砖画;清晰美观,永不褪色
	色釉陶瓷字	以各种色釉、瓷土烧制而成;色彩丰富,光亮美观,永不褪色

釉面砖的尺寸规格很多,有 100 mm×100 mm、200 mm×200 mm、250 mm×300 mm、300 mm×300 mm、300 mm×450 mm、600 mm×600 mm 等。釉面砖的规格种类包括四面光砖、一面圆、两面圆、四面圆、阴三角砖、阳三角砖、阴角座砖、阳角座砖等。

釉面砖的技术性能:釉面砖执行《陶瓷砖》(GB/T 4100—2006)标准。

3)地砖

地砖主要用于室内及室外地面的装饰,具有较强的抗冲击性和耐磨性,吸水率较低,抗污能力强。其品种主要有彩釉地砖、无釉亚光地砖、广场砖、瓷质砖等。地砖常用规格有300 mm×300 mm、400 mm×400 mm、500 mm×500 mm、600 mm×600 mm、800 mm×800 mm、1 000mm×1 000 mm,厚度根据地砖规格不同为 7~12 mm。

2.按其表面是否施釉分

按其表面是否施釉可分为彩色釉面陶瓷墙地砖和无釉陶瓷墙地砖。

1)彩色釉面陶瓷墙地砖

彩色釉面陶瓷墙地砖色彩瑰丽,丰富多变,具有极强的装饰性和耐久性;结构致密,抗压强度较高,易清洁,装饰效果好,广泛应用于各类建筑物的外墙、柱的饰面和地面装饰。用于不同部位的墙地砖应考虑其特殊的要求,如用于铺地时应考虑彩釉砖的耐磨级别;用于寒冷地区时,应选用吸水率尽可能小(低于3%)、抗冻性能好的墙地砖。

彩釉砖表面有平面和立体浮雕面的,有镜面和防滑亚光面的,有带纹点和仿大理石、花岗石图案的等;平面形状分为正方形和长方形两种,主要规格尺寸见表 1-15,厚度一般为8~12 mm。

表 1-15　　彩色釉面陶瓷墙地砖的主要规格尺寸　　　　　　　（单位:mm）

大型	500×500	600×600	800×800	900×900	1 000×1 000	1 200×600
中型	100×100	150×150	200×200	250×250	300×300	400×400
	150×75	200×100	200×150	250×150	300×150	300×200
小型	115×65	240×65	130×65	260×65	其他规格和异型产品由供需双方自定	

2）无釉陶瓷墙地砖

无釉陶瓷墙地砖吸水率较低,颜色以素色和有色斑点为主,表面有平面、浮雕面和防滑面等多种形式,适用于商场、宾馆、饭店、游乐场、会议厅、展览馆等建筑物室内外地面,也广泛用于民用住宅的室外平台、浴厕等地面装饰。

无釉陶瓷墙地砖按产品的表面质量和变形偏差分为优等品、一等品和合格品三个等级。产品的规格尺寸见表1-16。除表中所列正方形、长方形规格外,无釉砖还有采用六角形、八角形及叶片状等形态的异型产品。

表 1-16　　无釉陶瓷墙地砖的主要规格尺寸　　　　　　　（单位:mm）

小型	300×300	400×400	450×450	500×500	600×600
大型	800×800	900×900	1 000×1 000	1 000×2 000	

3.按其成型方法分

按其成型方法分为干压砖和挤压砖。

干压砖是将混合好的粉料置于模具中,在一定压力下压制成型的陶瓷墙地砖。一般陶瓷墙地砖都属于干压砖。

挤压砖是将可塑性坯料经过挤压机挤出成型,再将成型的泥条按砖的预定尺寸进行切割。劈离砖属于挤压砖。劈离砖坯体密实,强度高,吸水率小,低于6%;表面硬度大,耐磨防滑,耐腐抗冻,冷热性能稳定;而且色彩丰富,颜色自然柔和,表面质感变幻多样,细质清秀,粗质浑厚,可用于建筑的内墙、外墙、地面、台阶、地坪及游泳池等建筑部位,厚度大的劈离砖特别适用于公园、广场、停车场、人行道等露天地面的铺设。

（二）新型墙地砖

1.玻化墙地砖

玻化墙地砖也称全瓷玻化砖。该种墙地砖具有强度高、耐磨、耐酸碱、不褪色、易清洗、耐污染、色彩丰富等特点。玻化砖有抛光和不抛光两种。主要规格有 300 mm×300 mm、400 mm×400 mm、450 mm×450 mm、500 mm×500 mm 等。玻化墙地砖适用于各类大中型商业建筑、旅游建筑、观演建筑的室内外墙面和地面的装饰,也适用于民用住宅的室内地面装饰,是一种中高档饰面材料。

2.仿花岗岩墙地砖

仿花岗岩墙地砖是一种全玻化、瓷质无釉墙地砖,其玻化程度高、坚硬、吸水率低(<1%)、抗折强度高、耐磨、抗冻、耐污染、耐久,可制成麻面、无光面或抛光面。仿花岗岩墙地砖的规格有 200 mm×200 mm、300 mm×300 mm、400 mm×400 mm、500 mm×500 mm 等,厚度为8 mm和

9 mm。仿花岗岩墙地砖可用于会议中心、宾馆、饭店、图书馆、商场、车站等的墙地面装饰。

3.渗花砖

渗花砖采用焙烧时可渗入到坯体表面下 1~3 mm 的着色颜料,使砖面呈现各种色彩和图案,然后经磨光或抛光表面而成。渗花砖强度高、吸水率低,特别是已渗到坯体的色彩图案具有良好的耐磨性、耐腐蚀性,不吸脏、不脱落、不褪色,经久耐用,表面抛光处理后光滑晶莹,色泽花纹丰富多彩,可以做出仿石、仿木的效果,广泛应用于各类建筑的室内外地面和墙面装饰。渗花砖常用的规格有 300 mm×300 mm、400 mm×400 mm、450 mm×450 mm、500 mm×500 mm 等,厚度为 7~8 mm。

(三)陶瓷墙地砖的选用

陶瓷墙地砖具有强度高、耐磨、化学稳定性好、易清洗、不燃烧、耐久性好等许多优点,工程中应用较广泛。陶瓷砖的质量主要体现在以下几个方面:

(1)釉面。釉面应平滑、细腻。光泽釉面应晶莹亮泽,无光釉面应柔和、舒适。

(2)色差。将几块陶瓷砖拼放在一起,在光线下仔细察看,好的产品色差很小,产品之间色调基本一致;而差的产品色差较大,产品之间色调深浅不一。

(3)规格。可用卡尺测量。好的产品规格偏差小,铺贴后,产品整齐划一,砖缝挺直,装饰效果良好。差的产品规格偏差大,块材间尺寸不一。

(4)变形。肉眼观察。产品边直面平,变形小,施工方便,铺贴后砖面平整美观。

(5)图案。花色图案要细腻、逼真,没有明显的缺色、断线、错位等缺陷。

(6)色调。在室内装饰中,地砖和内墙砖的色调要协调。

(7)防滑。铺地砖要有一定的粗糙度和带有凹凸花纹的表面,增加防滑性。

二、其他陶瓷装饰材料

(一)陶瓷锦砖

陶瓷锦砖俗称马赛克,其特点是质地坚实、色泽美观、图案多样,而且耐酸、耐碱、耐磨、耐水、耐压、耐冲击、耐候。一般每联的尺寸为 305.5 mm×305.5 mm,每联的铺贴面积为 0.093 m²。陶瓷锦砖出厂时一般以 40 联为一箱,约可铺贴 3.7 m²。目前,国内生产的陶瓷锦砖主要是不施釉的单色无光产品。在建筑物的内、外装饰工程中获得广泛的应用。

(二)陶瓷壁画

陶瓷壁画是以陶瓷锦砖、面砖、陶板等为原料制作的具有较高艺术价值的现代建筑装饰元素。陶瓷壁画的品种主要有高温花釉、釉中彩、陶瓷浮雕等。

陶瓷壁画具有单块砖面积大、厚度薄、强度高、平整度好、吸水率小、抗冻、耐酸蚀、耐急冷急热、施工方便等优点,适用于宾馆、酒楼、机场、火车站候车室、会议厅、地铁站等公共设施的装饰。

第六节　建筑装饰玻璃

建筑玻璃品种繁多,按其在建筑工程中的功能分为平板玻璃、安全玻璃、节能玻璃、装饰玻璃等,其功能见表 1-17。

表 1-17　按使用功能对建筑玻璃分类

玻璃品种	功能应用
平板玻璃	起采光、围护、保温和隔音的作用,主要用于一般建筑的门窗
安全玻璃	经剧烈振动或撞击不破碎,即使破碎也不易伤人,主要用于汽车、飞机和特种建筑物的门窗等
节能玻璃	具有保温、隔热功能,主要用于建筑节能
装饰玻璃	起装饰效果的玻璃,广泛用于一般建筑装饰工程中

一、安全玻璃

安全玻璃主要包括钢化玻璃、夹层玻璃和夹丝玻璃。

(一)钢化玻璃

1.特性

(1)机械强度高。钢化玻璃具有很好的机械强度和耐热冲击强度。

(2)安全性好。钢化玻璃在破碎时,首先出现网状裂纹,破坏后呈细小的钝角小碎粒,降低了其对人体造成伤害的风险,较普通玻璃安全。

(3)弹性好。钢化玻璃的抗弯曲度比普通玻璃大 3~4 倍,发生折断破坏的风险小。

(4)热稳定性好。在受急冷急热作用时,不易发生炸裂,较普通玻璃有 2~3 倍的提高。

(5)可发生自爆。在温差变化大时,面积过大的钢化玻璃有可能发生自爆(自己破裂)。

(6)钢化玻璃在使用时不能再进行切割、磨削,边角亦不能碰击挤压。

2.分类

钢化玻璃的分类见表 1-18。

表 1-18　钢化玻璃的分类

分类	玻璃种类
按生产工艺	垂直法钢化玻璃、水平法钢化玻璃
按形状不同	平面钢化玻璃、曲面钢化玻璃

3.技术要求

(1)钢化玻璃的尺寸及外观要求应符合现行《建筑用安全玻璃:第 2 部分钢化玻璃》(GB 15763.2—2009)中相关条款的规定,其中钢化玻璃的外观质量要求应满足表 1-19 要求。

表 1-19　钢化玻璃的外观质量

缺陷名称	说明	允许缺陷数
爆边	每片玻璃每米边长允许有长度不超过 10 mm,自玻璃边部向玻璃板表面延伸深度不超过 2 mm,自板面玻璃厚度延伸深度不超过厚度 1/3 的爆边个数	1 处

缺陷名称	说明	允许缺陷数
划伤	宽度在 0.1 mm 以下的轻微划伤,每平方米面积内允许存在条数	长度≤100 mm 时 4 条
	宽度在 0.1 mm 以下划伤,每平方米面积内允许存在条数	宽度 0.1 mm~1 mm, 长度≤100 mm 时 4 条
夹钳印	夹钳印与玻璃边缘的距离≤20 mm,边部变形量≤2 mm	
裂纹、缺角	不允许存在	

（2）现行《建筑用安全玻璃:第 2 部分钢化玻璃》（GB 15763.2—2009）中钢化玻璃的安全性能要求为强制性要求,具体见表 1-20。

表 1-20 钢化玻璃的安全性能要求

项目	要求
抗冲击性	取 6 块钢化玻璃进行试验,试样破坏数不超过 1 块为合格,多于或等于 3 块为不合格。破坏数为 2 块时,再取 6 块进行试验,试样必须全部不被破坏为合格
碎片状态	取 4 块玻璃试样进行试验,每块试样在任何 50 mm×50 mm 区域内的最少碎片数必须满足表 1-21 要求,且允许有少量长条形碎片,其长度不超过 75 mm
震弹袋冲击性能	取 4 块平型玻璃试样进行试验,应符合下列①或②中任意一条的规定。 ①玻璃破碎时,每块试样最大 10 块碎片质量的总和不得超过相当于试样 65 cm² 面积的质量,保留在框内的任何无贯穿裂纹的玻璃碎片的长度不能超过 120 mm。 ②弹袋下落高度为 1 200 mm 时,试样不破坏

表 1-21 最少允许碎片数

玻璃品种	公称厚度（mm）	最少碎片数（片）
平面钢化玻璃	3	30
	4~12	40
	≥15	30
曲面钢化玻璃	≥4	30

（3）一般性能要求。钢化玻璃的一般性能要求见表 1-22。

表 1-22 钢化玻璃的一般性能要求

项目	要求
表面应力	①钢化玻璃的表面应力不应小于 90 MPa。 ②以制品为试样,取 3 块试样进行试验,当全部符合规定时为合格,2 块试样不符合时则为不合格,当 2 块试样符合时,再追加 3 块试样,如果 3 块全部符合规定则为合格
耐热冲击性能	①钢化玻璃应耐 200 ℃温差不破坏。 ②取 4 块试样进行试验,当全部符合规定时为合格,当有 2 块以上不符合时则为不合格,当有 1 块不符合时,重新追加 1 块试样,如果它符合规定则为合格。当有 2 块不符合时,则重新追加 4 块试样,全部符合规定则为合格

4.应用

钢化玻璃常用作建筑物的门窗、隔墙、幕墙及橱窗、家具等。平面钢化玻璃主要用于高层建筑的门窗、幕墙、隔墙、屏蔽及橱窗。

(二)夹层玻璃

夹层玻璃由玻璃、塑料以及中间层材料组合构成。

1.特性

(1)透明度好。

(2)抗冲击性能要比一般平板玻璃高好几倍。

(3)安全性好。破碎时,只产生辐射状的裂纹和少量的玻璃碎屑,碎片不会散落伤人。

(4)具有耐热、耐湿、耐寒、耐久、节能、隔音、防紫外线等功能。

(5)还可制成色彩丰富多样的彩色夹层玻璃,有很好的装饰效果。

(6)夹层玻璃在使用时不能再进行切割,需要选用定型产品或按尺寸定制。

2.分类

夹层玻璃的分类见表1-23。

表1-23　夹层玻璃的分类

分类	玻璃种类
按形状不同	平面钢夹层玻璃、曲面夹层玻璃
按震弹袋冲击性能	Ⅰ类夹层玻璃、Ⅱ-1类夹层玻璃、Ⅱ-2类夹层玻璃、Ⅲ类夹层玻璃

3.性能

夹层玻璃的性能要求应符合现行《建筑用安全玻璃第3部分:夹层玻璃》(GB/T 15763.3—2009)的相关规定。对曲面夹层玻璃和特殊要求的安全夹层玻璃,其尺寸要求、外观要求及一般性能要求等可由供需双方商定。

4.应用

夹层玻璃有着较高的安全性,一般在建筑上用作高层建筑的门窗、天窗、楼梯栏板和有抗冲击作用要求的商店、银行、橱窗、隔断等安全性能高的场所或部位等。

(三)夹丝玻璃

1.特性

(1)安全性好。夹丝玻璃由于金属丝网的骨架作用,碎片不会飞溅,避免了碎片对人体造成伤害的风险,较普通玻璃安全。

(2)防火性好。夹丝玻璃遇高温炸裂时,玻璃仍能保持固定,可防止火焰蔓延。

(3)防盗、防抢性好。发生破裂时金属丝仍能保持一定的阻挡性,起到防盗、防抢的作用。

(4)耐急冷、急热性能差,因此夹丝玻璃不能用在温度变化大的部位。

(5)玻璃边部裸露的金属丝易锈蚀,故夹丝玻璃切割后,切口处应做防锈处理。

(6)夹丝玻璃透视性不好,其内部有金属丝网存在,故对视觉效果有一定干扰。

2.分类

夹丝玻璃分为夹丝压花玻璃和夹丝磨光玻璃两类。产品按厚度分为 6 mm、7 mm、

10 mm三种。按等级分为优等品、一等品和合格品。产品尺寸一般不小于600 mm×400 mm，不大于2 000 mm×1 200 mm。

3.应用

夹丝玻璃可用于建筑的采光屋顶、阳台及有防盗、防抢功能要求的营业柜台的遮挡部位。彩色夹丝玻璃具有良好的装饰功能，可用于阳台、楼梯、电梯间等处。

二、节能玻璃

节能玻璃主要包括吸热玻璃、热反射玻璃和中空玻璃。

(一) 吸热玻璃

1.特性

(1)吸收太阳的辐射热，产生"冷室效应"，达到蔽热节能的效果。

(2)吸收较多的太阳可见光，使透过的阳光变得柔和，避免眩光并改善室内色泽。

(3)吸收太阳的紫外线，能有效地防止紫外线对人体和室内装饰及物品的照射而产生的褪色和变质作用。

(4)仍具有一定的透明度，能清晰地观察室外景物。

(5)色泽艳丽，经久不变，能增加建筑物的外形美观。

2.应用

一般多用作建筑物的门窗或玻璃幕墙。此外，它还可以按不同用途进行加工，制成磨光、夹层、镜面及中空玻璃。

(二) 热反射玻璃

1.特性

热反射玻璃是由无色透明的平板玻璃镀覆金属膜或金属氧化物膜而制得的，又称镀膜玻璃或阳光控制膜玻璃。热反射玻璃具有对光线的反射和遮蔽作用、单向透视性、强烈的镜面效应，因此也称镜面玻璃。热反射玻璃常带有灰色、青铜色、茶色、金色、浅蓝色和古铜色等色彩。常用厚度为6 mm，尺寸规格有1 600 mm×2 100 mm、1 800 mm×2 000 mm和2 100 mm×3 600 mm等。

2.用途

热反射玻璃可用作建筑门窗玻璃、幕墙玻璃，还可以用于制作高性能中空玻璃、夹层玻璃等复合玻璃制品。但热反射玻璃幕墙使用不恰当或使用面积过大会造成光污染和建筑物周围温度升高，影响环境的和谐。

(三) 中空玻璃

1.特性

中空玻璃具有光学性能良好、保温隔热、降低能耗、防结露等特性；还具有良好的隔音性能，一般可使噪声下降30~40 dB；具有良好的装饰性能。

2.应用

中空玻璃主要用于保温隔热、隔音等功能要求较高的建筑物，如宾馆、住宅、医院、商场、写字楼等。

三、装饰玻璃

(一) 玻璃锦砖

玻璃锦砖又称玻璃马赛克或玻璃纸皮砖,一般尺寸为 25 mm×50 mm、50 mm×50 mm、50 mm×105 mm 三种,厚 4~6 mm。

玻璃锦砖不仅色泽柔和、颜色绚丽,可拼装组合成各种图案,美观大方,还具有耐酸碱、耐腐蚀,热稳定性好,不吸水、不积尘、不褪色、体积小、质量轻、易于施工、价格便宜、环保无毒等优点,是一种很好的外墙装饰材料。

(二) 压花玻璃

压花玻璃又称花纹玻璃或滚花玻璃,压花玻璃分为一般压花玻璃、真空镀膜压花玻璃和彩色膜压花玻璃等,可一面压花,也可两面压花。厚度有 3 mm、4 mm、5 mm、6 mm 和 8 mm 五种。

压花玻璃不仅美观,有一定的艺术效果,还具有透光不透视的特点,其表面有各种图案花纹且凹凸不平,多用于办公室、会议室、浴室以及公共场所分离室的门窗和隔断等。

(三) 彩色玻璃

彩色玻璃又称有色玻璃,有透明和不透明两种。

彩色玻璃有红、黄、蓝、绿、黑、茶色、灰色等多种颜色,可拼成各种图案,并有耐腐蚀、抗冲刷和易清洗等特点,主要用于建筑物的内外墙、门窗装饰及对光线有特殊要求的部位,也可用来制造灯罩、花瓶等艺术装饰饰品。

(四) 磨砂玻璃

磨砂玻璃又称毛玻璃、漫反射玻璃。其特点是透光而不透视,常用于需要隐蔽或不受干扰的浴室、卫生间、办公室等,也可用于室内隔断和作为灯箱透光片使用,还可用作灯罩、黑板等。但应用中要注意一点,当磨砂玻璃作为浴室、卫生间门窗玻璃时,应将其毛面朝外。

(五) 冰花玻璃

冰花玻璃是一种利用平板玻璃经特殊处理形成具不自然冰花纹理的玻璃。冰花玻璃对通过的光线有漫反射作用,不透明,但却有着良好的透光性能,同时形成的花纹可以掩饰玻璃的线道、气泡等缺陷,具有较好的装饰效果。其艺术装饰效果优于压花玻璃,可用于宾馆、酒楼等场所门窗和隔断、屏风、浴室隔断、吊顶、壁挂等的装饰。

第七节　建筑装饰涂料与塑料制品

一、外墙涂料

(一) 溶剂型涂料

常用的过氯乙烯外墙涂料具有耐候性好、耐化学腐蚀性强、耐水、耐霉性好,干燥快、施工方便等特点,但它的附着力较差,在配制时应选用适当的合成树脂,以增强其附着力。过氯乙烯树脂在光和热的作用下容易引起树脂分解,加入稳定剂的目的是阻止树脂分解,延长涂膜的寿命。常用的颜料及填料有氧化锌、钛白粉、滑石粉等。

近年来发展起来的溶剂型丙烯酸外墙涂料,其耐候性及装饰性都很突出,耐用年限在

10 年以上,施工周期也较短,且可以在较低温度下使用。国外有耐候性、防水性都很好且具有高弹性的聚氨酯外墙涂料,耐用期可达 15 年以上。

(二)乳液型涂料

以高分子合成树脂乳液为主要成膜物质的外墙涂料称为乳液型外墙涂料。乳液型外墙涂料以水为分散介质,对人体的毒性小,施工方便,可刷涂,也可滚涂或喷涂。涂料透气性好,耐候性良好,光亮度、耐候性、耐水性及耐久性等各种性能可以与溶剂型丙烯酸酯类外墙涂料媲美。但必须在 10 ℃ 以上施工才能保证质量,因而冬季一般不宜应用。

1.苯-丙乳液涂料

苯-丙乳液涂料是以苯乙烯-丙烯酸酯共聚乳液(简称苯-丙乳液)为主要成膜物质,加入颜料、填料及助剂等,经分散、混合配制而成的乳液型外墙涂料。

苯-丙乳液涂料具有优良的耐候性和保光、保色性,适于外墙涂装,但价格较贵。以一部分或全部苯乙烯代替纯丙乳液中的甲基丙烯酸甲酯制成的苯-丙乳液涂料,具有优良的耐碱、耐水性,外观细腻,色彩艳丽,质感好,仍然具有良好的耐候性和保光保色性,价格有较大的降低。而且由于苯-丙乳液的颜料结合力好,可以配制高颜(填)料体积浓度的内用涂料,性能较好,经济上也是有利的。

2.乙-丙乳液涂料

乙-丙乳液涂料是以醋酸乙烯-丙烯酸共聚物乳液为主要成膜物质,掺入一定量的粗集料组成的一种厚质外墙涂料。该涂料的装饰效果较好,属于中档建筑外墙涂料,使用年限为 8~10 年。乙-丙乳液涂料具有涂膜厚实、质感好,耐候、耐水、冻融稳定性好,保色性好、附着力强以及施工速度快、操作简便等优点。乙-丙乳液涂料的主要技术性能指标见表 1-24。

表 1-24　乙-丙乳液涂料的主要技术性能指标

性能	指标
干燥时间	≤30 min
固体含量	≥50%
耐水性(浸水 500 h)	无异常
耐碱性(浸饱和 $Ca(OH)_2$,500 h)	无异常
冻融试验(50 次循环)	无异常

3.无机高分子涂料

无机高分子建筑涂料是近年来发展起来的新型建筑涂料。耐老化、耐高温、耐腐蚀、耐久性等性能好,涂膜硬度大、耐磨性好,若选材合理,耐水性能也好,而且原材料来源广泛,价格便宜,因而近年来受到国内外普遍重视,发展较快。

硅溶胶外墙涂料以水为分散介质,无毒、无臭,不污染环境。以硅溶胶为主要成膜物质,具有耐酸、耐碱、耐沸水、耐高温等性能,且不易老化,耐久性好,施工性能好,对基层渗透力强,附着性好,遮盖力强。涂膜细腻,颜色均匀明快,装饰效果好,不产生静电,不易吸附灰尘,耐污染性好。硅溶胶涂料原材料资源丰富,价格较低,广泛用于外墙装饰。

二、内墙涂料

(一)醋酸乙烯乳胶漆

醋酸乙烯乳胶漆具有无毒、不燃、涂膜细腻、平滑、透气性好、价格适中等优点,但它的耐水性、耐碱性及耐候性不及其他共聚乳液,故仅适宜涂刷内墙。

(二)乙-丙有光乳胶漆

乙-丙有光乳胶漆用于建筑内墙装饰,其耐水性、耐碱性、耐久性优于醋酸乙烯乳胶漆,并具有光泽,是一种中高档内墙装饰涂料。乙-丙有光乳胶漆的特点如下:

(1)在共聚乳液中引入了丙烯酸丁酯、甲基丙烯酸甲酯、甲基丙烯酸、丙烯酸等单体,从而提高了乳液的光稳定性,使配制的涂料耐候性好,适宜用于室外。

(2)在共聚物中引进丙烯酸丁酯,能起到增塑作用,提高了涂膜的柔韧性。

(3)主要原料为醋酸乙烯,国内资源丰富,涂料的价格适中。

乙-丙有光乳胶漆主要技术性能指标见表1-25。

表1-25 乙-丙有光乳胶漆主要技术性能指标

项目	技术指标	项目	技术指标
光泽	≤20%	耐水性	96 h 无起泡、掉粉
黏度(涂-4 黏度计)	20~50 s	抗冲击性	≥4 N·m
固体含量	≥45%	韧性	≥1 mm
遮盖力	≤170 g/m²	最低成膜温度	≥5 ℃

(三)纤维质内墙涂料

纤维质内墙涂料又称"好涂壁",它是各种材料的纤维材料中加入了胶粘剂和辅助材料而制成,具有立体感强、质感丰富、阻燃、防霉变、吸声效果好等特性,涂层表面的耐污染性和耐水性较差,可用于多功能厅、歌舞厅和酒吧等场所的墙面装饰。

(四)硅藻泥涂料

硅藻泥以硅藻土为主要原材料,添加多种助剂的粉末装饰涂料,可以代替墙纸和乳胶漆,粉体包装,并非液态桶装,具有健康环保、调节湿度、吸音降噪、墙面自洁、保温隔热、减少光污染、丰富的表面肌理等优点。

硅藻泥是一种内墙装饰壁材,适用范围很广泛。可以用在家庭(客厅、卧室、书房、婴儿房、天花等的墙面)、公寓、幼稚园、老人院、医院、疗养院会所、主题俱乐部、高档饭店、渡假酒店、写字楼、风格餐厅等。

三、地面涂料

(一)氯-偏乳液涂料

氯-偏乳液涂料属于水乳型涂料。具有无味、无毒、不燃、快干、施工方便、黏结力强,涂层坚牢光洁、不脱粉,有良好的耐水、防潮、耐磨、耐酸、耐碱、耐一般化学药品侵蚀、寿命较长等特点,且产量大,在乳液类中价格较低,在建筑内外装饰中有着广泛的应用。

(二)环氧树脂涂料

环氧树脂涂料是以环氧树脂为主要成膜物质的双组分常温固化型涂料。环氧树脂涂料与基层黏结性能优良,涂膜坚韧、耐磨,具有良好的耐化学腐蚀、耐油、耐水等性能,以及优良的耐老化和耐候性,装饰效果良好,是近几年来国内开发的耐腐蚀地面和高档外墙涂料新品种。其主要技术性能指标见表1-26。

四、塑料制品

(一)聚氯乙烯(PVC)

聚氯乙烯塑料是由氯乙烯单体聚合而成的,是建筑装饰工程中广泛使用的一类塑料管道,系列产品有PVC、硬质聚氯乙烯(UPVC)、氯化聚氯乙烯(CPVC)等品种。由于PVC树脂原料来源广,价格较低,产品性能佳,因此使用量很大。

(二)三型聚丙烯(PP-R)管

三型聚丙烯管具有较好的抗冲击性能和长期蠕变性能。PP-R管除具有一般塑料管重量轻、耐腐蚀、不结垢、使用寿命长等特点外,还具有无毒、卫生、保温节能、较好的耐热性、使用寿命长、安装方便、连接可靠的特点。PP-R具有良好的焊接性能,管材、管件可采用热熔和电熔连接,安装方便,接头可靠,其连接部位的强度大于管材本身的强度。

表 1-26 环氧树脂厚质地面涂料的主要技术性能指标

性能	指标	
	清漆	色漆
色泽外观	浅黄色	各色,涂膜平整
细度	—	≤30 μm
黏度(涂-4黏度计)	14~26 s	14~40 s
干燥时间(温度(25±2)℃,湿度≤65%)	表干:2~4 h;实干:24 h 全干:7 d	表干:2~4 h;实干:24 h 全干:7 d
抗冲击性	5 N·m	5 N·m
柔韧性	1 mm	1 mm
硬度(摆杆法)	≥0.5	≥0.5

PP-R管主要用于建筑物的冷热水系统,建筑物内的采暖系统,包括地板、壁板及辐射采暖系统,可直接饮用的纯净水供水系统。

(三)铝塑板

铝塑板的主要特点为质量轻,坚固耐久,可自由弯曲,弯曲后不反弹,而且有较强的耐候性,可锯、铆、刨(侧边)、钻,可冷弯、冷折,易加工、组装、维修和保养。广泛应用于建筑物的外墙和室内外墙面、柱面和顶面的饰面处理,广告招牌、展示台架等。

铝塑板品种比较多。按用途分为建筑幕墙用铝塑板、外墙装饰铝塑板与广告用铝塑板、室内用铝塑板。按产品功能分为防火板、抗菌防霉铝塑板、抗静电铝塑板。按表面装饰效果分为涂层装饰铝塑板、氧化着色铝塑板、贴膜装饰复合板、彩色印花铝塑板、拉丝铝塑板、镜面铝塑板。

铝塑板的常见规格为1 220 mm×2 440 mm,厚度为3 mm、4 mm、5 mm、6 mm或8 mm。

(四)塑料壁纸

塑料壁纸性能优越,根据需要可加工成具有难燃、隔热、吸声、防霉等特性,不怕水洗,不易受机械损伤的产品。塑料壁纸的湿纸状态强度仍较好,耐拉耐拽,易于粘贴,且透气性能好,施工简单,表面可清洗,对酸碱有较强的抵抗能力,陈旧后易于更换;使用寿命长,易维修保养。

塑料壁纸的规格尺寸为:

(1)宽度和每卷长度。

壁纸的宽度为(530±5) mm 或[(900~1 000)±10]mm。

530 mm 宽的壁纸,每卷长度为(10±0. 05) m。

900~1 000 mm 宽的壁纸,每卷长度为(50±0. 50) m。

(2)每卷壁纸的段数和段长。《聚氯乙烯壁纸》(GB/T 3805—1999)规定了塑料壁纸的规格及性能。

小　结

本章主要讲述了胶凝材料、装饰石材、装饰木材、装饰金属材料、建筑陶瓷、装饰玻璃、建筑涂料、塑料制品等主要建筑装饰材料的特点、性能、规格和应用。

第二章 装饰施工图的基本知识

【学习目标】 通过本章学习,了解装饰施工图的组成,熟悉装饰施工图制图规范,掌握建筑装饰平面布置图、楼地面材料铺设图、顶棚装饰平面图、装饰立面图、装饰剖面图和节点详图等装饰施工图纸的内容、识图要点、绘制步骤。

第一节 概 述

一、装饰施工图的组成、作用

(一)装饰施工图的组成

装饰施工图一般由装饰平面布置图、楼地面材料铺设图、顶棚装饰平面图、装饰立面图、装饰剖面图和装饰详图等组成,若要对原有水电进行改动,必须增加水电施工图及弱电图,有防火设计要求的还应有反映防火设施及其位置的图样。

装饰图纸排列顺序一般为:①图纸目录;②图纸说明;③家具列表;④灯具列表;⑤门窗表;⑥装饰平面布置图;⑦楼地面材料铺设图;⑧顶棚装饰布置图;⑨装饰立面图;⑩剖面图;⑪装饰详图。

(二)装饰施工图的作用

(1)装饰装修工程施工图是指导装饰装修工程施工的技术文件,是工人施工和工程验收的依据。

(2)装饰施工图是编制施工图预算、工程结算等装饰装修工程造价经济性文件及进行装饰装修工程招投标活动的主要依据。

(3)装饰施工图是编制装饰装修工程施工组织设计的主要依据。

(4)装饰施工图是装饰装修工程维修、改造等活动的主要依据。

二、装饰施工图表达的内容

(一)图纸幅面规格

图纸幅面的基本尺寸规格有五种,分别为 A0(841 mm×1 189 mm)、A1(594 mm×841 mm)、A2(420 mm×594 mm)、A3(297 mm×420 mm)和 A4(210 mm×297 mm)。

(二)标题栏与会签栏

如图 2-1 所示,图纸中应有标题栏、图框线、幅面线、装订边线和对中标志。

(三)图线

图纸线型分为实线、虚线、单点长画线、折断线、波浪线等,其中根据线条粗细不同,还分粗、中、细三种。线型的种类、线宽比、用途如表 2-1 所示。

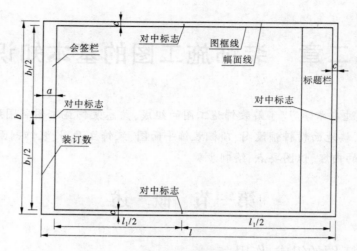

图 2-1 图纸横式幅面

表 2-1 线型的种类、线宽比、用途

名称		线型	线宽	一般用途
实线	粗		b	主要可见轮廓线
	中粗		$0.7b$	可见轮廓线
	中		$0.5b$	可见轮廓线、尺寸线、变更云线
	细		$0.25b$	图例填充线、家具线
虚线	粗		b	见各有关专业制图标准
	中粗		$0.7b$	不可见轮廓线
	中		$0.5b$	不可见轮廓线、图例线
	细		$0.25b$	图例填充线、家具线
单点长画线	粗		b	见各有关专业制图标准
	中		$0.5b$	见各有关专业制图标准
	细		$0.25b$	中心线、对称线、轴线等
双点长画线	粗		b	见各有关专业制图标准
	中		$0.5b$	见各有关专业制图标准
	细		$0.25b$	假想轮廓线，成型前原始轮廓线
折断线	细		$0.25b$	断开界线
波浪线	细		$0.25b$	断开界线

图线的绘制要求如下：

（1）在绘图时，相互平行的图例线，其净间隙或线中间隙不宜小于 0.2 mm。

（2）虚线、单点长画线或双点长画线的线段长度和间隔，宜各自相等。

（3）单点长画线或双点长画线，当在较小图形中绘制有困难时，可用实线代替。

（4）单点长画线或双点长画线的两端，不应是点。点画线与点画线交接点或点画线与其他图线交接时,应是线段交接。

(5)虚线与虚线交接或虚线与其他图线交接时,应是线段交接。虚线为实线的延长线时,不得与实线相接。

(6)图线不得与文字、数字或符号重叠、混淆,不可避免时,应首先保证文字的清晰。

(四)字体

建筑装饰施工工程图样中的字体有汉字、拉丁字母、阿拉伯数字、符号、代号等,图样中的字体应笔画清晰,字体端正,排列整齐,标点符号清楚正确。汉字以长仿宋体为主,拉丁字母和阿拉伯数字宜斜体字75°,不小于2.5 mm。

图样及说明中的汉字宜采用长仿宋体(矢量字体)或黑体,同一图纸字体种类不应超过两种。黑体字的宽度与高度应相同。大标题、图册封面、地形图等的汉字,也可书写成其他字体,但应易于辨认。

(五)比例

图样比例是指图形与实物相对应的线性尺寸之比。比例的符号为":",比例应以阿拉伯数字表示。比例宜注写在图名的右侧,字的基准线应取平;比例的字高宜比图名的字高小一号或二号。比例注写如图2-2所示。

平 面 图 1:100   ⑥   1:20

图2-2 比例的注写

绘图所用的比例应根据图样的用途与被绘对象的复杂程度选取。绘图常用比例及适用图样,如表2-2所示。对于特殊情况,可自定比例。

表2-2 绘图常用比例

比例	部位	图纸内容
1:200~1:100	总平面、总顶面	总平面布置图、总顶棚平面布置图
1:100~1:50	局部平面、局部顶棚平面	局部平面布置图、局部顶棚平面布置图
1:100~1:50	不复杂的立面	立面图、剖面图
1:50~1:30	较复杂的立面	立面图、剖面图
1:30~1:10	复杂的立面	立面放大图、剖面图
1:10~1:1	面及立面中需要详细表示的部位	详图
1:10~1:1	重点部位的构造	节点图

(六)符号

1.剖切符号

剖视的剖切符号应由剖切位置线及剖视方向线组成,均应以粗实线绘制。剖视的剖切符号应符合下列规定:

(1)剖切位置线的长度宜为6~10 mm。剖视方向线应垂直于剖切位置线,长度应短于剖切位置线,宜为4~6 mm(如图2-3(a)所示);也可采用国际统一和常用的剖视方法(如

图 2-3(b)所示）。绘制时,剖视剖切符号不应与其他图线相接触。

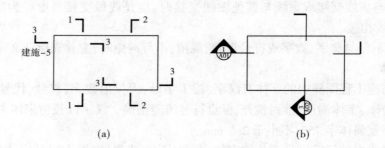

图 2-3　剖切符号

（2）剖视剖切符号的编号宜采用粗阿拉伯数字,按剖切顺序由左至右、由下向上连续编排,并应注写在剖视方向线的端部。

（3）需要转折的剖切位置线,应在转角的外侧加注与该符号相同的编号。

2.索引符号

图样中的某一局部或构件,如需另见详图,应以索引符号索引（如图 2-4 所示）。索引符号是由直径为 8~10 mm 的圆和水平直径组成,圆及水平直径应以细实线绘制。索引符号应按下列规定编写：

（1）引出的详图,如与被索引的详图同在一张图纸内,应在索引符号的上半圆中用阿拉伯数字注明该详图的编号,并在下半圆中间画一段水平细实线（如图 2-5 所示）。

（2）索引出的详图,如与被索引的详图不在同一张图纸内,应在索引符号的上半圆中用阿拉伯数字注明该详图的编号,在索引符号的下半圆用阿拉伯数字注明该详图所在图纸的编号（如图 2-6 所示）。数字较多时,可加文字标注。

（3）索引出的详图,如采用标准图,应在索引符号水平直径的延长线上加注该标准图册的编号。需要标注比例时,文字在索引符号右侧或延长线下方,与符号下对齐。

图 2-4　索引符号　　　　　　　　　　　　　图 2-5　　　　　　　图 2-6

（4）索引符号如用于索引剖视详图,应在被剖切的部位绘制剖切位置线,并以引出线引出索引符号,引出线所在的一侧应为剖视方向,如图 2-7 所示。

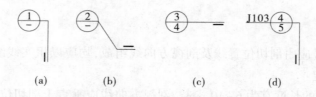

图 2-7　索引剖面详图的符号

3.引出线

引出线应以细实线绘制,宜采用水平方向的直线,与水平方向成30°、45°、60°、90°的直线,或经上述角度再折为水平线。文字说明宜注写在水平线的上方(见图2-8(a)),也可注写在水平线的端部(见图2-8(b))。索引详图的引出线,应与水平直径线相连接(见图2-8(c))。

同时引出的几个相同部分的引出线,宜互相平行(见图2-9(a)),也可画成集中于一点的放射线(见图2-9(b))。

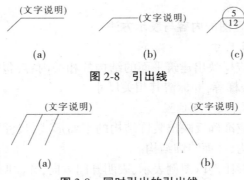

图 2-8　引出线

图 2-9　同时引出的引出线

多层构造或多层管道共用引出线,应通过被引出的各层,并用圆点示意对应各层次。文字说明宜注写在水平线的上方,或注写在水平线的端部,说明的顺序应由上至下,并应与被说明的层次对应一致;如层次为横向排序,则由上至下的说明顺序应与由左至右的层次对应一致。

(七)尺寸标注

尺寸标注分为尺寸线、尺寸界线、标注数值、箭头(或斜线、圆点)。

尺寸线是与要标注的尺寸平行的线。尺寸界线应用细实线绘制,一般应与被注长度垂直,其一端应离开图样轮廓线不小于 2 mm,另一端宜超出尺寸线 2~3 mm。

(八)标高

标高指以某一水平面作为基准面,并作零点(水准原点)起算地面(楼面)至基准面的垂直高度。标高符号应以直角等腰三角形表示,按图2-10(a)所示形式用细实线绘制,如标注位置不够,也可按图2-10(b)所示形式绘制。标高符号的具体画法如图2-10(c)、(d)所示。

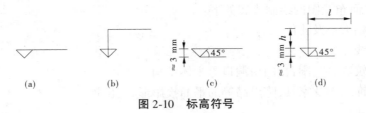

图 2-10　标高符号

标高符号的尖端应指至被注高度的位置。尖端宜向下,也可向上。标高数字应注写在标高符号的上侧或下侧。

标高数字应以米为单位,注写到小数点以后第三位。在总平面图中,可注写到小数字点以后第二位。

第二节 装饰施工图

一、装饰平面布置图

建筑装饰平面布置图是建筑装饰施工图的主要图样之一,主要用于表示空间布局、空间关系、家具布置、人流动线,建筑装饰平面布置图反映建筑装饰室内空间与装饰结构及家具、陈设品等装饰布置的功能关系。

(一)建筑装饰平面布置图的内容与表示方法

1.建筑平面基本结构及尺寸

建筑装饰平面布置图应反映出建筑平面的结构的相关内容,包括墙、柱、门、窗、室内外台阶、雨篷、阳台(飘窗)、楼梯等,并标清其相关尺寸。

2.装饰结构的平面形式、尺寸及位置

建筑装饰平面布置图应准确反映出装饰结构的平面形式、尺寸及其位置,如楼地面、门窗装饰、隔断、墙面装饰结构、柱面装饰结构。

门窗的装饰应按照投影比例以图例表示,表明开门方向,并注明编号。装饰结构平面表达所用线型应注意区别建筑结构及装饰布置所用线型。

3.装饰布置的平面形状及位置

装饰平面布置图应表面家具、陈设品、绿化、室内设备等的平面形式及其位置。装饰布置的大小应按平面布置图的比例以正投影尺寸绘制,不可随意缩放。因大部分家具与陈设品都在水平剖切面以下,故家具与陈设品等的轮廓线应用中实线绘制,其轮廓内的图线用细实线绘制。

(二)建筑装饰平面布置图的识图要点

(1)建筑装饰平面布置图识读应看清其图名、比例、标题栏。

(2)了解房屋整体布局、各空间分区的功能,房屋及各分区的面积。

(3)识读装饰结构、装饰布置的形式及位置。

(4)注意尺寸标注、文字标注、标高等标注内容。

(5)按照平面布置图上的投影及索引符号查找相关部位的立面图和详图。

(三)建筑装饰平面布置图的绘制

建筑装饰平面布置图的绘制步骤如下:

(1)选定图幅大小及比例。

(2)绘制轴线。

(3)画出建筑墙、柱、阳台、门窗洞口等主体结构。

(4)画出装饰结构及家具、陈设品等的平面投影形状、位置。

(5)标注尺寸。

(6)绘制投影符号、索引符号等,注写文字说明。

二、楼地面材料铺设图

建筑装饰楼地面材料铺设图主要用于反映楼地面材料、做法、造型的图样。

建筑装饰楼地面材料铺设图区别于装饰平面布置图之处在于,不画家具及绿化等布置,只反映地面的装饰,标注楼地面材质、尺寸、颜色、标高等内容。

（一）建筑装饰楼地面铺设图的内容与表示方法

装饰楼地面铺设图主要以反映地面装饰分格和材料为主,其主要内容为:

（1）楼(地)面材料材质、颜(花)色、分格尺寸。

（2）楼(地)面分格及拼花造型。

（3）地面设备、管线口的位置、尺寸。

（4）地面标高、索引符号以及必要的说明。

（二）建筑装饰楼地面铺设图的识图要点

了解地面材料铺设的基本情况,识读地面材料铺设的分格及拼花造型,注意标高的变化及地面坡度变化。

（三）建筑装饰楼地面铺设图的绘制

建筑装饰楼地面铺设图的绘制步骤如下:

（1）选定图幅大小及比例。

（2）绘制轴线。

（3）画出建筑墙、柱、阳台、门窗洞口等主体结构。

（4）按比例以正投影方式画出楼地面面层分格线和拼花造型等,材料不同时以相应的图例区分,并注明文字说明。分格线以细实线表示。

（5）标注分格和拼花尺寸,标注各部位地面标高及标注索引符号。

三、顶棚装饰布置图

顶棚装饰布置图是建筑施工图的主要图样之一,是反映顶棚平面形状、灯具位置、吊顶材料、尺寸、标高及构造做法等内容的水平镜像投影图。

建筑装饰平面布置图是以一个假想的水平剖切平面,在门窗洞口位置进行剖切,移去下面部分之后,对上面的墙体、顶棚所作的镜像投影。

（一）顶棚装饰布置图的内容与表示方法

（1）建筑结构平面、门窗洞口(画出洞口即可,不画门窗)。

（2）顶棚面的造型、材料、做法、尺寸。

（3）灯具的类型、安装位置。

（4）与顶棚面相连的装饰构件、家具、设备的尺寸及位置。

（5）各顶棚面的标高。

（6）吊顶上所做的空调送风口、设备检修口、消防系统等、音视频系统的形式、尺寸、位置。

（7）房屋顶棚的尺寸标注、文字标注、剖切符号、索引符号等。

（二）顶棚装饰布置图的识图要点

（1）识读顶棚的造型、灯具布置及其位置。

（2）识读顶棚底面标高。

（3）识读顶棚材料、尺寸、做法、施工要求。

（4）注意与顶棚连接的装饰构件的做法。

（5）注意灯具、设备的规格、品种、数量。

（6）注意顶棚上空调送风口、消防系统等设备的位置。

（7）注意顶棚上有无顶角线。

（8）注意顶棚面的索引符号，便于找出构造详图。

（三）顶棚装饰布置图的绘制

顶棚装饰布置图的绘制步骤如下：

（1）选定图幅大小及比例。

（2）画出建筑墙、门窗洞口等主体结构。

（3）按比例以镜像投影方式画出天棚造型轮廓线、灯具、空调风口等设备，并注明材料、做法等内容的文字说明。

（4）标注尺寸和相对于本层楼地面的顶棚底面标高。

（5）标注索引符号。

四、装饰立面图

建筑装饰立面图用以表示墙柱面装饰的装饰装修做法，反映墙柱面的材料、造型、色彩、尺寸以及装饰墙柱面与家具的关系。

（一）建筑装饰立面图的表示方法与内容

1.表示方法

建筑装饰立面图的形成比较复杂，其表示方法有许多种，现简述如下：

（1）假想将室内各墙面的相交处拆开，移去不予表示的墙面，将剩下的墙面及其装饰布置以正投影的方法画出，加上尺寸、文字等标注。

（2）将室内各墙面交界处沿阴角线依次展开，假设其平行与同一面，以正投影的方式表现，形成立面展开图，加上尺寸、文字标注。这类立面图能将室内墙面装饰效果连贯表达出来，以便让人了解各墙面直接的衔接。

（3）假想将整个室内空间垂直剖开，移去剖切面前面的部分，对余下的部分做正投影而成。这样形成的立面图带有顶面剖面、与立面前后围合墙面的剖面、家具等内容。

装饰立面图是装饰施工图纸中的重要部分，绘制立面图时应根据实际情况灵活选择表示方法。

2.内容

建筑装饰立面图的组成内容包括：

（1）建筑装饰立面图应反映墙柱面投影方向可见的建筑及装饰轮廓线、门窗、壁龛、装饰构配件、墙面材料。

（2）家具、陈设品、灯具、开关、插座、视听系统等电气设备、消防设备。

（3）顶棚面的造型、材料、做法、尺寸。

（4）墙面的构造剖切。

（5）尺寸标注、文字标注、剖切及详图索引符号。

（6）图名、制图比例、图纸编号。

（二）建筑装饰立面图的识图要点

（1）建筑装饰立面图识读应按照图名标注及索引符号，确定图纸所表示房间及立面。

（2）识读立面的装饰材料、颜色以及造型。

（3）结合平面图了解该立面布置的家具、陈设。

（4）对比平面图，详细识读立面的范围、尺寸。

（5）对照剖面图、详图深入识读立面的构造及施工做法，注意界面结合部位的处理。

（6）结合水电、设备等图纸，了解墙面有无强弱电、水暖、电器设备及其所在位置。

（三）建筑装饰立面图的绘制

装饰立面图的绘制步骤如下：

（1）选定图幅大小及比例。

（2）画出墙柱面轮廓、门窗洞口，如有吊顶须画出顶层剖面。

（3）画出墙面造型及装饰分格线。

（4）画出该立面家具、陈设品、电器设备等。

（5）标注尺寸。

（6）标注文字说明、详图索引符号、剖切符号、图示比例等。

（7）标注图名、图号，完成作图。

（四）装饰剖面图

建筑装饰剖面图是用假想平面垂直于建筑空间或装饰部位将其剖开而得到的正投影图。剖面图主要用以表达剖开部位的内部构造或其三维结构形态。剖面图包括大剖面图以及局部剖面图。

1.大剖面图

大剖面图表示对象为某个装饰空间，用以表达装饰空间的组成，如墙柱面间，立面与顶面、地面的关系等内容。

2.局部剖面图

局部剖面图表示对象为装饰局部，用以对装饰平面图、正立面图未能表达清楚的内容进行补充说明，如装饰隔断的内部构造、墙面的凸凹变化等内容。

五、装饰详图

由于建筑装饰平面图、吊顶布置图、立面图等比例较小，很多装饰工程细部造型、做法、尺寸无法表达清楚，或表达满足不了施工需要。因此，对于一些重要装饰构造局部、装饰工程节点，需按比例放大，画出详细的图样。这样的图样就称为装饰详图。

（一）建筑装饰详图的表示方法与内容

1.建筑装饰详图的图示内容

装饰细部做法（如复杂线角、拼花、复杂造型、胶缝处理等）；材料选用；装饰内部构造（如面层、基层、龙骨与建筑结构的连接）；细部尺寸标注；细部文字说明。

常见的装饰详图有：

（1）楼地面详图（反映楼地面细部的艺术造型及构造做法）。

（2）吊顶详图（反映吊顶构造、吊顶陈设品、电气设备安装情况）。

（3）装饰造型详图（反映墙柱面或独立的装饰造型的构造）。

（4）门窗及门窗套详图（反映门窗及门窗套构造的立面图、剖面图和节点详图）。

（5）家具详图（主要反映现场制作的家具的构造）。

（6）小品及装饰物详图等。

2.分类

建筑装饰详图可分为局部大样图和节点详图。

局部大样图是为了将建筑装饰平面图、立面图中某些部位表达得更加清楚,而单独提取出来进行大比例绘制的施工图样。

节点详图是将重点装饰构造内容以剖面的形式,放大比例绘制出的图样,用以表达复杂装饰部位、多个装饰面连接部位的构造、施工要求。

节点详图通常包括:

（1）表示节点内部结构形式,绘制原有建筑结构、面层材料、基层材料、隐蔽装饰材料、连接构件、配件、预埋件等,标注材料、构配件的尺寸、型号、做法、施工要求。

（2）装饰构件、装饰陈设及设备的安装方式及固定方法。

（二）建筑装饰详图的识图要点

（1）建筑装饰立面图识读应按照图名标注及索引符号,确定图样所表示的装饰构造部位。有的详图单独画出,有的详图的立面形状或剖面就被索引在立面图上,因此阅读详图一定要认真核对其图名、图号、索引符号。

（2）结合平面图、立面图核对详图的尺寸。

（3）家具、装饰构件、门窗等详图,往往由其平面图、立面图、剖面图、节点图等诸多图样组成。在识读详图时,应按照先立面,再侧面,再平面,最后剖面的顺序仔细识读。

（4）详细识读详图的构造、材料。

（5）认真对比详图中的平面、立面、剖面尺寸。

（6）注意详图中的文字标注,装饰材料形式多种多样,仅凭图例无法详细表示出装饰材料的类型、规格、花色、质量要求。这些都需要文字标注作为选择材料的重要依据。另外,装饰施工工艺方法及其质量标注也具有多样化特点,同样需要以文字标注作为重要依据。

（三）建筑装饰详图的绘制

（1）选定合适的图幅大小,选择合适的比例。

（2）详细画出细部图样或各部位构造层次。

（3）结构体轮廓画粗实线,各装饰层用中实线,图例、符号等用细实线。

（4）标注尺寸、文字说明。

（5）标注图名、图号,完成作图。

第三节　装饰施工图案例

一、家装施工图案例

图 2-11 为某普通三室两厅装饰装修工程案例。

二、公共建筑装饰施工图案例

图 2-12 为某售楼部装饰装修工程案例。

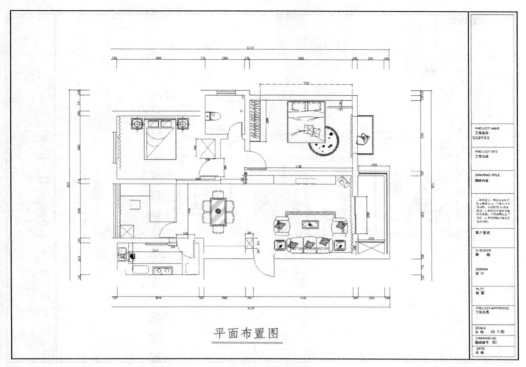

（a）家装平面布置

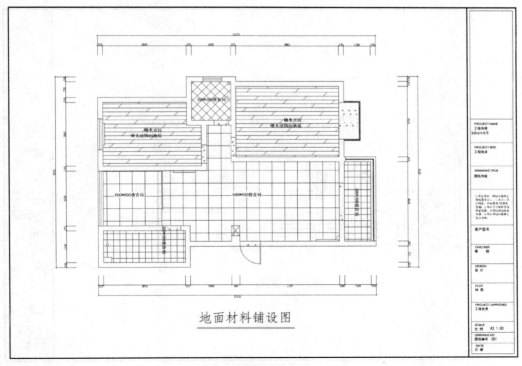

（b）地面材料铺设图

图 2-11　普通三室两厅装饰装修工程

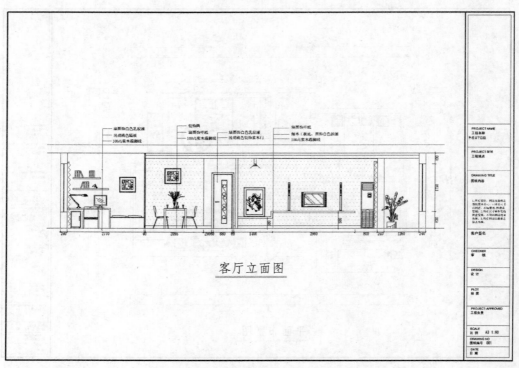

客厅立面图

（c）家装立面图（一）

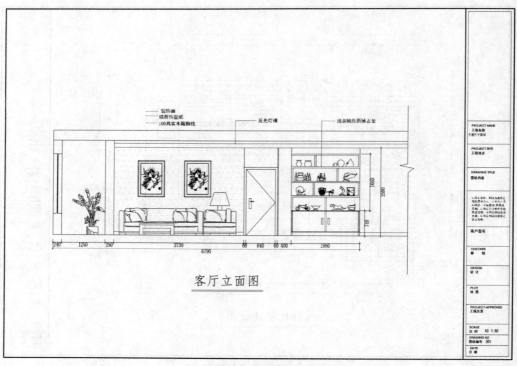

客厅立面图

（d）家装立面图（二）

续图 2-11

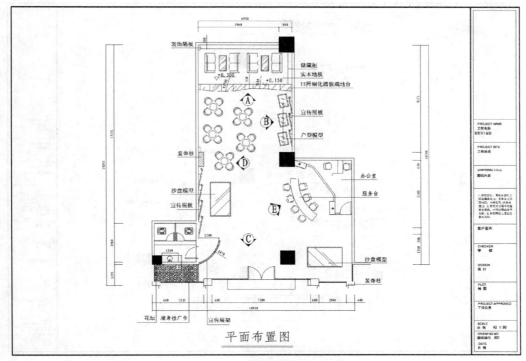

（a）平面布置图

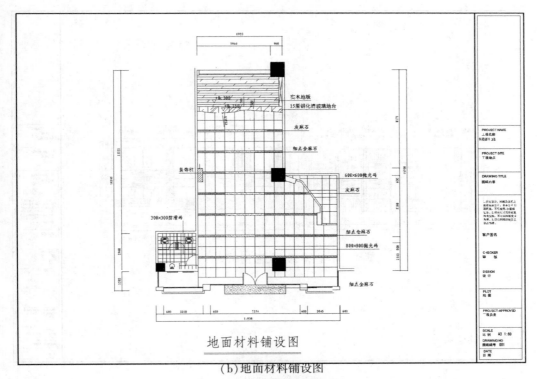

（b）地面材料铺设图

图 2-12 售楼部装饰装修工程

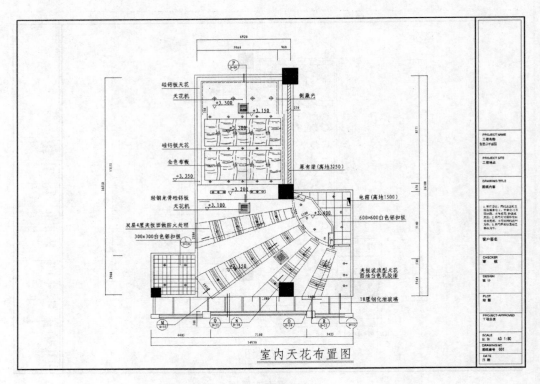

室内天花布置图

(c)顶棚装饰图

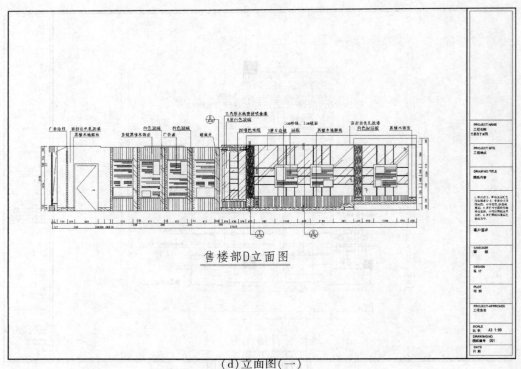

售楼部D立面图

(d)立面图(一)

续图 2-12

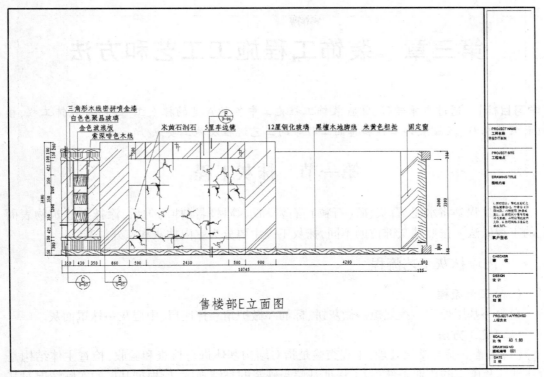

售楼部E立面图

(e)立面图(二)

续图 2-12

小　结

　　装饰施工图一般由装饰平面布置图、楼地面材料铺设图、顶棚装饰平面图、装饰立面图、装饰剖面图和节点详图等组成。

　　本章主要讲述了：

　　(1)建筑装饰平面布置图的图示方法与内容、识图要点与绘图步骤。

　　(2)楼地面材料铺设图的图示方法与内容、识图要点与绘图步骤。

　　(3)顶棚装饰布置图的图示方法与内容、识图要点与绘图步骤。

　　(4)建筑装饰立面图的图示方法与内容、识图要点与绘图步骤。

　　(5)装饰详图的图示方法与内容、识图要点与绘图步骤。

　　(6)装饰工程施工图案例。

第三章　装饰工程施工工艺和方法

【学习目标】　通过本章学习,掌握装饰工程施工中各种常见的抹灰工程、门窗装饰工程、楼地面装修工程、顶棚装饰工程和饰面工程等的工艺流程及施工要点。

第一节　抹灰工程

抹灰工程是将水泥、石灰、砂(石粒)、石膏和水等材料搅拌均匀后,涂抹在建筑物表面上的工程做法。按照抹灰部位的不同,抹灰工程主要分为室内抹灰和室外抹灰。

一、内墙抹灰工艺流程

(一)工艺流程
交验→基层处理→找规矩→做灰饼、标筋→做护角→抹底层、中层灰→抹罩面灰。

(二)施工方法
(1)工程交验与基层处理:工程交验是指对结构基体进行检查和验收,检查主体结构是否达到抹灰施工的作业条件;为了保证基层与砂浆的黏结强度,应根据基层的实际情况对其表面进行清理、凿毛、润湿等处理。

(2)找规矩:用托线板检查墙体表面的平整度,根据墙面的平整度和垂直度以及抹灰的平均总厚度规定,决定墙面抹灰厚度。

(3)做灰饼、标筋:在距离顶棚、阴角约 20 mm 处用砂浆制作标准块作为抹灰厚度的依据,并使用托线板在墙下部制作出与之相对应的另一标准块,完成后拉水平通线,按照 1 500~2 000 mm 的间距制作出若干灰饼。制作完毕后,在墙面上抹出宽约 100 mm、厚度与灰饼相同的长条灰带作为标筋,作为抹灰填平的标准。

(4)做护角:为了保证室内墙角、门窗洞口等阳角处的抹灰线条挺直清晰,并防止碰坏,需在常接触的阳角处用 1:2 水泥砂浆制作护角,以增强硬度与强度。

(5)抹底层、中层灰:先后将底层、中层砂浆抹在墙面上两标筋之间的位置,用木杠刮平,使其厚度与标筋相平,并用木抹子将表面搓磨至平整密实。

(6)抹罩面灰:室内墙面常用混合砂浆或大白腻子进行罩面,一般在中层砂浆干至五六成时进行。混合砂浆罩面时,一般按照自下而上、自左而右的方向用铁抹子抹平压光;刮大白腻子一般不少于两边,头道腻子干透后用砂纸磨平扫去浮灰,再满刮第二道腻子,总厚度为 1 mm 左右。

二、外墙抹灰工艺流程

(一)工艺流程
交验→基层处理→找规矩→做灰饼、标筋→抹底层、中层灰→弹线、粘贴分隔条→抹罩面灰。

（二）施工方法

（1）交验与基层处理：对外墙面进行检查验收，检查墙面是否达到外墙抹灰的施工作业条件，基层处理方式与内墙抹灰基本相同。

（2）找规矩、挂线、做灰饼和标筋：由于外墙抹灰面积大，而且抹灰要兼顾门窗、阳台、雨篷等部位，因此外墙找规矩十分重要。高层建筑可利用墙面大角、门窗洞口两侧用经纬仪找直线找垂直，多层建筑则需自顶层吊线找垂直，横向水平线可从楼层标高以上+500 mm 为水平基准线进行交圈控制；然后根据抹灰厚度做灰饼和标筋，其做法与内墙抹灰相同。

（3）弹线、粘贴分隔条：为了避免罩面砂浆收缩产生裂缝等现象，外墙大面积抹灰时，大面积外墙抹灰要设置分格缝，并在分格缝处粘贴用水浸泡过的分隔条。

（4）抹灰：外墙抹灰一般使用水泥混合砂浆或水泥砂浆，待底层砂浆具有一定强度后再抹中层砂浆，中层砂浆抹实压平后需进行扫毛和浇水养护。在抹面层砂浆时可先刷一遍水泥灰浆，第二遍应与分隔条抹齐平，刮平压实后用刷子蘸水按同一方向轻刷一遍；起出分隔条，并用水泥浆将分格缝抹平。抹灰完成24 h 后进行洒水养护，养护时间应在 7 d 以上。

第二节　门窗装饰工程

一、木门窗安装工艺流程

（一）工艺流程

安装门窗框→安装门窗扇。

木门窗的安装方法有两种：一种是立口法，另一种是塞口法。在装饰工程中，一般常用塞口法进行安装。

（二）施工方法

（1）安装门窗框：先在门窗洞内按照图纸上的位置和尺寸弹线，确定好门窗安装位置。然后在门窗洞内打孔并在孔内打入木楔，以便固定门窗框，再把门窗框塞进门窗洞内临时固定，用线锤和水平尺校正门窗框的垂直度和水平度。校正完毕后将门窗框牢固钉入木楔之上。

（2）安装门窗扇：安装门窗扇之前，要认真检查门窗开启方向，并做好标记。然后，量取门窗扇尺寸，根据门窗框尺寸刨修门窗扇，留出风缝尺寸；在门窗扇上固定好合页之后，上下各用一枚螺钉将门窗扇作初步固定，检查缝隙是否符合使用要求以及门窗是否能够良好的开启闭合，确认合格后用螺钉将门窗扇固定牢固。

二、铝合金门窗安装工艺流程

（一）工艺流程

弹线找规矩→门窗洞口处理→安装连接铁件→门窗框就位安装→缝隙处理→安装门窗扇→安装五金件。

（二）施工方法

（1）弹线找规矩：按设计图纸要求，弹线放好铝合金门窗框的安装位置线和标高控制线。

(2)门窗洞口处理:结构洞口边线与安装线有偏差时,应进行剔凿处理,并将截面修补平整。

(3)安装连接铁件:安装铝合金门窗框上的埋脚。铁脚与墙体固定的方法主要有三种:

①墙体上预埋有铁件时,可直接把铝合金门窗的固定片直接与墙体上的预埋铁件焊牢,焊接处进行防锈处理。

②用膨胀螺栓将铝合金门窗的固定片固定到墙上。

③当洞口为混凝土墙体时,可用$\phi 4$或$\phi 6$射钉将铝合金门窗的固定片固定到墙上。

(4)门窗框就位安装:

①根据弹好的定位线安装铝合金门窗框并及时调整,使门窗框的水平、垂直及对角线长度等符合质量标准,然后用木楔临时固定。

②铝合金门框下边框的固定方法:平开门可采用预埋连接件连接、膨胀螺栓连接、射钉连接或预埋钢筋焊接方式固定,推拉门下边框可直接埋入地面混凝土中。

(5)缝隙处理:隐蔽工程验收后按设计要求处理门窗框与墙体之间的缝隙。可采用发泡胶填塞缝隙,亦可采用弹性保温材料或玻璃棉毡条分层填塞,外表面留5~8 mm深槽口填嵌嵌缝油膏或密封胶。铝合金窗应在窗台板安装后将上缝、下缝同时填嵌,填嵌时不可用力过大,以免窗框受力后变形。

(6)安装门窗扇:清扫干净后安装门窗扇。推拉门窗应将配好玻璃的门窗扇整体安入框内滑槽,然后调整缝隙。平开门窗应先将框与扇组装,安装固定好再安玻璃,最后镶嵌密封条填密封胶。

(7)门窗五金安装:按施工图进行定位安装。

三、塑钢门窗、彩板门窗安装工艺流程

(一)工艺流程

弹线找规矩→检查门窗洞→门窗框安装固定→门窗框与墙体连接固定→缝隙处理→门窗扇检查→门窗扇安装→清理→安装五金件。

(二)施工方法

(1)弹线找规矩:根据施工图要求在洞口处弹出立口安装线。

(2)检查门窗洞:检查洞口尺寸、垂直度以及预埋件数量

(3)门窗框安装固定:塑钢、彩板门窗框安装时临时用木楔固定,待门窗框立面的左右缝隙大小均匀、上下位置一致后,用镀锌固板将门窗框固定在门窗洞口内。

(4)门窗框与墙体连接固定:门窗框与墙体的连接要牢固,门窗框上的锚固板与墙体之间有预埋件连接、膨胀螺栓连接、射钉连接等固定方法;墙体为砖砌体时不能采用射钉固定。

(5)缝隙处理:塑钢、彩板门窗框与墙体间的缝隙应用矿棉条或玻璃棉毡条填塞,再填塞密封材料。

(6)门窗扇检查:翘曲超过2 mm的门窗扇需要经过处理后才能安装。

(7)门窗扇安装:

①推拉门窗,先将塑钢彩板门窗扇插入上滑道槽内,自然落入对应的下滑道,然后校准左右缝隙。

②平开门窗,先按照要求将合页安装在塑钢、彩板门窗框上,然后将门窗扇临时固定在

框内,调整好位置后固定在合页上。

③地弹簧门窗,先安装地弹簧主机,调整上门顶轴将塑钢、彩板门扇装上,然后调整门扇间隙和门扇开启速度。

(8)清理、安装五金件:清理现场,撕掉型材塑料胶纸,清理型材表面并安装五金件。

四、玻璃地弹门安装工艺流程

(一)工艺流程

画线定位→确定门扇高度→固定门上下横档→门扇固定→安装拉手→密封胶处理及清扫。

(二)施工方法

(1)划线定位:在玻璃门扇的上下金属横档内划线,按照定位固定销孔板和地弹簧的转动轴连接板。

(2)确定门扇高度:玻璃门扇的高度尺寸应当比测量尺寸小 5 mm 左右,方便定位调节。

(3)固定门上下横档:门扇高度确定后固定上下横档,并在玻璃与横档间注入玻璃胶。

(4)门扇固定:将门扇下横档内的转动销连接件的孔位套入地弹簧的转动销轴上,使门扇与门框横梁成直角,再将门扇上横档中转动连接件的孔插入横梁的定位销中。

(5)安装把手:将拉手接入玻璃门扇预先加工好的拉手孔洞内,在孔洞缝隙内涂玻璃胶,拉手根部与玻璃胶贴紧后再拧紧螺丝固定。

(6)密封胶处理玻璃缝隙后完工清扫。

第三节　楼地面装饰工程

楼地面是地面装饰和楼面装饰的总称,按照其构造做法和施工方式可分为整体式楼地面、块材类楼地面、竹木质楼地面等。

一、整体式楼地面施工工艺流程

整体式楼地面包括水泥砂浆楼地面、细石混凝土楼地面和现浇水磨石楼地面,由于水泥砂浆楼地面和细石混凝土楼地面一般在建筑主体施工时完成,因此在这里只对现浇水磨石楼地面做介绍。

(一)工艺流程

基层处理→找标高→弹水平线→铺抹找平砂浆→养护→弹分隔条→镶分隔条→拌制水磨石拌合料→涂水泥砂浆结合层→铺水磨石拌合料→滚压抹平→养护→试磨→粗磨→细磨→磨光→草酸清洗→打蜡上光。

(二)施工方法

(1)找标高、弹水平线:基层清理完毕后,弹出水磨石面层标高线。

(2)抹找平层砂浆、养护:在基层上抹出 1:3 水泥砂浆找平层,养护 24 h。

(3)弹分格线、镶分格条:在找平层上根据设计要求的分隔或图案进行弹线。用砂浆固定分格条,镶固后 12 h 洒水养护 3~4 d。

(4)拌制水磨石拌合料:按照 1:1.5~1:1.25(水泥:石粒)的体积比制作拌合料,拌制好后用筛子筛匀装袋存入干燥的室内备用;拌合料使用前需加水拌匀,稠度约 6 cm。

（5）刷涂水泥浆结合层、铺拌合料:将找平层洒水润湿后均匀刷涂水泥浆结合层,按照 10～12 mm 的厚度随刷随铺拌合料;不同颜色的拌合料铺抹时应遵循"先深色后浅色"的原则;铺抹时先抹分隔条两侧,再用铁抹子将拌合料向中间推匀。

（6）滚压抹平:用滚筒按照横竖两个方向轮换滚压,直至表面平整密实。待拌合料稍收水后用铁抹子将其抹平压实,24 h 后浇水养护 3～4 d。

（7）打磨:水磨石面层的打磨应分步进行,正式开磨前应进行试磨;试磨经检查后用 60～80 号粗砂轮石加水粗磨,磨至分隔条和石粒全部露出,磨好后浇水养护;养护 2～3 d 后用 100～150 号金刚石磨,表面磨光后满擦水泥浆,并再次养护;第三遍打磨用 100～150 号金刚石,磨至表面石子显露均匀,表面光滑平整。

（8）草酸擦洗、打蜡上光:打磨三遍以后用浓度为 10% 的草酸溶液对面层进行清洗,并用泡沫砂轮轻磨一遍,用清水冲洗后保持面层清洁不受污染;清理完毕后打蜡上光。

二、块材类楼地面施工工艺流程

在楼地面装饰中,以陶瓷地砖、大理石板、花岗岩石板、预制水磨石板等板材铺设的楼地面被称为块材类楼地面,在这里只对陶瓷地砖、天然大理石和花岗岩的施工工艺做重点介绍。

（一）陶瓷地砖楼地面施工工艺

1.工艺流程

基层处理→弹线定位→铺砂浆结合层→弹控制线→铺贴地砖→勾缝、擦缝→清洁养护

2.施工要点

（1）基层处理:清理基层并作凿毛处理。

（2）弹线定位:在墙面上弹出+50 mm 水平控制线,往下测量出面层标高,并在墙上弹出标高线。

（3）铺砂浆结合层:在基层上做好灰饼、冲筋,浇水润湿基层后刷一道素水泥浆;刷好后结合标筋厚度用干硬性水泥砂浆铺设结合层,并用木抹子压实抹平,如地面有坡度要求,应注意控制坡度。

（4）铺贴地砖:根据设计要求和地砖规格在地面上弹出纵横定位的控制线,然后按照从里向外的方向用橡皮锤将地砖铺贴于地面上,同时应注意用水平尺检查校正。

（5）勾缝、擦缝:铺贴完毕 24 h 后,采用同品种、同强度等级、同颜色的水泥勾缝,并注意及时清理缝隙之外的砂浆。

（6）养护:勾缝完毕后,洒水养护 7 d。

（二）天然大理石和花岗岩楼地面施工工艺

1.工艺流程

试拼→弹线→试排→基层清理→铺设砂浆→铺设石材→灌封、擦缝→打蜡。

2.施工要点

（1）试拼:根据石材板块的图案、颜色、纹理进行试拼;试拼后将板材编号,并有序码放。

（2）弹线:在基层上弹出十字控制线,并引至墙面上,以便于控制好石材的位置。

（3）试排:根据设计要求,在房间内的两个垂直方向将石材进行预排,以便检查板块之

间的缝隙,并核对好石材与墙、柱等的相对位置。

(4)铺设石材:清理基层并洒水润湿。在基层上铺设一道 1:3 干硬性水泥砂浆,然后按照由内而外的顺序逐行铺贴石材。

(5)灌缝、擦缝:铺贴完成 24 h 后,方可对石材缝隙做灌缝处理。灌缝时要根据石材颜色选择同色颜料和水泥拌和成稀水泥浆刷浆填满板缝,并用干布擦拭洁净。

(6)打蜡:镶铺完毕 24 h 后打蜡上光。

三、竹木质楼地面施工工艺流程

竹木地板的施工方法分为空铺式和实铺式。由于空铺式施工方法较为复杂、造价高、占用空间高度大,因此现今一般采用实铺式的做法。实铺式有两种做法:一种是在基层上找平并固定木格栅,再将木地板固定于木格栅或者木格栅的毛地板上;另一种是在基层上找平,设置防潮垫,在防潮垫上直接铺设木地板,这种施工方法简单且造价低,但弹性较差。下面主要介绍实铺式双层竹木地板施工和复合木地板常用施工工艺。

(一) 实铺式双层竹木地板施工工艺

1.工艺流程

弹线、找平→安装木龙骨格栅→安装毛地板→竹木地板安装→安装踢脚板。

2.施工要点

(1)弹线、找平:检查并清扫楼地面,在基层上弹出十字交叉线,定位木格栅水平位置,并在四周弹线定位地面标高线。

(2)安装木格栅:在定位交叉点钻孔,打木楔,将木格栅固定在木楔上,格栅铺设中应保持水平度,木格栅与墙面之间应留有不小于 30 mm 的间隙用来防潮通风。

(3)安装毛地板:清扫后铺设毛地板,毛地板一般为细木工板,与木格栅斜向钉牢,板间缝隙不大于 3 mm,与墙间留 10~12 mm,表面刨平。

(4)安装竹木地板:铺设竹地板或实木地板,从靠门近的一侧铺设,保持水平度,板段接缝间隔错开对齐;木地板与墙壁间应留有 10~15 mm 缝隙。

(5)装踢脚线:木踢脚线背面应做防潮处理,钉牢在墙内。

(二) 复合木地板施工工艺

1.工艺流程

弹线找平→铺垫层→铺地板→安装踢脚线→清洁。

2.施工要点

(1)弹线找平:处理基层,找平地面。

(2)铺垫层:铺聚乙烯泡沫塑料薄膜作为垫层,防潮的同时增加弹性和稳定性,铺设时横向搭接 100~150 mm。

(3)铺地板:根据企口锁扣形式,逐块铺设,地板与墙壁间留 8~10 mm 缝隙,以防地板伸缩变形。

(4)装踢脚线:定好踢脚线上口位置高度,定好固定卡的位置,将固定卡固定在墙上,安装踢脚线。

(5)清洁:清理现场,并做好成品保护。

第四节 顶棚装饰工程

顶棚装饰的主要作用是利用不同材料、造型及结构,隐藏原有建筑结构的梁体及隐蔽工程的管线,同时达到美观、防火、吸声、保温、隔热等功能。龙骨在吊顶中主要起支撑作用,按照龙骨材料不同,吊顶分为木龙骨吊顶、轻钢龙骨吊顶、铝合金龙骨吊顶。

一、木龙骨吊顶施工工艺流程

(一)工艺流程

放线→木龙骨处理→安装吊点、吊筋→木龙骨组装→固定沿墙龙骨→龙骨架吊装固定→安装罩面板。

(二)施工方法

1.弹线

弹线包括吊顶标高线、顶棚造型线、吊点布置线和大中型灯具位置线。吊点间距一般为900~1 200 mm,在灯具位置、龙骨交接处及吊顶叠级位置应增设吊点。

2.木龙骨处理

龙骨经过筛选后,需进行防火处理。对于墙边龙骨、梁边龙骨等直接接触结构的木龙骨,需预先刷防腐剂,以达到防潮、防蛀、防腐朽的功效。

3.安装吊点、吊筋

吊点可采用膨胀螺栓、射钉、预埋铁件等方法;吊筋常采用钢筋、角钢或方木,吊筋与吊点一般采用焊接、钩挂、螺钉等方式进行连接。

4.木龙骨组装

吊装前应先对龙骨进行分片拼装,拼装方法一般用咬口连接的形式。

5.固定沿墙龙骨

用冲击钻在墙面上打孔并在孔内塞入木楔,将沿墙龙骨钉固在墙孔内的木楔上。

6.木龙骨架吊装固定

木龙骨架的吊装一般有单层网格式木龙骨架和双层木龙骨架。

1)单层网格式木龙骨架

单层网格式木龙骨架应分片吊装,吊装时一般从一个墙脚开始,将拼装好的单片龙骨架托起至标高位置。高度低于3.2 m的吊顶骨架,可在高度定位杆上做临时支撑;当高度大于3.2 m时,则需用铁丝在吊点做临时固定。待龙骨架调平后将骨架靠墙部分与沿墙龙骨钉接,再将骨架与吊筋连接。

2)双层木龙骨架的吊装固定

按照设计要求,主龙骨间距一般为1 000~1 200 mm,连接时先将主龙骨搁置在沿墙龙骨上并进行调平,再将吊杆与主龙骨钉接牢固。次龙骨的连接可用咬口拼接或用小木方钉接成木龙骨网格。连接好后将次龙骨吊装至龙骨底部并调平后,用短木方将主次龙骨连接。

7.吊顶罩面板的安装

根据设计要求,将罩面板固定在龙骨架上,并做好饰面处理。

二、轻钢龙骨吊顶施工工艺流程

(一)工艺流程

弹线→安装吊筋→安装主龙骨→龙骨架调平→安装次龙骨→安装面板。

(二)施工方法

(1)弹线:依据楼层的标高线,沿墙四周弹出吊顶标高线;此外,还需根据设计要求弹出平面造型线、吊点位置线,以及大中型灯具位置线。

(2)安装吊筋:吊筋与顶棚之间的固定有三种形式:楼板或梁上预留吊钩或预埋件;在顶棚用膨胀螺栓固定吊筋;用射钉将角铁固定在顶棚,将吊筋通过角铁上的孔固定。

(3)安装主龙骨:用吊挂件将吊筋与主龙骨连接。主龙骨一般常用 C 形或 U 形龙骨,按照其承载能力分为 38 系列、50 系列和 60 系列。可上人吊顶一般使用 50 系列和 60 系列的龙骨,其吊点间距根据设计要求的不同而异。

(4)龙骨调平、安装次龙骨:根据标高控制线使主龙骨就位,龙骨调平应在龙骨安装的过程中同时进行。调平后安装次龙骨。

(5)安装面板:面板一般有石膏板、矿棉、硅钙板、金属板等各种板材,板材的安装应防止出现弯棱、凸棱现象,螺钉均匀分布。

三、铝合金龙骨吊顶施工工艺流程

(一)工艺流程

弹线定位→固定吊杆→安装龙骨→安装面板。

(二)施工方法

(1)弹线定位:依据楼层的标高线,沿墙四周弹出吊顶标高线,根据设计要求弹出平面造型线、吊点位置线。

(2)固定吊杆:用膨胀螺丝或射钉将简易吊杆固定在顶棚上,基本形式和轻钢龙骨基本相同。

(3)安装龙骨、安装面板:主龙骨大都采用 U 形龙骨,次龙骨固定于主龙骨之下,其悬吊固定方法与轻钢龙骨基本相同,然后安装面板。

第五节　墙面装饰工程

根据施工方式的不同,墙面装饰工程主要分为贴面类装饰施工工程、涂料类装饰施工工程、罩面板施工工程、软包墙面装饰施工工程、裱糊类装饰施工工程等。

一、贴面类装饰施工工艺流程

(一)工艺流程

基层清扫处理→抹找平层→弹出上、下口水平线→分格弹线→选面砖→预排砖→浸砖→作标志块→垫托木→面砖铺贴→勾缝→养护及清理。

（二）施工方法

1.基层处理

当基层为砖时，应先剔除表面多余灰浆，用钢丝刷清理表面，并浇湿墙体。当基层为光滑的混凝土时，应先剔凿基层使其表面粗糙，然后用钢丝刷清理一遍，并用清水冲洗干净。

2.做找平层

用1∶3水泥砂浆在浸湿的基层上面涂抹，厚度控制在15 mm左右。

3.弹水平线

定好面砖铺贴的高度，用水柱法找出上口的水平点，并弹出各面墙的上口水平线。

4.弹线分格

在找平层上用墨线弹出饰面砖分格线。饰面砖分格线包括水平线和竖向线。

5.预排砖

为确保装饰效果和节省面砖数量，铺贴前应进行预排。同一墙面只能有一行或者一列非整块饰面砖，并且在不显眼的阴角处。一般饰面砖的缝隙留在2 mm左右。

6.浸砖

已经选好的瓷砖，在铺贴前应该充分浸水湿润。浸水时间不超过2 h，取出后阴干至表面无水膜（通常需6 h）。

7.做标注块

铺贴面砖时，应先贴若干块废面砖作为标志块，上下用拖线板挂直，作为粘贴厚度的依据。

8.垫托木

按地面水平线嵌上一根八字尺或直靠尺，水平尺矫正，作为第一行面砖水平方向的依据。

9.面砖铺贴

1）拌制黏结砂浆

饰面砖黏结砂浆的厚度应大于5 mm，小于8 mm。

2）面砖铺贴

每一施工层宜从阳角或门边开始，由下往上逐步铺贴。

二、涂料类装饰施工工艺流程

涂料类装饰施工根据施工位置不同可以分为内墙、顶棚涂饰施工和外墙装饰涂饰施工。

（一）内墙、顶棚涂饰施工

1.工艺流程

基层处理→第一遍满刮腻子、磨光→第二遍满刮腻子→复补腻子、磨光→第一遍乳胶漆，磨光→第二遍乳胶漆。

2.施工方法

（1）基层处理：表面找平，磨光。

（2）第一遍满刮腻子，磨光：表面清扫后，填补墙面的空洞、蜂窝、麻面以及残缺处，干透后，用粗砂纸打磨。然后满刮乳胶腻子一遍。腻子干透后，打磨平整。

（3）第二遍满刮腻子，磨光：方法同第一遍满刮腻子。

（4）复补腻子,磨光:第二遍腻子干后,如果发现局部有缺陷,应局部复补涂料腻子一遍。干透后,用细砂纸将涂料面打磨光滑,不得磨穿漆膜。

（5）第一遍乳胶漆,磨光:乳胶漆可喷涂或涂刷在混凝土、水泥砂浆、石棉水泥板、纸面石膏板等基层上。要求基层具有足够的强度,无粉化、起皮或掉皮现象。顶棚墙面一般喷涂两遍,时间间隔为 2 h。

（6）第二遍乳胶漆:方法和第一遍相同,大面积涂刷时应多人流水作业,互相衔接。

（二）外墙涂饰工艺流程

1.工艺流程

基层处理→涂刷封底漆→局部补腻子→满刮腻子→刷底涂料→涂刷乳胶漆面层涂料→清理保洁。

2.施工方法

（1）基层处理:清理基层,墙面上较大的凹陷应用聚合物水泥砂浆抹平,较小的孔洞和裂缝用水泥乳胶腻子修补。

（2）涂刷封底漆:如果墙面较酥松,吸收性强,可将丙烯酸乳液用水稀释,在清理完毕的基层上涂刷一两遍。

（3）局部补腻子:基层打底干燥后,用腻子找补不平之处,干后用磨砂纸打磨光滑。

（4）满刮腻子:要求涂刷两三遍腻子,每遍腻子不可过厚。腻子干后应及时用砂纸打磨,打磨完毕后扫去浮灰。

（5）刷底涂料:将底涂料搅拌均匀。用滚筒刷或排笔刷均匀涂刷一遍。干后用砂纸打磨平整。

（6）涂刷乳胶漆面层涂料:第一遍干透后,再涂刷第二遍涂料。一般涂刷 2~3 遍涂料,视不同情况而定。

三、罩面板施工工艺流程

由于设计要求的不同,墙面罩面板装饰施工方法多种多样,根据施工材料不同可以分为木质墙面罩面板施工、铝塑板墙面罩面板施工等做法。

（一）木质墙面罩面板施工工艺流程

1.工艺流程

基层防潮处理→放线→固定龙骨→基层板安装→饰面板安装。

2.施工方法

（1）基层防潮处理:为了防止基层板的潮气使饰面板发生卷翘,应做防潮处理。

（2）放线:弹出竖筋和横筋的龙骨固定垂直线及水平线。

（3）固定龙骨:在墙面打孔并塞入木楔,将龙骨钉固在塞好木楔的墙孔中。

（4）基层板安装:龙骨安装完成后,将基层板按照龙骨间距并根据基层板的规格进行排版,并用铁钉进行安装固定。

（5）饰面板安装:按墙筋间距、拼缝要求进行排版,并将加工后的饰面板试铺后,用粘贴、钉结等方法固定在基层板上。

(二)铝塑板墙面罩面板施工工艺流程

1.工艺流程

弹线→翻样、试拼、裁切、编号→安装、粘贴→修整→板缝处理。

2.施工方法

(1)弹线:在基层板上面弹出分格线。

(2)翻样、试拼、裁切、编号:对铝塑板进行翻样试拼,然后裁切备用。

(3)安装、粘贴:有三种做法,包括胶粘剂直接粘贴法、双面胶及胶粘剂并用法和发泡双面胶带直接粘贴法。

(4)修整:安装完毕后,检查表面。如有不平、不牢、空心等问题,及时修整。

(5)板缝处理:板缝大小、宽窄及造型处理按照设计要求施工。

(三)石材饰面施工工艺流程

1.工艺流程

基层处理→饰面板编号→上胶处磨净,磨粗→调胶,涂胶(点涂)→饰面石板就位→加胶补强→清理嵌缝→打蜡上光。

2.施工方法

(1)基层处理:检查墙身平整度,是否垂直。墨线在墙上弹出具体位置。

(2)饰面板编号:按照石材的颜色、花型、图案、品种等编号试拼。

(3)上胶处磨净、磨粗:墙面及石材与胶粘剂结合的地方,用砂纸均匀打磨,处理粗糙。

(4)调胶,涂胶(点涂)。

(5)饰面石板就位:按照石材编号顺序上墙就位进行粘贴。

(6)加胶补强:粘贴完毕后,对各个点进行检查,必要时加胶补强。

(7)清理嵌缝:全部粘贴完毕后嵌缝处理。一般缝隙不得小于2 mm。

(8)打蜡上光:清理石板表面,打蜡上光。

四、软包墙面装饰施工工艺流程

(一)工艺流程

基层或底板处理→吊直、套方、找规矩、弹线→计算用料、裁面料→固定面料→安装贴脸或装饰边线→修整软包墙面。

(二)施工方法

(1)吊直、套方、找规矩、弹线:清理基层后根据设计图纸要求,在墙柱面上弹线。

(3)计算用料、裁面料:裁卷材(人造革、织锦缎)面料时,应大于墙面分格尺寸。

(4)固定面料:用按钉将矿棉等填充材料规则的铺装于基板上,然后将人造革面层材料包覆其上,采用电化铝帽头钉按分格或者其他形式的划分尺寸进行四角钉固。

(5)安装贴脸或装饰边线:首先进行试拼,达到要求后,便可与基层固定。

(6)修整软包墙面:除尘清理,处理胶痕。

五、裱糊类装饰施工工艺流程

(一)工艺流程

基层处理→找规矩、弹线→壁纸处理→涂刷胶粘剂→裱糊。

（二）施工方法

（1）基层处理。

（2）找规矩，弹线：首先将房间四角的阴阳角通过吊垂直、套方、找规矩，确定从哪个阴角开始按照壁纸的尺寸进行分块弹线。

（3）壁纸处理：计算用料，裁纸。裁纸时以上口为准，下口可比规定尺寸略长 10 ~ 20 mm，按此尺寸计算用料。一般在案子上裁割，将裁好的纸用湿温毛巾擦后，折好待用。

（4）刷胶，糊纸：

①分别在壁纸背面和墙上刷胶，刷胶宽度应相同。

②裱糊时按照已经画好的垂直线吊直，从墙的阴角处开始铺贴第一张。第一张贴好后留 10 ~ 20 mm，然后铺贴第二张，与第一张搭接 10 ~ 20 mm，要自上而下对缝，拼花要端正，用刮板将搭接处刮平。

③用钢直尺和壁纸裁割刀在搭接处的中间将双侧壁纸切透，再分别撕掉切断的两个壁纸条，用刮板和毛巾从上而下均匀的赶出多余的胶液使其贴实，挤出的胶液用湿温毛巾擦净。

④用同样的方法将连接顶棚和踢脚的壁纸边切割整齐，并带胶压实。墙面上如果有电门、插座盒，应在其位置上破纸作为标记。

⑤花纸拼接：纸的拼接处花形要对好。

（5）壁纸修整：裱糊后应检查，对翘边、翘脚、起泡、褶皱及胶痕未擦净等及时处理和修整。

小　结

本章主要讲述了：

（1）内、外墙抹灰工艺流程。

（2）木门窗、铝合金门窗、塑钢彩板门窗、玻璃地弹门安装工艺流程。

（3）整体楼地面、块材楼地面、竹木质地面施工工艺流程。

（4）木龙骨吊顶、轻钢龙骨吊顶、铝合金龙骨吊顶施工工艺流程。

（5）贴面类、涂料类、罩面板类、软包与裱糊类墙面装饰施工工艺流程。

第四章 装饰工程项目管理的基本知识

【学习目标】 通过本章学习,了解施工项目管理的内容及组织机构,熟悉施工项目成本控制、进度控制、质量控制的任务和措施,熟悉施工资源管理的方法、任务和内容,熟悉施工现场管理的任务和内容。

第一节 施工项目管理的内容及组织

一、施工项目管理的内容

(一)建设工程管理的概念

建设工程项目管理的内涵是自项目开始至项目完成,通过项目的策划和项目控制,使项目的费用目标、进度目标和质量目标得以实现。

(二)建设工程项目管理类型

按建设工程项目不同参与方的工作性质和组织特征划分,项目管理有如下几种类型:

(1)业主方的项目管理。

(2)设计方的项目管理。

(3)施工方的项目管理。

(4)供货方的项目管理。

(5)建设项目工程总承包方的项目管理等。

(三)业主方项目管理的目标和任务

业主方的项目管理工作涉及项目实施阶段的全过程,即在设计前准备阶段、设计阶段、施工阶段、使用前的准备阶段和保修期分别进行如下工作:

(1)安全管理。

(2)投资控制。

(3)进度控制。

(4)质量控制。

(5)合同管理。

(6)信息管理。

(7)组织与协调。

其中安全管理是项目管理中最重要的工作,因为安全管理关系到人身的健康与安全,而投资控制、进度控制、质量控制和合同管理等则主要涉及物质利益。

(四)设计方项目管理的目标与任务

设计方的项目管理工作主要在设计阶段进行,但它也涉及设计前的准备阶段、施工阶段、使用前准备阶段和保修期。其管理任务包括:

(1)与设计工作有关的安全管理。

(2)设计成本控制和与设计工作有关的工程造价控制。

（3）设计进度控制。

（4）设计质量控制。

（5）设计合同管理。

（6）设计信息管理。

（7）与设计工作有关的组织和协调。

（五）供货方项目管理的目标与任务

供货方的项目管理工作主要在施工阶段进行，但它也涉及设计准备阶段、设计阶段、使用前的准备阶段和保修期。其主要任务包括：

（1）供货方的安全管理。

（2）供货方的成本控制。

（3）供货方的进度控制。

（4）供货方的质量控制。

（5）供货合同管理。

（6）供货信息管理。

（7）与供货有关的组织与协调。

（六）建设项目工程总承包方项目管理的目标和任务

建设项目工程总承包方项目管理工作设计项目实施阶段的全过程，即设计前的准备阶段、设计阶段、施工阶段、使用前的准备阶段和保修期。其项目管理主要任务包括：

（1）安全管理。

（2）投资控制和总承包方的成本控制。

（3）进度控制。

（4）质量控制。

（5）合同管理。

（6）信息管理。

（7）与建设项目总承包方有关的组织和协调。

二、施工项目管理的组织机构

（一）基本的组织结构模式

组织论的三个重要的组织工具是项目结构图、组织结构图（见图4-1）和合同结构图（见图4-2），三者区别见表4-1。

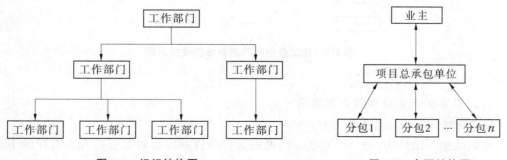

图 4-1　组织结构图　　　　图 4-2　合同结构图

表 4-1　项目结构图、组织结构图和合同结构图的区别

类别	表达的含义	图中矩形框的含义	矩形框连接的表达
项目结构图	对一个项目的结构进行逐层分解,以反映组成该项目的所有工作任务(该项目的组成部分)	一个项目的组成部分	直线
组织结构图	反映一个组织系统中各组成部门(组成元素)之间的组织关系(指令关系)	一个组织系统中的组成部分(工作部门)	单向箭线
合同结构图	反映一个建设项目参与单位之间的合同关系	一个建设项目的参与单位	双向箭线

常用的组织结构模式包括职能组织结构(见图 4-3)、线性组织结构(见图 4-4)和矩阵组织结构(见图 4-5)等。这几种常用的组织结构模式既可以在企业管理中运用,也可以在建设项目管理中运用。

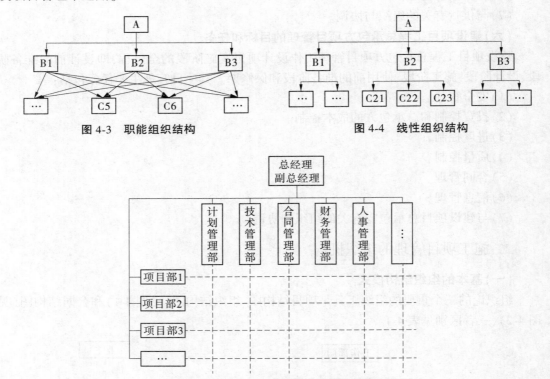

图 4-3　职能组织结构　　　　　　图 4-4　线性组织结构

图 4-5　施工企业矩阵组织结构模式示例

(二)基本的组织结构特点和应用

1.职能组织结构的特点和应用

在职能组织结构中,每一个职能部门可根据它的管理职能对其直接和非直接的下属工作部门下达工作指令,因此每一个工作部门可能得到其直接和非直接的上级工作部门下达

的工作指令,它就会有多个矛盾指令源。我国多数的企业、学校、事业单位目前还沿用这种传统的组织结构模式。许多建设项目目前也还用这种传统的组织结构模式,在工作中常出现交叉和矛盾的工作指令关系,严重影响了项目管理机制的运行和项目目标的实现。

2.线性组织结构的特点及应用

在线性组织结构中,每一个工作部门只能对其直接下属部门下达工作指令,每一个工作部门也只有一个直接的上级部门,因此每一个工作部门只有唯一一个指令源,避免了由于矛盾的指令而影响组织系统的运行。

在国际上,线性组织结构模式是建设项目管理组织系统的一种常用模式,线性组织结构模式可确保工作指令的唯一性。但是在一个特大组织系统中,由于线性组织结构模式指令路径过长,有可能造成组织系统在一定程度上运行困难。

3.矩阵组织结构的特点及应用

矩阵组织结构是一种较新型的组织结构模式,在矩阵组织结构最高指挥者(部门)下设纵向和横向两种不同类型的工作部门。

在矩阵组织结构中,每一项纵向和横向的工作,指令都来源于纵向和横向两个工作部门,因此指令源为两个。当纵向和横向工作部门的指令发生矛盾时,由该组织系统中最高指挥者进行协调或决策。

在矩阵组织结构中为避免纵向和横向工作部门指令矛盾对工作的影响,可以采用以纵向工作指令为主或者以横向工作指令为主的矩阵组织结构模式,这样也可以减轻该组织最高指挥者的协调工作量。

(三)施工项目经理部

1.项目经理部定义

施工项目经理部是由施工项目经理在施工企业的支持下组建并领导进行项目管理的组织机构。它是施工项目现场管理的一次性具有弹性的施工生产组织机构,负责施工项目从开工到竣工的全过程施工生产经营的管理工作,既是企业某一施工项目的管理层,又对劳务作业层负有管理与服务的双重职能。

大、中型施工项目,施工企业必须在施工现场设立施工项目经理部,小型施工项目可由企业法定代表人委托一个项目经理部兼管。

施工项目经理部直属项目经理的领导,接受企业各职能部门指导、监督、检查和考核。

施工项目经理部在项目竣工验收、审计完成后解体。

2.施工项目经理部的作用

(1)负责施工项目从开工到竣工的全过程施工生产经营的管理,对作业层负有管理与服务的双重职能。

(2)为施工项目经理决策提供信息依据,当好参谋,同时又要执行项目经理的决策意图,向项目经理全面负责。

(3)施工项目经理部作为组织主体,应完成企业所赋予的基本任务——施工项目管理任务;凝聚管理人员的力量,调动其积极性,促进管理人员的合作,建立为事业献身的精神;协调部门之间、管理人员之间的关系,发挥每个人的岗位作用,为共同目标进行工作。

(4)施工项目经理部是代表企业履行工程承包合同的主体,对生产全过程负责。

3.施工项目经理部的设立

施工项目经理部的设立应根据施工项目管理的实际需要进行。施工项目经理部的组织机构可繁可简,可大可小,其复杂程度和职能范围完全取决于组织管理体制、规模和人员素质。施工项目经理部的设立应遵循以下基本原则:

(1)要根据所设计的施工项目组织形式设置施工项目经理部。大、中型施工项目宜建立矩阵式项目管理机构,远离企业所在地的大、中型施工项目宜建立职能式项目管理机构,小型施工项目宜建立直线式项目管理机构。

(2)要根据施工项目的规模、复杂程度和专业特点设置施工项目经理部。例如大型施工项目经理部可以设职能部、处,中型项目经理部可以设处、科,小型施工项目经理部一般只需设职能人员即可。

(3)施工项目经理部是一个具有弹性的一次性管理组织,随着施工项目的开工而组建,随着施工项目的竣工而解体,不应搞成一级固定性组织。

(4)施工项目经理部的人员配置应面向现场,满足现场的计划与调度、技术与质量、成本与核算、劳务与物资安全与文明施工的需要,而不应设置专管经营与咨询、研究与发展、政工与人事等与施工关系较少的非生产性管理部门。

(四)施工项目经理责任制

1.施工项目经理的概念

施工项目经理是指由建筑企业法定代表人委托和授权,在建设工程施工项目中担任项目经理责任岗位职务,直接负责施工项目的组织实施,对建设工程施工项目实施全过程、全面负责的项目管理者。他是建设工程施工项目的责任主体,是建筑企业法定代表人在承包建设工程施工项目上的委托代理人。

2.施工项目经理的地位

一个施工项目是一项一次性的整体任务,在完成这个任务的过程中,现场必须有一个最高的责任者和组织者,这就是施工项目经理。

施工项目经理是对施工项目管理实施阶段全面负责的管理者,在整个施工活动中占有举足轻重的地位,确立施工项目经理的地位是搞好施工项目管理的关键。

(1)施工项目经理是建筑施工企业法定代表人在施工项目上负责管理和合同履行的委托代理人,是施工项目实施阶段的第一责任人。施工项目经理是项目目标的全面实现者,既要对项目业主的成果性目标负责,又要对企业效益性目标负责。

(2)施工项目经理是协调各方面关系,使之相互协作、密切配合的桥梁和纽带。施工项目经理对项目管理目标的实现承担着全部责任,即合同责任、履行合同义务、执行合同条款、处理合同纠纷。

(3)施工项目经理对施工项目的实施进行控制,是各种信息的集散地和处理中心。自上、自下、自外而来的信息,通过各种渠道汇集到施工项目经理处,施工项目经理通过对各种信息进行汇总分析,及时做出应对决策,并通过报告、指令、计划和协议等形式,对上反馈信息,对下、对外发布信息。

(4)施工项目经理是施工项目责、权、利的主体。首先,施工项目经理必须是项目实施阶段的责任主体,是项目目标的最高责任者,而且目标实现还应该不超出限定的资源条件。责任是施工项目经理责任制的核心,它构成了施工项目经理工作的压力,是确定施工项目经理利益的依据。其次,施工项目经理必须是项目的权力主体。权力是确保施工项目经理能够承担起责任的条件与前提,所以权力的范围必须视施工项目经理所承担的责任而定。如果没有必要的权力,施工项目经理就无法对工作负责。最后,施工项目经理还必须是施工项目的利益主体。利益是施工项目经理工作的动力,是因施工项目经理负有相应的责任而得到的报酬,所以利益的形式及利益的大小须与施工项目经理的责任对等。

3. 施工项目经理的职责

施工项目经理的职责主要包括两个方面:一方面是要保证施工项目按照规定的目标高速、优质、低耗地全面完成,另一方面要保证各生产要素在授权范围内最大限度地优化配置。施工项目经理的职责具体如下:

(1)代表企业实施施工项目管理。贯彻执行国家和施工项目所在地政府的有关法律、法规、方针、政策和强制性标准,执行企业的管理制度,维护企业的合法利益。

(2)与企业法人签订《施工项目管理目标责任书》,执行其规定的任务,并承担相应的责任,组织编制施工项目管理实施规划并组织实施。

(3)对施工项目所需的人力资源、资金、材料、技术和机械设备等生产要素进行优化配置和动态管理,沟通、协调和处理与分包单位、项目业主、监理工程师之间的关系,及时解决施工中出现的问题。

(4)业务联系和经济往来,严格财经制度,加强成本核算,积极组织工程款回收,正确处理国家、企业及个人的利益关系。

(5)做好施工项目竣工结算、资料整理归档,接受企业审计并做好施工项目经理部的解体和善后工作。

4. 施工项目经理的权限

赋予施工项目经理一定的权利是确保项目经理承担相应责任的先决条件。为了履行项目经理的职责,施工项目经理必须具有一定的权限,这些权限应由企业法人代表授权,并用制度和目标责任书的形式具体确定下来。施工项目经理在授权和企业规章制度范围内,应具有以下权限。

1)用人决策权

施工项目经理有权决定项目管理机构班子的设置,聘任有关管理人员,选择作业队伍,对班子内的任职情况进行考核监督,决定奖惩乃至辞退。当然,项目经理的用人权应当以不违背企业的人事制度为前提。

2)财务支付权

施工项目经理应有权根据施工项目的需要或生产计划的安排,做出投资动用,流动资金周转,固定资产机械设备租赁、使用的决策,也要对项目管理班子内的计酬方式、分配的方案等做出决策。

3)进度计划控制权

根据施工项目进度总目标和阶段性目标的要求,对工程施工进行检查、调整,并对资源进行调配,从而对进度计划进行有效的控制。

4)技术质量管理权

根据施工项目管理实施规划或施工组织设计,有权批准重大技术方案和重大技术措施,必要时召开技术方案论证会,把好技术决策关和质量关,防止技术的决策失误,主持处理重大质量事故。

5）物资采购管理权

在有关规定和制度的约束下有权采购和管理施工项目所需的物资。

6）现场管理协调权

代表公司协调与施工项目有关的外部关系，有权处理现场突发事件，但事后须及时通报企业主管部门。

5.施工项目经理的利益

施工项目经理最终的利益是项目经理行使权力和承担责任的结果，也是市场经济条件下，责、权、利、效（经济效益和社会效益）相互统一的具体体现。利益可分为两大类：一是物资兑现，二是精神奖励。施工项目经理应享有以下利益：

（1）获得基本工资、岗位工资和绩效工资。

（2）在全面完成《施工项目管理目标责任书》确定的各种责任目标，工程交工验收并结算后，接受企业的考核和审计，除按规定获得物资奖励外，还可获得表彰、记功、优秀项目经理等荣誉称号及其他精神奖励。

（3）经考核和审计，为完成《施工项目管理目标责任书》确定的责任目标或造成亏损的，按有关条款承担责任，并接受经济或行政处罚。

第二节　施工项目目标控制

一、施工项目目标控制的任务

施工项目目标控制是指为实现项目目标管理而实施的收集数据、与计划目标对比分析、采取措施纠正偏差等活动，包括项目进度控制、项目质量控制、项目成本控制和项目安全控制。这四大目标控制是施工项目的约束条件，也是施工效益的象征。而施工项目现场是一项综合控制目标。

项目目标控制的基本方法是"目标管理方法"，其本质是"以目标指导行动"。因此，要确定控制总目标，然后自上而下进行目标分解，落实责任，指定措施，按照措施控制实现目标的活动，从而自下而上地实现项目目标管理责任书中的责任目标。

进度控制的主要任务是使施工顺序合理，衔接关系恰当，均衡，有节奏施工，实现计划工期，提前完成合同工期。

质量控制的主要任务是采用施工组织中保证施工质量的技术组织措施，使分部分项施工工程达到质量检验评定标准的要求，保证合同质量目标等级的实现。

成本控制的主要任务是采用施工组织设计降低成本措施，降低每个分项工程的直接成本，实现项目经理部盈利目标，实现公司利润目标及合同造价。

安全控制的主要任务是采取施工组织设计的安全设计和措施，控制劳动者、劳动手段、劳动对象，控制环境，实现安全目标，使人的行为安全，物的状态安全，断绝环境危险源。

施工现场控制的主要任务是科学组织施工，使场容场貌、料具堆放与管理、消防保卫、环境保护及职工生活均符合规定要求。

二、施工项目目标控制的措施

为了取得目标控制的理想成果,应当从多方面采取控制措施,通常将这些措施归纳为组织措施、技术措施、经济措施、合同措施等四个方面。

(一)组织措施

组织措施是目标控制的前提和保障,是从目标控制的组织管理方面采取的措施,如落实目标控制的组织机构和人员,明确各级目标控制人员的任务和职能分工、权力和责任、改善目标控制的工作流程等。

(二)技术措施

技术措施是目标控制的必要措施,控制在很大程度上通过技术来实施。工程项目的实施、目标控制的各个环节都是通过技术方案来落实。目标控制的效果取决于技术措施的质量和技术措施落实的情况。不仅对解决建设工程实施过程中的技术问题是不可缺少的,而且对纠正目标偏差亦有相当重要的作用。任何一个技术方案都有基本确定的经济效果,不同的技术方案就有着不同的经济效果。因此,运用技术措施纠偏的关键,一是要能提出多个不同的技术方案,二是要对不同的技术方案进行技术经济分析。

(三)经济措施

经济措施在很大程度上成为各方行动的指挥棒,无论对投资实施控制,还是对进度、质量实施控制,都离不开经济措施。但经济措施的应用,必须受到合同的约束。通过偏差原因分析和未完成工程投资预测,发现一些现有和潜在的问题将引起未完成工程的投资增加,对这些问题应以主动控制为出发点,及时采取预防措施。

(四)合同措施

在市场经济条件下,承包商根据与业主签订的设计合同、施工合同和供销合同来进行项目建设,紧紧依靠工程建设合同来进行目标控制,处理合同执行过程中的问题,做好防止和处理索赔工作都是重要的目标控制措施,这些措施在目标控制工作中都是不可缺少的。

第三节 施工资源与现场管理

一、施工资源管理的一般方法

(一)施工项目生产要素管理概述

对施工项目生产要素进行管理主要体现在以下四个方面:

(1)对生产要素进行优化配置,即适时、适量、比例适当、位置适宜地配备或投入生产要素,以满足施工需要。

(2)对生产要素进行优化组合,即对投入施工项目的生产要素在施工中适当搭配,以协调地发挥作用。

(3)在施工项目运转过程中对生产要素进行动态管理。动态管理的目的是优化配置与组合。动态管理是优化配置和优化组合的手段与保证。动态管理的基本内容,就是按照项目的内在规律,有效地计划、组织、协调、控制各生产要素,使之在项目中合理流动,在动态中寻求平衡。

（4）在施工项目运行中合理、高效地利用资源,从而实现提高项目管理综合效益,促进整体优化的目的。

（二）项目资源管理的主要内容

1.人力资源管理

人力资源泛指能够从事生产活动的体力和脑力劳动者,在项目管理中包括不同层次的管理人员和参加作业的各种工人。项目中人力资源的使用,关键在明确责任、调动职工的劳动积极性、提高工作效率。从劳动者个人的需要和行为科学的观点出发,责权利相结合,采取激励措施,并在使用中重视对他们的培训,提高他们的综合素质。

2.材料管理

建筑材料分为主要材料、辅助材料和周转材料等。一般工程中,建筑材料占工程造价的70%左右,加强材料管理对保证工程质量、降低工程成本都将起到积极的作用。项目材料管理的重点在现场、在使用、在节约和核算,尤其是节约,其潜力巨大。

3.机械设备管理

机械设备主要指作为大中型工具使用的各类型施工机械。机械设备管理往往实行集中管理与分散管理相结合的办法,主要任务在于正确选择机械设备,保证机械设备在使用中处于良好状态,减少机械设备闲置、损坏,提高施工机械化水平,提高使用效率。提高机械使用效率必须提高利用率和完好率,利用率的提高靠人,完好率的提高在于保养和维修。

4.技术管理

工程项目技术管理是对各项技术工作要素和技术活动过程的管理。技术工作要素包括技术人才、技术装备、技术规程等;技术活动过程包括技术计划、技术应用、技术评价等。技术作用的发挥,除取决于技术本身的水平外,极大程度上还依赖于技术管理水平。没有完善的技术管理,先进的技术是难以发挥作用的。工程项目技术管理的任务是:正确贯彻国家的技术政策,贯彻上级对技术工作的指示与决定;研究认识和利用技术规律,科学地组织各项技术工作,充分发挥技术的作用;确立正常的生产技术秩序,文明施工,以技术保证工程质量;努力提高技术工作的经济效果,使技术与经济有机地结合起来。

5.资金管理

工程项目的资金,从流动过程来讲,首先是投入,即将筹集到的资金投入到工程项目的实施上;其次是使用,也就是支出。资金管理应以保证收入、节约支出、防范风险为目的,重点是收入与支出问题,收支之差涉及核算、筹资、利息、利润、税收等问题。

（三）项目资源管理的过程

项目资源管理非常重要,而且比较复杂,全过程包括如下四个环节。

1.编制资源计划

项目实施时,其目标和工作范围是明确的。资源管理的首要工作是编制计划。计划是优化配置和组合的手段,目的是对资源投入时间及投入量作出合理安排。

2.资源配置

配置是按编制的计划,从资源的供应到投入项目实施,保证项目需要。

3.资源控制

控制是根据每种资源的特性,制定科学合理的措施,进行动态配置和组合,协调投入,合理使用,不断纠正偏差,以尽可能少的资源满足项目要求,达到节约资源、降低成本的目的。

4.资源处置

处置是根据各种资源投入、使用与产出的核算,进行使用效果分析,实现节约使用的目的。一方面是对管理效果的总结,找出经验和问题,评价管理活动;另一方面又为管理提供储备与反馈信息,以指导下一阶段的管理工作,并持续改进。

二、施工现场管理的主要内容

(一)施工项目现场管理概述

施工项目现场管理是指项目经理部按照有关施工现场管理的规定和城市建设管理的有关法规,科学、合理地安排使用施工现场,协调各专业管理和各项施工活动,控制污染,创造文明、安全的施工环境及人流、物流、资金流、信息流畅通的施工秩序所进行的一系列管理工作。

(二)施工项目现场管理的基本任务

建筑产品的施工是一项非常复杂的生产活动,其生产经营管理既包括计划、质量、成本和安全等目标管理,又包括劳动力、建筑材料、工程机械设备、财务资金、工程技术、建设环境等要素管理,以及为完成施工目标和合理组织施工要素而进行的生产事务管理。其目的是充分利用施工条件,发挥各个生产要素的作用,协调各方面的工作,保证施工正常进行,按时提供优质的建筑产品。

施工项目现场管理的基本任务是按照生产管理的普遍规律和施工生产的特殊规律,以每一个具体工程(建筑物和构筑物)和相应的施工现场(施工项目)为对象,妥善处理施工过程中的劳动力、劳动对象和劳动手段的相互关系,使其在时间安排上和空间布置上达到最佳配合,尽量做到人尽其才、物尽其用,多快好省地完成施工任务,为国家提供更多更好的建筑产品,并达到更好的经济效益。

(三)施工项目现场管理的原则

施工项目现场管理是全部施工管理活动的主体,应遵照下述四项基本原则进行:

1.讲求经济效益

施工生产活动既是建筑产品实物形态的形成过程,同时又是工程成本的形成过程,应认真做好施工项目现场管理,充分调动各方面的积极因素,合理组织各项资源,加快施工进度,提高工程质量。除保证生产合格产品外,还应该努力降低工程成本,减少劳动消耗和资金占用,从而提高施工企业的经济效益和社会效益。

2.讲究科学管理

为了达到提高经济效益的目的,必须讲究科学管理,就是要求在生产过程中运用符合现代化大工业生产规律的管理制度和方法。因为现代施工企业从事的是多工种协作的大工业生产,不能只凭经验管理,而必须形成一套管理制度,用制度控制生产过程,这样才能保证生产出高质量的建筑产品,取得良好的经济效益。

3.组织均衡施工

均衡施工是指施工过程中在相同的时间内所完成的工作量基本相等或稳定递增,即有节奏、有组织的施工。不论是整个企业,还是某一个具体工程,都要求做到均衡施工。

组织均衡施工符合科学管理的要求。均衡施工有利于保证工程设备和人力资源的均衡负荷,提高设备利用率、周转率和工时利用率;有利于建立正常的施工秩序和管理秩序,保证产品质量和施工安全;有利于节约物资消耗,减少资金占用,降低成本。

4.组织连续施工

连续施工是指施工过程连续不断进行。建筑施工生产由于自身固有的特点,极容易出现施工间隔情况,造成人力、物力的浪费。这就要求施工管理通过统筹安排,科学地组织生产过程,使其连续地进行,尽量减少中断,避免设备闲置、人力窝工,充分发挥企业的生产潜力。

(四)施工项目现场管理的内容

1.规划及报批施工用地

(1)根据施工项目建筑用地的特点科学规划,充分、合理地使用施工现场场内占地。

(2)当场地内空间不足时,应会同建设单位按规定向城市规划部门、公安交通部门申请施工用地,经批准后方可使用场外临时用地。

2.设计施工现场平面图

(1)根据建筑总平面图、单位工程施工图、拟订的施工方案、现场地理位置和环境及政府部门的管理标准,充分考虑现场布置的科学性、合理性、可行性,设计施工总平面图、单位工程施工平面图。

(2)单位工程施工平面图应根据施工内容和分包单位的变化,设计出阶段性施工平面图,并在阶段性进度目标开始实施前通过协调会议确认后实施。这样就能按照施工部署、施工方案和施工总进度计划的要求,将施工现场的交通道路、材料仓库、附属生产或加工企业、临时建筑以及临时水、电管线等合理规划和部署,用图纸的形式表达施工现场施工期间所需各项设施与永久建筑、拟建工程之间的空间关系,正确指导施工现场进行有组织、有计划的文明施工。

(五)建立施工现场管理组织

(1)项目经理全面负责施工过程的现场管理,并建立施工项目现场管理组织体系,包括设备安装、质量技术、进度控制、成本管理、要素管理、行政管理在内的各种职能管理部门。

(2)施工项目现场管理组织应由主管生产的副经理、主任工程师、分包人、生产、技术、质量、保卫、消防、材料、环保和卫生等管理人员组成。

(3)建立施工项目现场管理规章制度、管理标准、实施措施、监督办法和奖惩制度。

(4)根据工程规模、技术复杂程度和施工现场的具体情况,遵循"谁生产谁负责"的原则,建立按专业、岗位、区片的施工现场管理责任制,并组织实施。

(5)建立现场管理例会和协调制度,通过动态管理,做到经常化、制度化。

(六)现场文明施工管理

文明施工是指保持施工场地整洁卫生、施工组织科学、施工程序合理的一种施工现象,是现代施工生产管理的一个重要组成部分。通过加强现场文明施工管理,可提高施工生产管理水平,促进劳动生产率的提高和工程成本的降低,促进安全生产,杜绝各种事故的发生,保证各项经济、技术指标的实现。

实现文明施工不仅要着重做好现场的场容管理工作,而且要做好现场材料、机械、安全、技术、保卫、消防和生活卫生等管理工作。现场文明施工管理的主要内容包括以下几点:

(1)场容管理。包括现场的平面布置,现场的材料、机械设备和现场施工用水、用电管理。

（2）安全生产管理。包括工程项目的内外防护、个体劳保用品的使用、施工用电以及施工机械的安全保护。

（3）环境卫生管理。包括生活区、办公区、现场厕所的管理。

（4）环境保护管理。主要指现场防止水源、大气和噪声污染。

（5）消防保卫管理。包括现场的治安保卫、防火救火管理。

小　结

本章主要讲述了：

（1）施工项目管理的内容及组织机构。

（2）施工项目成本控制、进度控制、质量控制的任务和措施。

（3）施工资源管理的方法、任务和内容，施工现场管理的任务和内容。

第二篇　基础知识

第五章　力学的基本知识

【学习目标】　通过本章学习,了解力与力矩、力偶的基本性质;熟悉平面力系的平衡方程及应用;熟悉单跨及多跨静定梁、静定平面桁架的内力分析;掌握应力、应变,杆件强度、刚度和稳定性的概念。

　　建筑物中支承和传递荷载而起骨架作用的部分称为结构。结构是由构件按一定形式组成,结构和构件受荷载作用将产生内力和变形,结构和构件本身具有一定的抵抗变形和破坏的能力,在施工和使用过程中应满足下列两个方面的基本要求:①结构和构件在荷载作用下不能破坏,同时也不能产生过大的形状改变,即保证结构安全正常使用。②结构和构件所用的材料应节约,降低工程造价,做到经济节约。

第一节　平面力系

一、力的基本性质

(一)力和力系的概念

1.力的概念

　　力是我们在日常生活和工程实践中经常遇到的一个概念,人人都觉得它很熟悉,但真正理解并领会力这个概念的内涵,其实并不容易。所以,学习力学应从了解力的概念开始。力是指物体间的相互机械作用。应该从以下四个方面来把握这个定义的内涵:

　　(1)力存在于相互作用的物体之间。只有在两个物体之间产生的相互作用才是力学中所研究的力,如用绳子拉车子,绳子与车子之间的相互作用就是力学中要研究的力 F,如图5-1所示。

　　(2)力是可以通过其表现形式被人们看到和观测到的。力的表现形式是:①力的运动效果;②力的变形效果。

　　(3)力产生的形式有直接接触和场的作用两种形式。

　　(4)要定量地确定一个力,也就是定量地确定一个力的效果,我们只要确定力的大小、方向、作用点,这称为力的三要素,如图5-2所示。

　　力的大小是衡量力作用效果强弱的物理量,通常用数值或代数量表示。有时也采用几何形式用比例长度表示力的大小。在国际单位制里,力的常用单位为牛顿(N)或千牛

（kN）。

力的方向是确定物体运动方向的物理量。力的方向包含两个指标，一个指标是力的指向，也就是图5-2中力F的箭头。力的指向表示了这个力是拉力（箭头离开物体）还是压力（箭头指向物体）。另一个指标是力的方位，力的方位通常用力的作用线表示，定量地表示力的方位，往往是用力的作用线与水平线间的夹角α表示。

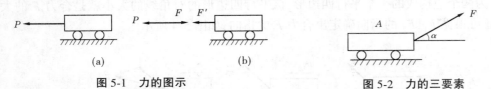

图 5-1　力的图示　　　　　　　　　　图 5-2　力的三要素

力的作用点是指物体间接触点或物体的重心，力的作用点是影响物体变形的特殊点。

2.力系的概念

力系是作用在一个物体上的多个（两个以上）力的总称。

根据力系中各个力作用线位置特点，我们把力系分为：①平面力系，力系中各个力作用线位于同一平面内；②空间力系，力系中各个力的作用线不在同一平面内。

根据力的作用线间相互关系的特点，我们把力系分为：①共线力系，力系中各个力作用线均在一条直线上。如作用在灯上二个力的作用线在同一条直线上，所以作用于灯上的力系是共线力系；②汇交力系，力系中各个力的作用线或其延长线汇交于一点。如图5-3（a）所示，力系中各个力的作用线汇交于一点O，故该力系是汇交力系；③平面一般力系，力系中各个力的作用线无特殊规律。如图5-3（b）所示，力系中各个力的作用线无规律，故该力系是平面一般力系；实际上我们可以认为，共线力系和汇交力系均为平面一般力系中的特例，所以在学习力学计算理论时，我们主要注重平面一般力系的计算方法。

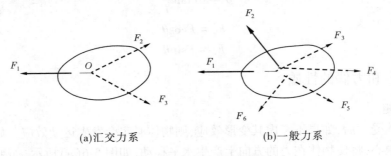

(a)汇交力系　　　　　　　　　　(b)一般力系

图 5-3　汇交力系和一般力系

（二）静力学公理

1.二力平衡公理

作用在同一物体上的两个力，使刚体平衡的必要和充分条件是：这两个力大小相等，方向相反，作用在同一直线上。

2.加减平衡力系

在受力刚体上加上或去掉任何一个平衡力系，并不改变原力系对刚体的作用效果。

3.作用力与反作用力公理

作用力与反作用力大小相等，方向相反，沿同一条直线分别作用在两个相互作用的物体上。

(三)力的合成与分解

1.力的平行四边形法则

作用在物体同一点的两个分力可以合成为一个合力,合力的作用点与分力的作用点在同一点上,合力的大小和方向由以两个分力为边构成的平行四边形的对角线所确定,即由分力 F_1、F_2 为两个边构成的一个平行四边形,该平行四边形的对角线的大小就是合力 F 的大小,同时还可根据 F_1、F_2 的指向确定出合力 F 的指向,如图5-4所示。

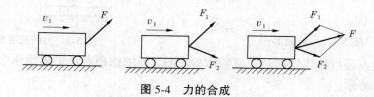

图5-4　力的合成

2.力的投影

根据力的平行四边形法则,一个合力可用两个分力来等效,且这两个力的组合有很多种,为了计算方便,在力学分析中,一个任意方向的力 F,通常分解为水平方向分量 F_x 和竖直方向分量 F_y 后,再进行相关的力学计算。

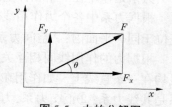

图5-5　力的分解图

如图5-5所示,其中任意方向的力 F 与其分力 F_x、F_y 之间的关系有:

$$F = \sqrt{F_x^2 + F_y^2} \tag{5-1}$$

$$\theta = \arctan \frac{F_y}{F_x} \tag{5-2}$$

$$F_x = F\cos\theta \tag{5-3}$$

$$F_y = F\sin\theta \tag{5-4}$$

二、力矩和力偶的性质

(一)力矩

一个物体受力后,如果不考虑其变形效应,则物体必定会发生运动效应。如果力的作用线通过物体中心,将使物体在力的方向上产生水平移动,如图5-6(a)所示;如果力的作用线不通过物体中心,物体将在产生向前移动的同时,还将产生转动,如图5-6(b)所示。因此,力可以使物体移动,也可以使物体发生转动。

力矩是描述一个力转动效应大小的物理量。描述一个力的转动效应(即力矩)主要是确定:①力矩的转动平面;②力矩的转动方向;③力矩转动能力的大小。转动平面一般就是计算平面。一个物体在平面内的转动方向只有两种(顺时针转动和逆时针转动),为了区分这两种转动方向,力学上规定顺时针转动的力矩为负号,逆时针转动的力矩为正号。实践证实,力 F 对物体产生的绕 O 点转动效应的大小与力 F 的大小成正比,与 O 点(转动中心)到力作用线的垂直距离(称为力臂)h 成正比,如图5-7所示。

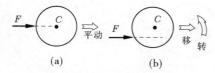

图 5-6 物体的运动效应

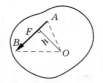

图 5-7 力臂与转动中心

综合上述概念,可用一个代数量来准确地描述一个力 F 对点 O 的力矩

$$M_O(F) = \pm F \times h \qquad (5-5)$$

式中 $M_O(F)$——力 F 对 O 点产生的力矩;

   F——产生力矩的力;

   h——力臂,是一条线段,该线段特点:①垂直于力作用线,②通过转动中心;

   O——力矩的转动中心。

力矩转动方向用正、负号表示,力矩转动方向的判断方法:四个手指从转动中心出发,沿力臂及力的箭头指向转动的方向,即为该力矩的转动方向。

(二)力偶

1.力偶的概念

力偶是指同一个平面内两个大小相等,方向相反,不作用在同一条直线上的两个力。力偶产生的运动效果是纯转动,与力矩产生的运动效果(同时发生移动和转动)是不一样的。

力偶产生转动效应由以下三个要素确定:①力偶作用平面;②力偶转动方向;③力偶矩的大小;称为力偶三要素。力偶作用平面就是计算平面;与力矩转向一样,用正、负号来区别逆、顺时针转向;力偶矩是表示一个力偶转动效应大小的物理量,力偶矩的大小与产生力偶的力 F 及力偶臂 h 成正比。综合上述概念,可用一个代数量来准确地描述力偶的转动效应:

$$M = \pm F \times h \qquad (5-6)$$

式中 M——力偶矩;

   F——产生力偶的力;

   h——力偶臂。

力偶方向的判别方法:右手四个手指沿力偶方向转动,大拇指方向为力偶方向。

2.力偶的性质

力偶具有如下性质(这些性质体现了力偶与力矩的区别):

(1)力偶不能与一个力等效。这是因为力偶的运动效应与力矩的运动效应不相同。这条性质还可以表述为力偶无合力,或者说力偶在任何坐标轴上均无投影(投影为 O)。

(2)只要保持力偶的转向和力偶的大小不变,则不会改变力偶的运动效应。故在平面内表示力偶只要表示转向和力偶的大小即可。所以,图5-8(a)、(b)两种表示方法是一致的。同理,同一平面内两个力偶如果它们的转向和大小相同,则这两个力偶为等效。

(3)力偶无转动中心。这条性质是力偶与力矩的主要区别之一。力矩产生的转动一定要绕固定点(转动中心)转动,同一个力对不同转动中心产生的力矩,因力臂变化其产生的力矩是不同的。力偶只表示使物体产生纯转动效应的大小,因力偶无转动中心,故力偶无转动中心如何变化的问题,不论以物体中任何一点为中心转动,其力偶效果均保持不变。

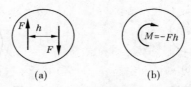

(a)　　　　　(b)

图 5-8　力偶

（4）合力偶矩等于各分力偶矩的代数和。当一个物体受到力偶系 $m_1, m_2, \cdots, m_n$ 作用时，各个分力偶的作用最终可合成为一个合力偶矩 M。即多个力偶作用在同一个物体上，只会使物体产生一个转动效应，也就是合力偶的效应。合力偶矩与各分力偶矩的关系为

$$m = m_1 + m_2 + \cdots + m_n = \sum_{i=1}^{n} m_i \tag{5-7}$$

式中　m——力偶系的合力偶矩；

　　　$m_1, m_2, \cdots, m_n$——力偶系中的第 1 个，第 2 个，$\cdots$，第 n 个分力偶矩。

（三）力的平移原理

设在物体上的 A 点作用一个力 F，如图 5-9(a) 所示，要将此力平行地移到刚体上的另一点 O 处。为此，在 O 点上加两个共线、等值、反向的力 F'、F''（即加一个运动效果为 O 的平衡力系），且 F'、F'' 与 F 平行、等值，如图 5-9(b) 所示，显然该物体的运动效应不会改变。由于力 F 与 F'' 构成一个力偶，其力偶矩 $m = + F \times h$，故该情形可以表示成图 5-9(c)。比较图 5-9(a)、(c) 两种等效的情形，可看出，力 F 已等效地从 A 点平行移到了 O 点，但不是简单的平移，而是需加上一个附加力偶。

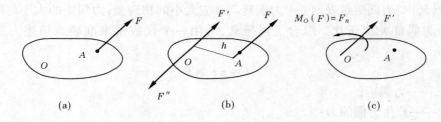

(a)　　　　　　　　(b)　　　　　　　　(c)

图 5-9　力的平移

作用在刚体上的力可以平移到刚体上任一指定点，但必须同时附加一个力偶，此附加力偶的力偶矩等于原力对指定点之矩。

上述即为力的平移原理。

三、平面力系的平衡方程

平衡力系的平衡条件为

$$\sum F_x = 0 \tag{5-8}$$

$$\sum F_y = 0 \tag{5-9}$$

$$\sum M_O(F) = 0 \tag{5-10}$$

上述三式称为平面一般力学的平衡方程。表示力学中所有各力在两个坐标轴上投影的

代数和分别等于零,所有各力对于力作用面内任一点之矩的代数和也等于零。

这里应该强调的是:

(1)力系平衡要求这三个平衡条件必须同时成立。有任何一个条件不满足都意味着受力系作用的物体会发生运动,处于不平衡状态。

(2)三个平衡条件是平衡力系的充分必要条件。

(3)由于建筑构件都是受平衡力系作用,所以每个建筑构件的受力均必须满足这三个平衡条件。实际上这三个平衡条件是计算建筑构件未知力的主要依据。

第二节　静定结构的杆件内力

根据前面的概念,我们知道,一根杆件受到力的作用,一定会产生力的效果,即杆件受力后会产生运动和变形,由于在建筑力学范围内,杆件都是平衡的,也就是说研究的杆件运动效应为零,所以我们可以肯定,平衡力系作用下的杆件虽然不会产生运动,但一定会产生变形。

在平面力系中,主要讨论平面杆件体系,即所有杆轴线在同一平面内。在平面杆件体系中,尽管外力作用形式不同,但是在杆件内部产生的应力种类和内力种类是固定的。杆件应力种类只有两种,一种是正应力 σ,一种是剪应力 τ。杆件的内力种类总共是四种,它们是截面法线方向内力-轴力,截面切线方向内力-剪力,在杆轴线和截面对称轴确定的平面内的力偶形式内力-弯矩 M,以及横截面内的力偶形式内力-扭矩 T。

一、单跨静定梁的内力分析

(一)外力特征

平面弯曲变形是建筑工程实践中遇到最多的一种基本变形形式,以平面弯曲变形为主的工程构件称为梁。力学分析中常见的悬臂梁、简支梁、外伸梁(见图5-10)都是产生平面弯曲变形的计算简图。房屋建筑中的楼面梁和阳台挑梁(见图5-11)是日常生活中常见的梁的工程实例。

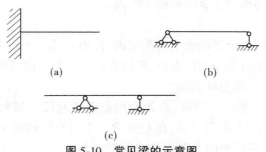

(a)　　　　　　　　　　(b)

(c)

图5-10　常见梁的示意图

产生平面弯曲变形的外力有两个特征:

(1)平面弯曲变形的外力必须作用在纵向对称平面内。工程中常见的梁截面特点是至少有一根对称轴(见图5-12),因此具有这些截面形状的梁也至少具有一个通过梁轴的纵向对称平面,所以说平面弯曲变形是工程中常见的情况。

(2)产生平面弯曲变形的外力必须垂直于杆轴线。无论外力形式是集中力、均布力还

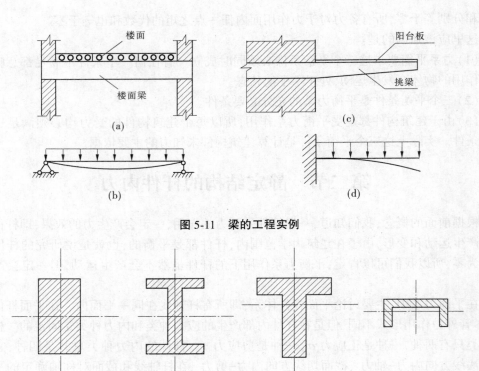

图 5-11　梁的工程实例

图 5-12　梁的对称轴示意图

是力偶,如果作用在梁上的外力全部垂直于杆轴线,才产生平面弯曲变形。若有不垂直于杆轴线的外力作用在梁上,则该梁产生的就是组合变形,而不是基本变形的平面弯曲变形形式。

在分析梁的受力和变形时,通常用纵向对称平面内的梁轴线来表示梁的受力情况和变形情况。梁在变形时,其轴线由直变曲,弯曲后的杆轴线称为挠曲线,梁的变形一般都是用挠曲线来描述的。挠曲线所在的平面称为梁的弯曲平面。平面弯曲变形的特点是外力作用平面与弯曲平面重合,都作用在纵向对称平面内。

(二)内力种类

梁受到外力作用后,各个横截面上将产生内力,由理论分析可知,尽管在不同的外力作用下,梁不同的横截面上有不同的内力值,但所有产生平面弯曲梁横截面上的内力种类是相同的。那么梁的内力种类是怎样的呢?

图 5-13(a)所示为一平面弯曲梁,首先利用截面法对任一横截面 m—m 求内力。取左段隔离体(见图 5-13(b))为研究对象,在左梁段上作用有已知外力(荷载和支座反力),则在截面 m—m 上一定存在某些内力来维持这段梁的平衡。

现在,如果将左梁段上的所有外力向截面 m—m 的形心简化,可以得到垂直于梁轴的一主矢和一主矩。由此可见,为了维持左段梁的平衡,横截面 m—m 上必然同时存在两个内力:与主矢平衡的内力 F_S;与主矩平衡的内力 M。内力 F_S 位于所切开的横截面 m—m 上,称为剪力;内力 M 垂直于横截面,称为弯矩。若取右段隔离体分析,根据作用与反作用关系,截面上 F_S 和 M 的指向应如图 5-13(c)所示。

从以上推导过程,我们可以得出结论:在平面弯曲梁的任一截面上,存在着两种形式的内力,一种是剪力 Q,一种是弯矩 M。知道了梁的内力种类后,在分析梁任意截面的内力时,我们可在该截面将杆件截断成左、右两段梁,然后取其中的左段梁(也可是右段)作为脱离体,画受力图进行受力分析和计算。画受力图时,在截断的脱离体横截面上加剪力 Q 和弯矩 M 后,左段梁的受力情形就与原简支梁(截断前)的受力情形等效。

为了使从左、右两段梁上求得的同一截面上的剪力 Q 和弯矩 M 具有相同的正、负号,并由它们的正、负号来反映梁的变形情况,对剪力 Q 和弯矩 M 的正、负号作出如下规定:

剪力 F_s 与弯矩 M 的正负号:

下面对 F_s 和 M 作正负规定。从图 5-13 上所欲求内力的横截面 $m—m$ 的左侧或右侧取微段如图 5-14 所示。其中图 5-14(a)表示微段在剪力 F_s 作用下左端向上右端向下的错动变形,规定这种情况的剪力 F_s 为正值;反之,图 5-14(b)则是剪力 F_s 使微段产生左端向下右端向上的错动变形,剪力 F_s 为负值,即剪力 F_s 使微段绕对面一端做顺时针转动符号为正,逆时针转动为负。图 5-14(c)表示微段在弯矩 M 作用下产生下部受拉上部受压(向下凸)的弯曲变形,规定这种情况的弯矩 M 为正值;反之,图 5-14(d)则是弯矩 M 使微段产生上部受拉下部受压(向上凸)的弯曲变形,M 为负值。也可以表述如下:

(1)剪力的正负号规定:截面上的剪力使该截面的邻近微段有作顺时针转动趋势时取正号,有作反时针转动趋势时取负号。

(2)弯矩的正负号规定:截面上的弯矩使该截面的邻近微段向下凸时取正号,向上凸时取负号。

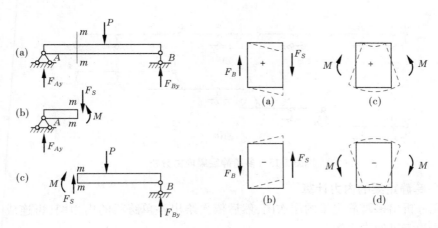

图 5-13　平面弯曲梁　　　　图 5-14　平面弯曲梁的剪力和弯矩

二、多跨静定梁的内力分析

(一)多跨静定梁的组成

若干根梁彼此用铰相联,并用若干支座与基础相联而组成的静定结构称为多跨静定梁。在工程结构中,常用它来跨越几个相连的跨度。

例如房屋建筑中的木檩条常采用这种结构形式,图 5-15(a)为一用于房屋建筑中木檩条的多跨静定梁,在各梁的接头处采用斜搭接加螺栓系紧。由于接头处不能抵抗弯矩,因而视为铰结点,其计算简图如图 5-15(b)所示。

从几何组成来看,多跨静定梁可以分为基本部分和附属部分,如图 5-15(c) 所示。其中 AC、DG 和 HJ 部分各有三根支座链杆与基础(屋架)相联构成几何不变体系,称为基本部分。短梁 CD 和 GH 则支承在 AC、DG 和 HJ 梁上,它们需要依靠基础部分的支承才能保持其几何不变性,故称为附属部分。当竖向荷载作用于基本部分上时,只有基本部分受力。当荷载作用在附属部分时,除附属部分承受力外,基本部分也同时承受由附属部分传来的支座反力。这种相互传力的关系如图 5-15(c) 所示,称为层次图。

常见的多跨静定梁有图 5-15(b)、(d) 两种形式,图 5-15(d) 所示多跨静定梁除左边第一跨为基本部分外,其余各跨均分别为其左边部分的附属部分,其层次图如图 5-15(e) 所示。由上述基本部分与附属部分力的传递关系可知,多跨静定梁的计算顺序应该是先附属部分,后基本部分。

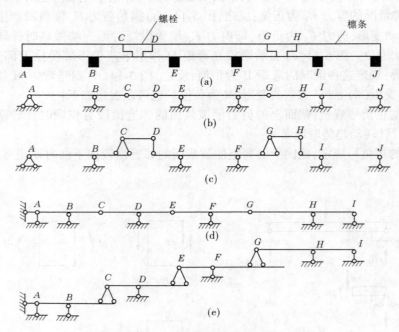

图 5-15　多跨静定梁内力分析

(二) 多跨静定梁的内力计算

只要先分析出多跨静定梁的层次图,然后依次绘出各单跨梁的内力图,再连成一体,就可得到多跨静定梁的内力图。

三、静定平面桁架的内力分析

(一) 桁架的特点

桁架是由直杆组成,所有结点均为铰结点的结构。

桁架是若干直杆两端用铰连接而成的几何不变体系,如图 5-16(a) 所示。在桁架的计算简图中,通常作下述三条规定:

(1) 各杆在结点处都是用光滑无摩擦的理想铰联结。

(2) 各杆轴线均为直线,并通过轴心。

(3) 荷载和支座反力都作用在结点上,并通过铰心。

符合上述假定的桁架称为理想桁架,理想桁架的各杆内力只有轴力。如图 5-16(b)所示,由于杆件只在两端受力,因此要使杆件平衡,此二力就必须平衡,即大小相等,方向相反,并共同作用于杆轴线上,故杆件只产生轴力。

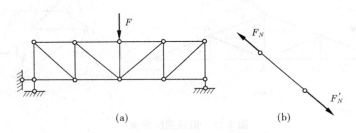

(a)　　　　　　　　　　(b)

图 5-16　桁架内力分析

然而,实际工程中的桁架与上述假定并不完全吻合。首先要得到一个光滑无摩擦的理想铰接结构是不可能的。例如,在钢结构中,结点通常都是铆接或焊接的,有些杆件在结点处是连续的,这就使得结点具有一定刚性。在钢筋混凝土结构中,由于整体浇注,因此结点具有更大的刚性;在木结构中,虽然各杆之间是用榫接或螺栓连接,各杆在结点处可作一些转动,但仍与理想铰的情况有出入。要求各杆轴线绝对平直,结点上各杆轴线准确地交于一点,在工程中也不易做到。桁架也不可能只受结点荷载的作用,例如风荷载、杆件自重等都是作用于杆件上的,这些情况都可能使杆件在产生轴力的同时还产生其他内力,如弯矩。

实际工程中,将桁架考虑成只受轴力的杆件,经实际检验,可以满足实际工程的要求。

(二)桁架的几何组成及分类

桁架的杆件包括弦杆和腹杆两类。弦杆分为上弦杆和下弦杆。腹杆则分为竖杆和斜杆。弦杆上相邻两结点的距离 d 称为节间距离。两支座间的水平距离 l 称为跨度。支座连线至桁架最高点的距离 H 称为桁架高度,或称桁架高,如图 5-17 所示。桁高与跨度之比称为高跨比,屋架常用高跨比在 $1/2\sim1/6$,桥梁的高跨比常在 $1/6\sim1/10$。

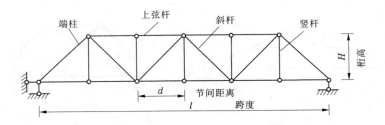

图 5-17　桁架构成

在实际工程中,桁架的种类很多,按照不同特征可以有不同的分类。

(1)按照空间观点,桁架可分为平面桁架和空间桁架。

平面桁架——若一空间桁架体系在分析时可忽略各榀平面桁架之间的连系杆件的空间受力作用,将原空间桁架分离成一榀平面桁架进行计算,该榀桁架就称为平面桁架,如图 5-18(a)所示。

空间桁架——各杆轴线及荷载不在同一平面内,且必须按照空间力系进行计算的桁架,称为空间桁架,如图 5-18(b)所示。

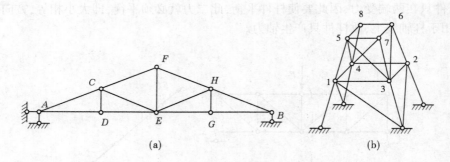

图 5-18 桁架空间分类

（2）按几何组成方式可分为简单桁架、联合桁架和复杂桁架。

简单桁架——在一个基本铰结三角形的基础上，依次增加二元体形成的桁架，如图 5-19（a）、（b）、（e）、（f）所示。

联合桁架——由几个简单桁架按几何不变体系的组成规则而构成的桁架，如图 5-19（c）、（g）所示。

复杂桁架——不按上述两种方式组成的其他形式的桁架，如图 5-19（d）所示。

（3）按其外形的特点，桁架可分为平行弦桁架，如图 5-19（b）、（d）所示，三角形桁架如图 5-19（a）、（c）所示，抛物线或折曲弦桁架，如图 5-19（e）、（f）、（g）所示。

（4）按支座反力的性质，桁架可分为梁式桁架（或称无推力桁架，如图 5-19 （a）、（b）、（c）、（d）、（e）、（f）所示）和拱式桁架（或称有推力桁架，如图 5-19（g）所示）。

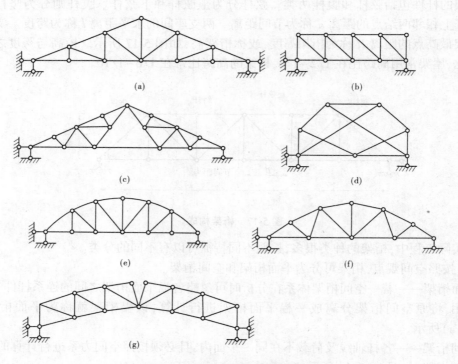

图 5-19 桁架几何组成方式分类

第三节 杆件强度、刚度和稳定性的概念

在荷载作用下,承受荷载和传递荷载的建筑结构和构件会引起周围物体对它们的反作用;同时构件本身因受荷载作用而将产生变形,并且存在着发生破坏的可能性。但结构本身具有一定的抵抗变形和破坏的能力,即具有一定的承载能力,而构件的承载能力的大小与构件的材料性质、截面的几何尺寸和形状、受力性质、工作条件和构造情况等有关。在结构设计中,若其他条件一定,如果构件的截面设计得过小,当构件所受的荷载大于构件的承载能力时,则结构将不安全,它会因变形过大而影响正常工作,或因强度不够而受破坏。当构件的承载能力大于构件所受的荷载时,则要多用材料,造成浪费。

一、杆件变形的基本形式

在实际工程中,杆可能受到各种各样的外力作用,因此杆的变形也是多种多样的。但这些变形总不外乎是以下四种基本变形中的一种,或者是它们中几种的组合。

(一)轴向拉伸或轴向压缩

在一对大小相等、方向相反、作用线与杆件轴线相重合的轴向外力作用下,使杆件在长度方向发生伸长变形的称为轴向拉伸(见图 5-20(a)),长度方向发生缩短变形的称为轴向压缩(见图 5-20(b))。

(二)剪切

在一对大小相等、方向相反、作用线相距很近的横向力作用下,杆件的主要变形是横截面沿外力作用方向发生错动(见图 5-20(c)),此称作剪切变形。

(三)扭转

如图 5-20(d)所示,在一对大小相等、转向相反、作用平面与杆件轴线垂直的外力偶矩 T 作用下,直杆的相邻横截面将绕着轴线发生相对转动,而杆件轴线仍保持直线,这种变形形式称为扭转。

(四)弯曲

在一对方向相反、位于杆的纵向对称平面内的力偶作用下,杆件的轴线变为曲线,这种变形形式称为弯曲,如图 5-20 所示。

二、应力、应变的基本概念

(一)应力的基本概念

杆件在轴向拉伸或压缩时,除引起内力和应力外,还会发生变形。

定义构件某截面上的内力在该截面上某一点处的集度为应力。

如图 5-21(a)所示,在某截面上 a 点处取一微小面积 ΔA,作用在微小面积 ΔA 上的内力为 ΔF,那么比值

$$P_m = \frac{\Delta F}{\Delta A} \tag{5-11}$$

称为 a 点在 ΔA 上的平均应力。当内力分布不均匀时,平均应力的值随 ΔA 的大小而变化,它不能确切地反映 a 点处的内力集度。只有当 ΔA 无限趋近于零时,平均应力的极限值才

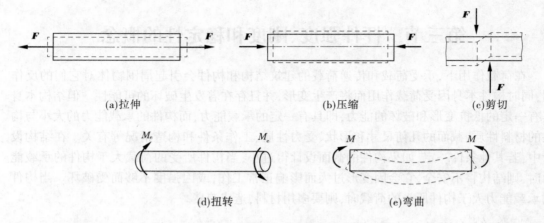

(a)拉伸　　　　　　(b)压缩　　　　　　(c)剪切

(d)扭转　　　　　　　　　(e)弯曲

图 5-20　杆件变形的基本形式

能准确地代表 a 点处的内力集度,即为 a 点的应力

$$p = \lim_{\Delta A \to 0} \frac{\Delta p}{\Delta A} = \frac{\mathrm{d}P}{\mathrm{d}A} \tag{5-12}$$

一般 a 点处的应力与截面既不垂直也不相切,通常将它分解为垂直于截面和相切于截面的两个分量,如图 5-21(b)所示,垂直于截面的应力分量称为正应力,用 σ 表示,相切于截面的应力分量称为切应力(又叫剪应力),用 τ 表示。

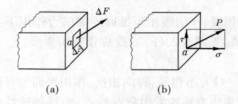

(a)　　　　　　　　　(b)

图 5-21　应力的概念

应力是矢量。应力的量纲是[力/长度^2],其单位是 N/m^2,或写作 Pa。

工程实际中应力的数值较大,常用千帕(kPa)、兆帕(MPa)或吉帕(GPa)作单位。

$$1\ \mathrm{kPa} = 1 \times 10^3\ \mathrm{Pa}; 1\ \mathrm{MPa} = 1 \times 10^6\ \mathrm{Pa}; 1\ \mathrm{GPa} = 1 \times 10^9\ \mathrm{Pa}$$

(二)应变的基本概念

由试验得知,直杆在轴向拉力作用下,会发生轴向伸长和横向收缩;反之,在轴向压力作用下,会发生轴向缩短和横向增大。通常用拉(压)杆的纵向伸长(缩短)来描述和度量其变形。下面先结合拉杆的变形介绍有关的基本概念。

设拉杆的原长为 L,它受到一对拉力 F 的作用而伸长后,其长度增为 L_1,如图 5-22 所示。则杆的纵向伸长为

$$\Delta L = L_1 - L$$

它反映杆的总变形量,同时,杆横向将发生缩短,如杆横向原尺寸为 b,变形后尺寸为 b_1,则杆的横向缩小为

$$\Delta b = b_1 - b$$

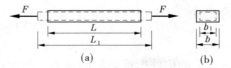

图 5-22　应变的概念

Δb 为负值。

如杆受轴向压力作用时,杆纵向将发生缩短变形,ΔL 为负,横向将发生伸长变形,Δb 为正。

(三) 胡克定律

杆在拉伸(压缩)变形时,杆的纵向或横向变形 $\Delta L(\Delta b)$ 反映的是杆的总的变形量,而无法说明杆的变形程度。由于杆的各段变形是均匀的,所以反映杆的变形程度的量可采用每单位长度杆的纵向伸长,即

$$\varepsilon = \frac{\Delta L}{L}$$

称为轴向相对变形或称轴向线应变。轴向拉伸时 ΔL 和 ε 均为正值(轴向拉伸变形),而在轴向压缩时均为负值(轴向缩短变形)。

$$\varepsilon' = \frac{\Delta b}{b}$$

称为横向线应变。轴向拉伸时为负值,轴向压缩时为正值。

由试验知,当杆内正应力不超过材料的比例极限时,纵向线应变 ε 与横向线应变 ε' 成正比关系

$$\varepsilon' = -\mu\varepsilon \quad 或 \quad \mu = \left|\frac{\varepsilon'}{\varepsilon}\right|$$

比例常数 μ 是无量纲的量,称泊松比或横向变形系数,它是反映材料弹性性质的一个常数,其数值随材料而异,可通过试验测定,式中负号是考虑到两应变的正负号恒相反。一般钢材的 μ 为 0.25~0.33。

现在来研究上述一些描述拉杆变形的量与其所受力之间的关系,这种关系与材料的性能有关。工程上常用低碳钢或合金材料制成拉(压)杆,试验证明,当杆内的应力不超过材料的比例极限(即正应力 σ 与线应变 ε 成正比的最高限度的应力)时,则杆的伸长(或缩短)ΔL 与轴力 N、杆长 L 成正比,而与杆横截面 A 成反比,即

$$\Delta L \propto \frac{NL}{A}$$

引进比例常数 E,则

$$\Delta L = \frac{NL}{EA} \tag{5-13}$$

式(5-13)就是轴向拉伸或压缩是等直杆的轴向变形计算公式,它首先由英国科学家虎克(R.Hooke)于 1678 年发现,通常称为胡克定律。

式中的比例常数 E 是表示材料弹性的一个常数,称为拉压弹性模量,其数值随材料而异。EA 称为抗拉(或抗压)刚度,反映杆件抵抗变形的能力,其值越大,表示杆件越不易变形。

三、杆件强度和刚度的概念

（一）杆件强度的概念

强度是指材料或由材料所做成的构件抵抗破坏的能力。强度视材料而异，如果说某种材料的强度高，就是指这种材料牢固而不易破坏。通常不允许构件的强度不足，如房屋的横梁在受弯曲时不能被折断，起重机钢丝绳在起吊重物时不能被拉断等。

材料的破坏主要有两种形式：一种是脆性断裂，另一种是塑性流动。前者破坏时，材料无明显的塑性变形，断口粗糙。试验说明，脆性断裂是由拉应力所引起的。例如铸铁试件在简单拉伸时沿横截面被拉断；铸铁试件受扭时沿 45°方向破裂均属这类形式。后者破坏时，材料有显著的塑性变形，即屈服现象，最大剪应力作用面间相互平行滑移，构件丧失了正常的工作能力。因此，从工程意义上来说，塑性流动（屈服）也是材料破坏的一种标志。试验表明，塑性流动主要是由剪应力所引起的。例如低碳钢试件在简单拉伸时，在与轴线成 45°方向上出现滑移线就属这类形式。

构件的最大工作应力值超过其许可应力值，则称之为结构或构件发生了强度失效。要使结构或构件不出现强度失效，就必须满足下列条件

构件的最大工作应力值≤构件的许可应力值

即

$$\sigma \leqslant [\sigma]$$

式中，σ 为工作应力，$[\sigma]$ 为许可应力。该不等式称为构件的强度条件。

工程上使用的构件必须保证安全、可靠，不允许构件材料发生破坏，同时考虑到计算的可靠程度、计算公式的近似性、构件尺寸制造的准确性等因素，结构物与构件必要的强度储备，故材料的极限应力除以一个大于 1 的安全系数 n，作为材料的许可应力：

脆性材料

$$[\sigma] = \frac{\sigma_b}{n_b}$$

塑性材料

$$[\sigma] = \frac{\sigma_s}{n_s}$$

如何合理选择安全系数 n，是一个复杂而又重要的问题，其数值的大小，直接影响许用应力的高低。安全系数取得过小，会导致结构物偏于危险，甚至造成工程事故；反之，安全系数取得过大，又会使材料的强度得不到充分的发挥，造成物质浪费、结构物笨重。可见，安全系数的合理确定成为解决结构物构件工作时安全与经济这对矛盾的关键。因此，它通常由国家有关部门规定，可在有关规范中查到。土建工程中，在常温静载作用下，塑性材料的安全系数为 n_s，一般 n_s 值取 1.4~1.7，脆性材料的安全系数为 n_b，n_b 值取 2~3。取 $n_b > n_s$ 的理由是，一方面，考虑到脆性材料的均匀性较差，另一方面，是到达强度极限 σ_b 比屈服极限 σ_s 更危险的缘故。

（二）杆件刚度的概念

结构在荷载作用下会产生内力，同时结构也发生变形，变形是指结构及构件的形状发生变化。由于变形，结构上各点位置将发生移动，各截面将发生转动。通常用构件轴线上各点位置的变化表示移动，称为线位移；用横截面绕中性轴的转角表示转动，称为角位移。线位移和角位移统称为结构的位移。

例如图 5-23 所示的悬臂梁，在荷载 P 作用下发生了变形，梁的轴线由图中的直线变成

虚线所示的变形曲线,同时梁中的各截面位置也发生了变化。如截面 C 移动到了 C',将 CC' 的连线称为 C 截面的线位移;同时截面 C 绕中性轴转过了一个角度 φ_C,称为 C 截面的转角或角位移。

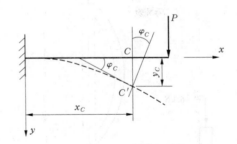

图 5-23　悬臂梁位移示意图

除荷载外,还有其他一些因素如温度变化、支座移动、材料膨缩、制造误差等,也会使结构产生变形和位移。

为了保证结构的正常工作,除满足强度要求外,结构还需满足刚度要求。刚度要求就是控制结构的变形和位移,使之不能过大。例如,楼板变形过大,会使下面的灰层开裂、脱落;吊车梁的变形过大,将影响吊车的正常运行;桥梁的变形过大会影响行车安全并引起很大的振动。因此,在工程中,根据不同的用途,对结构的变形和位移给以一定的限制,使之不能超过一定的容许值,即要对结构刚度进行校核。

四、压杆稳定性的概念

(一) 压杆稳定性的概念

受轴向压力作用的杆件在工程上称为压杆,如桁架中的受压上弦杆、厂房的柱子等。

实践表明,对承受轴向压力的细长杆,杆内的应力在没有达到材料的许用应力时,就可能在任意外界的扰动下发生突然弯曲甚至导致破坏,致使杆件或由之组成的结构丧失正常功能。杆件的破坏不是由于强度不够而引起的,这类问题就是压杆稳定性问题。故在设计杆件(特别是受压杆件)时,除进行强度计算外,还必须进行稳定性计算以满足其稳定条件。在设计压杆时,不仅要考虑强度,对杆件的稳定性也要充分注意,严防意外事故发生。

轴向受压杆的承载能力是依据强度条件 $\sigma = \dfrac{F_N}{A} \leqslant [\sigma]$ 确定的。但在实际工程中发现,许多细长的受压杆件的破坏是在没有发生强度破坏条件下发生的。以一个简单的试验(见图 5-24)为例,取两根矩形截面的松木条,$A = 30\ \text{mm} \times 5\ \text{mm}$,一杆长 20 mm,另一杆长为 1 000 mm。若松木的强度极限 $\sigma_b = 40$ MPa,按强度考虑,两杆的极限承载能力均应为 $F = \sigma_b \cdot A$,但是,我们给两杆缓缓施加压力时会发现,长杆在加到约 30 N 时,杆发生了弯曲,当力再增加时,弯曲迅速增大,杆随即折断。而短杆可受力到接近 6 000 N,且在破坏前一直保持着直线形状。显然,长杆的破坏是由于强度不足引起的。

细长受压杆突然破坏,与强度问题完全不同,它是由于杆件丧失了保持直线形状的稳定而造成的,这类破坏称为丧失稳定。杆件招致丧失稳定破坏的压力比发生强度不足破坏的压力要小得多。因此,对细长压杆必须进行稳定性计算。

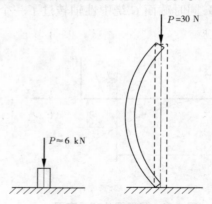

图 5-24　杆件受压示意图

一细长直杆如图 5-25 所示,在杆端施加一个逐渐增大的轴向压力 F。

(1)当压力 F 小于某一临界值 F_{cr} 时,压杆可始终保持直线形式的平衡,即在任意小的横向干扰力作用下,压杆发生了微小的弯曲变形而偏离其直线平衡位置,但当干扰力除去后,压杆将在直线平衡位置左右摆动,最终又回到原来的直线平衡位置(见图 5-25(a))。这表明,压杆原来的直线平衡状态是稳定的,称压杆此时处于稳定平衡状态。

(2)当压力 F 增加到临界值 $F = F_{cr}$ 时,压杆在横向力干扰下发生弯曲,但当除去干扰力后,杆就不能再恢复到原来的直线平衡位置,而保持为微弯状态下新的平衡(见图 5-25(b)),其原有的平衡就称为随遇平衡或临界平衡。

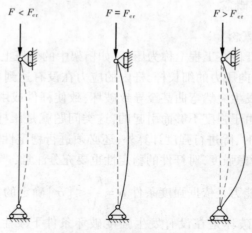

图 5-25　压杆受力的状态

(3)若继续增大 F 值,使 $F > F_{cr}$,只要受到轻微的横向干扰,压杆就会屈曲,将横向干扰力去掉后,压杆不仅不能恢复到原来的直线状态,还将在弯曲的基础上继续弯曲,从而失去承载能力(见图 5-25(c))。因此,称原来的直线形状的平衡状态是非稳定平衡。压杆从稳定平衡状态转变为非稳定平衡状态,称为丧失稳定性,简称失稳。

通过上述分析可知,压杆能否保持稳定平衡,取决于压力 F 的大小。随着压力 F 的逐渐增大,压杆就会由稳定平衡状态过渡到非稳定平衡状态。压杆从稳定平衡过渡到非稳定平衡时的压力称为临界力,以 F_{cr} 表示。临界力是判别压杆是否会失稳的重要指标。

细长压杆的轴向压力达到临界值时,杆内应力往往不高,远低于强度极限(或屈服极限),就是说,压杆因强度不足而破坏之前就会失稳而丧失工作能力。失稳造成的破坏是突然性的,往往会造成严重的事故。

(二)细长压杆的临界力公式

稳定计算的关键是确定临界力 F_{cr},当轴向压力达到临界值 F_{cr} 时,在轻微的横向干扰解除之后,压杆将保持其微弯状态下的平衡。下面就从压杆的微弯状态入手,讨论两端铰支细长压杆的临界力计算公式。

两端铰支压杆的临界力:

图 5-26 所示为一轴向压力 F 达到临界力 F_{cr},在微弯状态下保持平衡的两端铰支压杆。

压杆在微弯状态下平衡的最小压力,即临界压力

$$F_{cr} = \frac{\pi^2 EI}{L^2} \qquad (5-14)$$

该式即为两端铰支细长杆的临界压力计算公式,又称为欧拉公式。

应注意的是,杆的弯曲必然发生在抗弯能力最小的平面内,所以式(5-14)中的惯性矩 I 应为压杆横截面的最小惯性矩。

其他支承形式压杆的临界力:

对于其他支承形式压杆,也可用同样的方法导出其临界力的计算公式。根据杆端约束的情况,工程上常将压杆抽象为四种模型,如表 5-1 所示,它们的临界力在这里就不再一一推导,只给出结果。

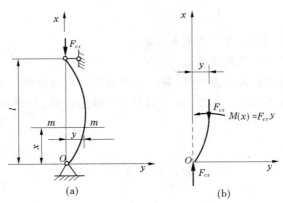

图 5-26 两端铰支压杆的临界力计算简图

应当指出:工程实际中压杆的杆端约束情况往往比较复杂,应对杆端支承情况作具体分析,或查阅有关的设计规范,定出合适的长度因数。

将以上 4 个临界压力计算公式作一比较,可以看出,它们的形式相似,只是分母中 L 前的系数不同,因此可以写成统一形式的欧拉公式

$$F_{cr} = \frac{\pi^2 EI}{(\mu L)^2} \qquad (5-15)$$

式中　L——压杆的实际长度;

μ——长度因数,反映了杆端支承对临界力的影响;

μL——计算长度或相当长度。

表 5-1　压杆的长度系数

杆端约束	两端铰支	一端铰支、一端固定	两端固定	一端固定、一端自由
失稳时挠曲线形状				
临界力	$F_{cr}=\dfrac{\pi^2 EI}{l^2}$	$F_{cr}=\dfrac{\pi^2 EI}{(0.7l)^2}$	$F_{cr}=\dfrac{\pi^2 EI}{(0.5l)^2}$	$F_{cr}=\dfrac{\pi^2 EI}{(2l)^2}$
长度因数	$\mu=1$	$\mu=0.7$	$\mu=0.5$	$\mu=2$

小　结

本章主要讲述了:

(1)力的基本性质,力矩、力偶的基本性质。

(2)平面力系的平衡方程及应用。

(3)单跨及多跨静定梁的内力分析、静定平面桁架的内力分析。

(4)杆件变形的基本形式,应力、应变的概念,胡克定律,杆件强度、刚度和稳定性的概念。

第六章　建筑构造、结构的基本知识

【学习目标】　通过本章学习,熟悉民用建筑的基本构造,了解幕墙的一般构造,掌握民用建筑室内外地面、墙面、顶棚及门窗的常用装饰构造做法;了解民用建筑结构的概念和分类,熟悉钢筋混凝土梁、板、柱的相关构造要求,了解钢筋混凝土楼盖的分类及构造特点,了解砌体结构与钢结构的特点及基本构造措施。

第一节　建筑构造的基本知识

一、民用建筑的基本构造

民用建筑的主要组成部分有基础、墙体(柱)、楼地层、楼梯、门窗、屋顶等,如图 6-1 所示。

(一)基础

基础是位于建筑物最下部的承重构件,起承重作用,承受建筑物的全部荷载,并传递给下面的土层(地基)。

(二)墙(柱)体

墙(柱)体是围成房屋空间的竖向构件,起承重、围护和分隔空间的作用。承受楼层传来的荷载,并传递给基础;外墙还起围护作用,内墙还起分隔空间、隔音和遮挡视线的作用。

(三)楼地层

楼地层是划分空间的水平构件,起承重、分隔空间和水平支撑的作用。承受家具、设备、人体及自重,并传递给墙体或柱子,同时可增加建筑物整体刚度。

(四)楼梯

楼梯是楼层之间的垂直交通联系设施,起交通联系和承重的作用。

(五)屋顶

屋顶是建筑物最上部的水平构件,起承重、保温隔热和防水的作用,同时还起抵御自然界各种因素影响的作用(即围护作用)。

(六)门窗

门窗均为非承重构件。门主要起内外交通联系和分隔房间的作用,有时兼有采光和通风的作用;窗主要起采光和通风的作用,同时还具有分隔和围护的作用。

此外,有的建筑还有阳台、雨蓬、散水、明沟、遮阳板等构配件。

二、幕墙的一般构造

幕墙是一种由金属构件与各种板材组成的,悬挂在主体结构上,不承担结构荷载的,将防风、保温、隔热、防噪声、防空气渗透等功能有机融合为一体的建筑外围护结构。幕墙具有质量轻、施工简便、工期短、维修方便、可获得新颖而丰富的建筑艺术效果等优点,但造价较高,材料及施工技术要求高。

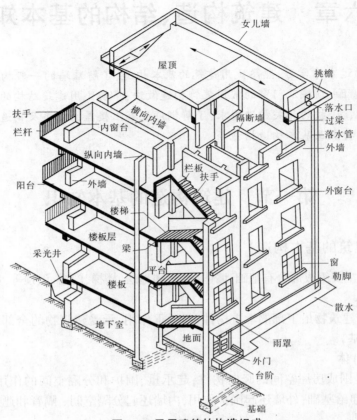

图 6-1　民用建筑的构造组成

(一) 幕墙的类型

按材料分:玻璃幕墙、金属幕墙、石材幕墙、人造板幕墙等。

按结构体系分:型钢框架结构体系、铝合金框架结构体系、无框架结构体系。

(二) 玻璃幕墙

1.有框式玻璃幕墙

有框式玻璃幕墙根据其框架结构位置又分为明框式、全隐框式、半隐框式几种。

1) 框架安装

先将立梃及横框安装在建筑物主框架上形成的幕墙框架,立梃与建筑物主框架的连接不应采用膨胀螺栓,应采用预埋件连接;只有当旧建筑物改造,加装玻璃幕墙时,才可采用部分剪切受力的膨胀螺栓连接,但要每隔3~4层补装一道预埋件。立梃通过连接件固定在楼板上,一般为角钢或夹具通过不锈钢螺栓与立梃连接。横框与立梃一般是通过连接件、铆钉或螺栓连接,是分段在立梃中嵌入连接,横框两端与立柱连接处应加弹性橡胶垫,以适应和消除横向温度变形要求,如图 6-2 所示。

2) 玻璃安装

玻璃安装形式主要为镶嵌胶结形式,常用的密封材料有成型的橡胶条和现注式密封胶。

玻璃安装的关键问题在于防水和避免玻璃因温度等因素变形而破裂。防水的处理措施是采用合适的橡胶压条、可靠的密封胶以及排水孔。防破裂的措施是采用弹性密封材料、玻璃与横档间设橡胶垫块，以避免玻璃直接受挤压，如图6-3、图6-4所示。

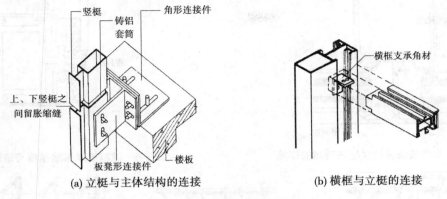

(a) 立梃与主体结构的连接　　　　(b) 横框与立梃的连接

图6-2　框架安装构造

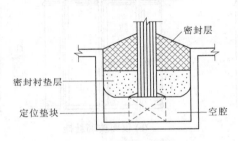

图6-3　玻璃安装示例

全隐框玻璃幕墙是将玻璃直接用胶固定于主框架结构体系上，如图6-5所示。将玻璃板两对边嵌在金属框内，另两对边用结构胶粘贴在金属框上，即形成半隐框玻璃幕墙。

2.无框式玻璃幕墙

无框式玻璃幕墙也称全玻璃幕墙，由玻璃面板和玻璃肋组成。立面简洁、通透感强，适用于1~2层的建筑。

无框式玻璃幕墙按构造方式可以分为悬挂式和支撑式两种，如图6-6所示。悬挂式的面玻璃和肋玻璃都悬挂在上部结构上。支撑式不采用悬挂设备，面玻璃和肋玻璃均由底部支撑，一般高度不宜超过6 m。

玻璃的固定方法有两种：一是直接用密封条嵌固玻璃；二是将玻璃在镀锌槽钢内定位后，在缝隙中注入密封胶固定。二者也可混合使用。如图6-7所示。玻璃与上部或下部结构接触部位需设垫块(弹性材料)。

肋玻璃的作用是加强面板玻璃的刚度，肋玻璃的布置方式有后置式、骑缝式、平齐式等。

3.点支式玻璃幕墙

点支式玻璃幕墙是由玻璃面板、点支撑装置、支撑结构体系构成的玻璃幕墙。

根据幕墙支撑结构体系的不同，可分为拉杆式、拉索式、桁架式、自平衡索桁架式、立柱式等。

根据驳接件的连接形式不同，可分为穿透式驳接和背栓式驳接。穿透式驳接是指不锈钢驳接头穿透玻璃上的圆孔，驳接头露在玻璃的外面。背栓式驳接的不锈钢驳接头深入玻

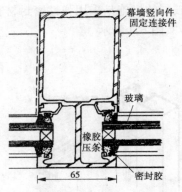

图 6-4　明框玻璃幕墙立框与玻璃的连接

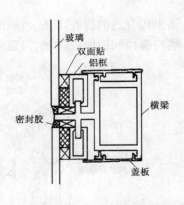

图 6-5　隐框玻璃幕墙横框与玻璃的连接

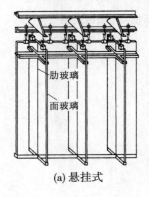

(a) 悬挂式

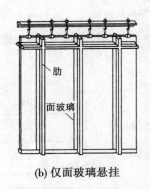

(b) 仅面玻璃悬挂

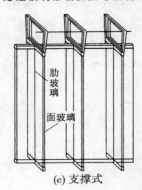

(c) 支撑式

图 6-6　无框式玻璃幕墙构造形式

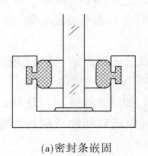

(a)密封条嵌固

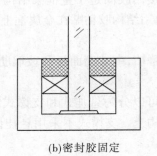

(b)密封胶固定

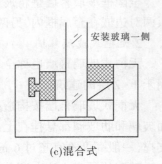

(c)混合式

图 6-7　无框式玻璃幕墙玻璃的嵌固

璃厚度的 60%。

　　玻璃一般选择较厚的钢化玻璃、夹层钢化玻璃、中空安全玻璃等。玻璃用连接件固定在支撑结构上,如图 6-8 所示。

　　(三) 金属幕墙

　　金属幕墙是由工厂定制的折边金属薄板作为外围护墙面,形成风格独特、具有强烈现代艺术感的墙面。金属幕墙材料有铝合金板(单层铝板、复合铝板、蜂窝铝板)、彩色涂层钢板、彩色压型钢复合板、彩色不锈钢板等。

　　金属幕墙构造体系有两类:

（1）附着型金属幕墙：金属板作为外墙饰面直接依附在钢筋混凝土墙面上。

（2）骨架型金属幕墙：自成骨架体系，基本类似于隐框玻璃幕墙的构造特点。

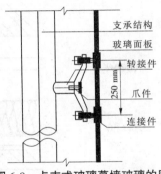

支承结构
玻璃面板
转接件
250 mm
爪件
连接件

图6-8 点支式玻璃幕墙玻璃的固定

（四）石材幕墙

石材幕墙是一种利用金属挂件将石材饰面板直接悬挂在主体结构上的独立围护结构体系，主要由骨架材料、板材、胶结材料、密封材料等组成。

根据构造方式不同，石材幕墙可以分为如下几种。

1. 直接式

直接式将石材通过金属挂件直接安装固定在主体结构上，其较简单经济，但要求主体结构墙体强度高，最好是钢筋混凝土墙。

2. 骨架式

骨架式主要用于框架结构主体，构造形式灵活，应用广泛，如图6-9所示。金属骨架应通过结构强度计算和刚度验算。

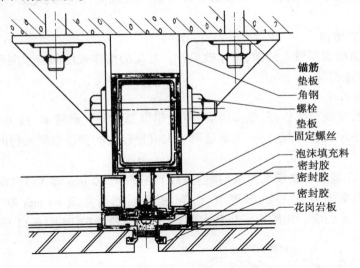

锚筋
垫板
角钢
螺栓
垫板
固定螺丝
泡沫填充料
密封胶
密封胶
密封胶
花岗岩板

图6-9 骨架式石材幕墙示意图

3. 背挂式

背挂式是采用幕墙专用柱锥式锚栓的干挂技术，它是在石材的背面钻孔，用柱锥式钻头和专用钻机使底部扩大，锚栓被无膨胀力地装入圆锥形钻孔内，再按规定的扭矩扩压，使扩压环张开并填满孔底，形成凸形结合，锚固为背部固定，从正面看不到，利用背部锚栓可将板块固定在金属挂件上，安装方便，如图6-10所示。

4. 单元式

单元式是利用特殊强化的组合框架，将饰面块材、铝合金窗、保温层等全部在工厂中组合在框架上，然后将整体墙面运至工地安装。其劳动条件和环境得到良好的改善，工作效率和构件精度也有很大的提高。

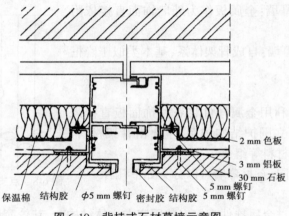

图 6-10　背挂式石材幕墙示意图

三、民用建筑室内地面的装饰构造

室内地面装饰具有保护楼板或室内地坪,满足隔音、吸声、保温、弹性等使用要求,装饰、美观等功能。室内地面按构造和施工方式分为整体式地面、块材式地面、木竹地面、铺贴式地面等。

(一)整体式地面

整体式地面的面层没有缝隙,整体效果好。常见的整体式地面有水泥砂浆地面、现浇水磨石地面、涂布地面等。

1.现浇水磨石地面

现浇水磨石地面整体性好、坚固耐磨、不易起尘、易清洁、耐酸碱、较美观。但吸热指数高、无弹性、工序多、施工周期长。主要适用于人流量较大的交通空间或房间,如门厅、走廊、卫生间等。

构造做法:在基层上刷素水泥浆(掺建筑胶)一道;用 20 mm 厚 1:3 水泥砂浆找平;在找平层上按设计图案固定分格条(玻璃条、铝条、铜条);然后浇筑 10 mm 厚 1:2.5 水泥石渣浆,抹平;达到一定硬度后用磨石子机和水磨光,最后打蜡养护,如图 6-11 所示。

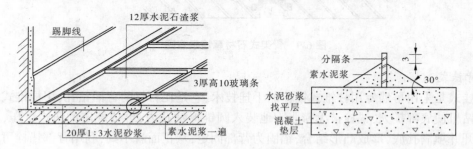

图 6-11　现浇水磨石地面构造

2.涂布地面

涂布地面是在地面上涂布一层溶剂型合成树脂或聚合物水泥材料,硬化后形成整体无缝的面层。其特点是无缝、整体性好、易于清洁、韧性较好、耐化学腐蚀性能好、有明显的弹性和良好的耐磨、抗冲击性能,适用于卫生或耐腐蚀性要求较高的实验室、医院手术室、工业厂房、船舶甲板等地面。

构造做法：基层处理后先刷封闭底漆，用面层材料调配腻子，填补裂缝、凹洞；将涂料用刮板均匀地刮在地面上，每层 0.5 mm 厚，每层干后砂纸打磨，刮三至四遍；最后用醇酸清漆罩面，打蜡上光。

(二)块材式地面

块材式地面是用各种块状或片状材料铺砌成的地面。常见的有陶瓷地砖地面、缸砖地面、陶瓷锦砖地面、大理石板地面、花岗石板地面、碎拼大理石地面等。

块材式地面的基本构造做法：在基层上刷一道素水泥浆(内掺建筑胶)；做 20~30 mm 厚 1:3 干硬性水泥砂浆找平层，刷素水泥浆一道；铺贴块材面层，用橡皮锤拍实；水泥粉擦缝。

陶瓷地砖地面、天然石材地面构造如图 6-12、图 6-13 所示。

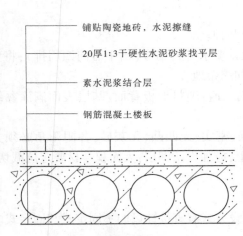

图 6-12 陶瓷地砖地面构造

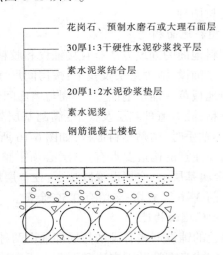

图 6-13 大理石板、花岗石板地面构造

(三)木竹楼地面

木竹楼地面按构造形式分粘贴式木地面、架空式木地面、实铺式木地面等。

架空式木地板需先砌地垄墙，然后在地垄墙上设置垫木，铺设木格栅，然后铺钉实木条板或铺毛板后再铺设面板。架空实木地板占用空间高度较大，主要适用于室内外高差较大的底层地面或舞台等特殊场所。

粘贴木地面适用于拼花木地板，即在水泥砂浆找平层上用专用胶粘贴拼花企口木地板。

实铺式木地面构造为：做 20 厚水泥砂浆找平层；固定木格栅；然后将竹木企口面板铺钉在格栅上，或先铺设毛板后再铺钉面板，应注意毛板与面板成倾斜或垂直铺设。面板之间拼缝要紧密，如图 6-14 所示。

强化复合木地板构造为：先做水泥砂浆找平层；干铺一层聚乙烯薄膜防潮材料。干铺金刚板及铺钉专用踢脚板。为使对接缝及板缝之间榫槽结合紧密，防水胶要满涂并溢出。为防止膨胀凸起，板与固定物体之间要留有不小于 10 mm 的空隙，可用踢脚板遮挡空隙。板总长超过 10 m 时要加设过渡压条，如图 6-15 所示。

(四)铺贴式地面

铺贴式地面是指由橡胶制品、塑料制品、地毯等覆盖而成的楼地面。这类地面材料有块

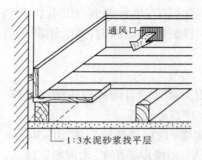

图 6-14 实铺式木地面构造

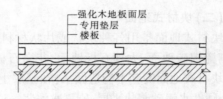

图 6-15 强化复合木地板构造

材和卷材两种。

1.塑料地面构造

塑料地面的铺设方法有直接铺设和胶粘铺设两种。

直接铺设:清理基层及找平;按房间尺寸和设计要求排料编号(由中心向四周排);将整幅塑料地板革平铺于地面上,四周与墙面间留出伸缩余地。

胶粘铺贴:清理基层及找平;满刮基层处理剂一遍;塑料地板背面、基层表面满涂黏结剂;待不粘手时,粘贴塑料地板,如图 6-16 所示。

需要注意的构造要点有:基层必须平整、干燥、密实、无凹凸、无灰砂,各阴阳角必须方正;在金属基层上,应加设橡胶垫层;在首层地坪上,应加设防潮层;大面积卷材要定位截切,在铺设前 3~6 天截切,多留有 0.5% 余量。

2.地毯地面构造

地毯的铺设形式有满铺与局部铺设两种。铺设方式有直接铺设的不固定式和固定式两种。固定式又有粘贴固定法和倒刺板固定法两种。

粘贴固定法,即直接用胶将地毯粘贴在基层上。在基层上每 200 mm 左右涂 150 mm 宽的胶条一道,待胶呈干膜状时,将地毯先摊铺,然后在涂胶处用橡胶辊用力滚平压实。周边沿墙处应将地毯修理平整。地毯表面不应起鼓、起皱、翘边、卷边、显拼缝、露线和无毛边,绒面毛顺光一致,毯面干净,无污染和损伤。

倒刺板固定法,即清理基层;沿踢脚板的边缘用水泥钉将倒刺板每隔 40 cm 钉在基层上,与踢脚板距离 8~10 mm;粘贴泡沫波垫;铺设地毯;将地毯边缘塞入踢脚板下部空隙中,如图 6-17 所示。

(五) 特种地面

1.发光地面

发光地面是指采用透光材料为面层,光线由架空层的内部向室内空间上透射的一种楼地面。它主要是适应舞台、舞池、科技馆、演播厅及大型高档建筑局部楼地面的重点点缀。构造做法为先在基层上做架空层,在架空层内安装灯具,然后铺设透光面板,如图 6-18 所示。

2.活动地板

活动地板具有安装、调试、清理、维修简便,其下可敷设多条管道和各种管线,并可随意开启检查、迁移等特点,并且有独特的防静电、辐射等功能,多用于有防尘和防静电要求的专业用房,如计算机房、通信中心、仪表控制室、多媒体教室等。

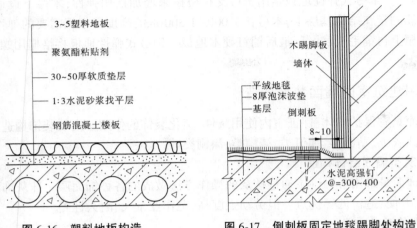

图 6-16　塑料地板构造

图 6-17　倒刺板固定地毯踢脚处构造

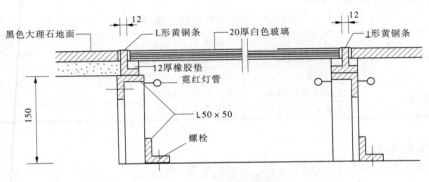

图 6-18　发光地面构造

　　活动地板面层由标准地板、异形地板和地板附件组成,支架有拆装式支架、固定式支架、卡锁格栅支架、刚性龙骨支架等四种。铺装时,先进行基层清理;按面板尺寸弹网格线;在网格交点上设可调支架,加设桁条,调整水平度;铺设活动面板,用胶条填实面板与墙面缝隙。当活动地板上设置重物时,应加设支架,如图 6-19 所示。

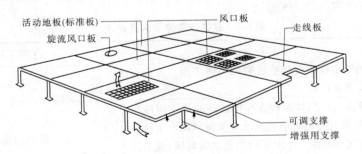

图 6-19　活动地板构造

3. 弹性木地板

　　弹性木地板因为弹性好,故在舞台、练功房、比赛场等处广泛采用。

　　弹性木地板构造可分为衬垫式和弓式两种。衬垫式弹性木地板是用橡皮、软木、泡沫塑料或其他弹性好的材料作衬垫。衬垫可以按块状或通长条形布置。弓式弹性木地板有木弓式、钢弓式两种。木弓式弹性地板是用木弓支托格栅来增加格栅弹性,木弓下设通长垫木,用螺栓或钢筋固定在结构基层上,木弓长 1 000~1 300 mm,高度可根据需要的弹性,通过试验确定。格栅上再铺毛板、油纸,最后铺钉硬木地板。钢弓式弹性地板将格栅用螺栓固定在特制的钢弓上。

四、民用建筑室内墙面装饰构造

内墙饰面具有保护墙体、保证室内使用条件、美化装饰的作用。内墙装饰构造按材料和施工工艺分抹灰类、贴面类、铺钉类、裱糊类、涂刷类等。

(一) 抹灰类墙面装饰构造

抹灰类饰面是采用各种砂浆通过抹灰的操作方法做成的各种饰面层。抹灰饰面具有取材容易、施工方便、造价低等优点。但劳动强度高、湿作业量大、耐久性差。

1.抹灰类饰面的分类

抹灰类饰面的分类见表6-1。

表 6-1　抹灰类饰面的分类

一般抹灰	普通抹灰	一层底层、一层面层
	中级抹灰	一层底层、一层中间层、一层面层
	高级抹灰	一层底层、多层中间层、一层面层
装饰抹灰	抹灰类装饰抹灰	用于室内外墙面
	石渣类装饰抹灰	多用于室外墙面

2.一般抹灰构造

室内墙面抹灰一般为15~20 mm厚,为避免龟裂、脱落,要分层施工,每层不宜太厚。底层的作用是与基层黏结和初步找平,厚度为5~15 mm;不同的基层,底层的处理方法也不同。中间层的作用是找平与黏结,弥补底层的裂缝,厚度宜不超过10 mm。根据要求可分一层或多层,用料与底层基本相同。饰面层的作用是装饰,厚度10 mm 左右,要求平整、色彩均匀、无裂纹,可做成光滑和粗糙等不同质感。

3.装饰抹灰饰面构造

装饰抹灰饰面构造做法见表6-2。

表 6-2　装饰抹灰饰面构造做法

名称	构造做法	主要工具
喷涂饰面	用喷斗将聚合物砂浆喷到墙体表面。效果有波纹状和粒状	喷斗
滚涂饰面	聚合物砂浆抹面后立即用特制的辊子滚压出花纹,再用甲醛硅酸钠疏水剂溶液罩面。滚涂分为干滚和湿滚。干滚压出的花纹印痕深,湿滚压出的花纹印痕浅,轮廓线型圆满	特制的辊子
弹涂饰面	在墙体表面刷一遍聚合物水泥色浆后,用弹涂分几遍将不同色彩的聚合物水泥浆,弹在已涂刷的涂层上,形成3~5 mm的扁圆形花点	

名称	构造做法	主要工具
拉毛饰面	先用水泥石灰砂浆分两遍打底;再刮一道素水泥浆;用棕刷进行小拉毛或用铁抹子进行大拉毛。拉毛装饰效果较好,但工效低,易污染	棕刷、铁抹子
甩毛饰面	先抹一层厚度为 13~15 的水泥砂浆底子灰,待底子灰达到五六成干时,刷一遍水泥浆或水泥色浆作为装饰衬底,然后把面层甩毛	
喷毛饰面	将水泥石灰膏混合砂浆用挤压喷浆泵连续均匀喷涂于墙体表面	喷浆泵
搓毛饰面	用水泥石灰砂浆打底,再用水泥石灰砂浆罩面搓毛。装饰效果不如甩毛和拉毛,适用于一般装饰	
拉条饰面	用条形模具上下拉动,在面层砂浆上拉出有规则的条形,形成饰面层。条形的粗细与砂浆的配合比有关	条形模具
洒毛饰面	与拉毛相近。用一把茅草、竹扫帚蘸罩面砂浆洒到中层砂浆上,形成云朵状饰面。效果清新自然,操作简便,但需一次成活	竹扫帚

(二)贴面类饰面

贴面类饰面是将大小不同的块状材料采取镶贴或挂贴的方式固定到墙面上的做法。这种饰面坚固耐用、色泽稳定、易清洗、耐腐蚀、防水、装饰效果丰富,内外墙面均可使用。

1.镶贴类饰面构造

镶贴类饰面的基本构造组成有找平层(底层砂浆)、结合层(黏结砂浆)、面层(块状材料)。适用于直接镶贴的材料有陶瓷制品(外墙面砖、陶瓷锦砖、釉面砖等)、小块天然或人造大理石、碎拼大理石、玻璃锦砖等。

1)釉面砖饰面构造

1:3水泥砂浆 15 mm 厚分两遍打底;10 mm 厚水泥石灰混合砂浆或 2~3 mm 厚掺 801 胶的水泥素浆结合层;即贴瓷砖,一般不留灰缝;细缝用白水泥擦平,如图 6-20 所示。

2)陶瓷锦砖饰面构造

15 mm 厚水泥砂浆打底;2~3 mm 厚掺 801 胶的水泥浆做结合层;贴马赛克,干后洗去纸皮;水泥色浆擦缝。

3)玻璃锦砖饰面构造

用 15 mm 厚水泥砂浆分两遍抹平并刮糙;抹 3 mm 厚水泥砂浆黏结层,即贴玻璃马赛克(在马赛克背面刮一层 2 mm 厚白水泥色浆粘贴);水泥色浆擦缝,如图 6-21 所示。

4)人造大理石板饰面

按所用材料和生产工艺不同分为四类:聚酯型人造大理石、无机胶结型人造大理石、复合型人造大理石、烧结型人造大理石。其构造固定方式有水泥砂浆粘贴、聚酯砂浆粘贴、有

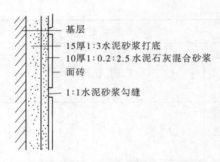

图 6-20　釉面砖饰面构造

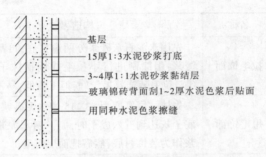

图 6-21　玻璃锦砖饰面构造

机胶粘剂粘贴、贴挂法等。

聚酯型人造大理石可用水泥砂浆、聚酯砂浆、有机胶粘剂粘贴。

烧结型大理石粘贴构造与釉面砖相近,一般用 12~15 mm 厚水泥砂浆作底层;2~3 mm 厚掺 801 胶的水泥砂浆黏结。

无机胶结型人造大理石和复合型人造大理石粘贴方法按板厚而异。8~12 mm 厚为厚板,4~6 mm 厚为薄板。薄板粘贴构造是用水泥砂浆打底;水泥石灰混合砂浆或 801 胶水泥浆作黏结层,镶贴大理石板。厚板是采用聚酯砂浆粘贴,或聚酯砂浆作边角粘贴和水泥砂浆作平面粘贴相结合的做法。

2.挂贴类饰面构造

当板材厚度较大、尺寸规格较大、镶贴高度较高时,应采用贴挂相结合的方法。

1)挂贴法

在砌墙时预埋铁钩或用金属胀管螺栓固定预埋件;在铁钩上每 500~1 000 mm 立竖筋;在竖筋上按面板位置绑横筋,构成 ϕ 6 的钢筋网;板材边缘钻小孔,用铜丝或镀锌铁丝穿过孔洞将材板绑在横筋上,上下板之间用铜钩钩住;石板与基层之间留 30 mm 缝隙,板材采用活动木楔定位,然后分层灌水泥砂浆,每次灌注水泥砂浆高度不超过板材高度的 1/3,灌浆间隔时间 1~2 h。灌浆表面应与板材上边沿相距 50 mm;最后用白色水泥浆擦缝,如图 6-22 所示。注意板材饰面高度通常不超过 3 m;板材底部不能悬空;板材接缝有对接、分块、有规则、不规则、冰纹等。一般缝隙 1~2 mm。

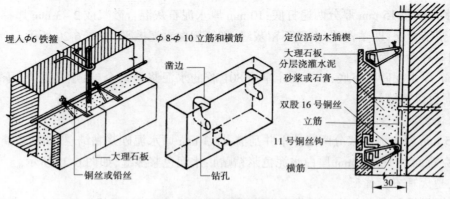

图 6-22　挂贴法饰面构造

2) 干挂法

在基层上按板材高度固定不锈钢锚固件；在板材上下沿开槽口；将不锈钢销子插入板材上下槽口与锚固件连接；在板材表面的缝隙中填嵌黏结防水油膏，如图6-23所示。

(三) 罩面板类饰面

采用木板、木条、竹条、胶合板、纤维板、石膏板、石棉水泥板、玻璃、金属板等材料制成各种饰面板，通过镶、钉、拼贴等做成的墙面。特点是湿作业量小、耐久性好、装饰效果丰富。

1. 木罩面板饰面

木罩面板饰面是一种高级室内装饰，触感舒适，外观纹理自然美观、色泽质朴高雅，给人温暖亲切之感。常用的材料有原木、木板、胶合板、微薄木贴面板、硬质纤维板、圆竹、劈竹等。

构造做法为：在墙面上预埋防腐木桩；做防潮层；钉立由竖筋和横筋组成的木骨架（木筋间距视面板尺寸而定）；铺钉面板；罩面装饰。板缝可以采用斜接密缝、平接留缝、压条盖缝等形式；护壁板下部可直接到地，留出线脚凹口，也可以与木踢脚板做平，上下留线脚；护壁板上部可直接做到顶与顶棚线脚结合，也可以做到墙裙高度，用压顶条装饰收边；可以在护壁上下设置通风孔或在护壁面板上开气孔，以通风防潮，如图6-24所示。

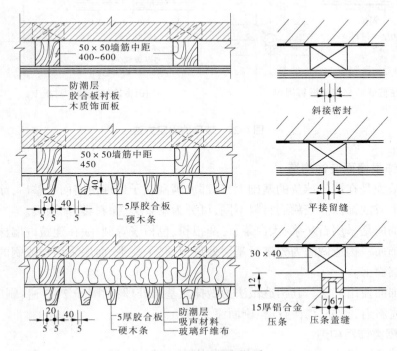

图6-24 木罩面板构造

对于有吸声、扩声、消声等要求的护壁墙面，可在胶合板、硬质纤维板上打孔或采用穿孔夹板、软质纤维板、装饰吸声板、硬木格条等,并在骨架之间填玻璃棉、矿棉、石棉或泡沫塑料等吸声材料。带有回风口、送风口等墙面常采用硬木格条装饰,硬木条可做成各种形状,如图6-24所示。

2.玻璃板饰面

选用普通平板镜面玻璃或茶色、蓝色、灰色的镀膜镜面玻璃作墙面,装饰效果较好。但不宜用于易碰撞部位。

构造做法:在墙体上设置防潮层;按玻璃面板尺寸钉立木筋框格;钉胶合板或纤维板衬板(油毡一层);固定玻璃面板。玻璃面板的固定方法如图6-25所示。

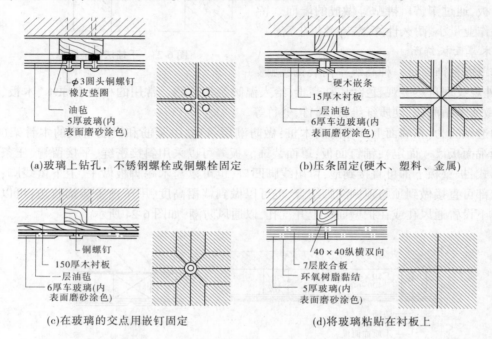

(a)玻璃上钻孔,不锈钢螺栓或铜螺栓固定   (b)压条固定(硬木、塑料、金属)

(c)在玻璃的交点用嵌钉固定   (d)将玻璃粘贴在衬板上

图6-25　玻璃的固定方法

(四)涂饰类墙面装饰构造

涂饰类墙面是在墙体抹灰的基础上,局部或满刮腻子处理使墙面平整后,涂刷选定的浆料及涂料所形成的饰面。按粉刷材料不同,可分为刷浆类、涂料类、油漆类。

刷浆类饰面是采用石灰浆、大白浆、可赛银粉、色粉浆等刷、喷在建筑内墙抹灰层或基体表面的一种饰面。构造做法为先进行基层处理,刮腻子找平,面层采用喷或刷的方法使石灰浆等固定于墙面上。

涂料类饰面使用广泛。其构造做法为做抹灰基层处理;刮腻子2~3遍;刷底漆一遍,待干后在强灯光斜射,找补,二次打磨;刷面漆2遍。

(五)裱糊类饰面构造

用裱糊的方法将墙纸、织物、微薄木等装饰在内墙面。装饰性好,色彩、纹理、图案较丰富,质感温暖,古雅精致,施工方便。常见的饰面卷材有塑料墙纸、墙布、纤维壁纸、木屑壁纸、金属箔壁纸、皮革、人造革、锦缎、微薄木等。

1.墙纸构造做法

基层处理:基层要刮腻子,再用砂纸磨平,表面平整、光洁、干净、不掉粉。为避免基层吸水太快,在基层表面满刮一遍基层处理剂。

墙纸的预处理:塑料墙纸在裱贴前要进行胀水处理。将墙纸浸泡在水中2~3 s,取出后静置15 s再刷胶。

裱贴墙纸:采用专用胶粘剂粘贴墙纸。粘贴时保持纸面平整,防止气泡,压实拼缝处。

2.玻璃纤维墙布和无纺墙布饰面构造

裱糊方法大体与纸基墙纸相同。不同之处有:

(1)不能吸水膨胀,直接裱糊。

(2)采用聚醋酸乙烯乳液调配成的黏结剂黏结。

(3)基层颜色较深时,在黏结剂中掺入白色涂料(如白色乳胶漆等)。

(4)裱糊时黏结剂刷在基层上,墙布背面不要刷黏结剂。

3.丝绒和锦缎饰面构造做法

在基层上用水泥砂浆找平,做防潮层;立木龙骨(钉木框格);钉胶合板;用化学浆糊、801胶、淀粉面糊裱贴丝绒、锦缎,如图6-26所示。

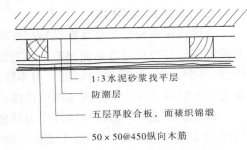

图6-26 锦缎饰面构造

4.皮革与人造革饰面构造做法

厚水泥砂浆找平;做防潮层;钉立木墙筋(木框格);固定衬板;铺贴皮革或人造革。皮革或人造革中可包棕丝、玻璃棉、矿棉等,如图6-27所示。

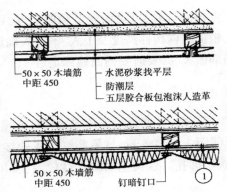
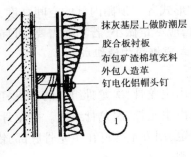

图6-27 皮革饰面构造做法

固定皮革的方法:一是用暗钉口将其钉在墙筋上最后用电化铝帽头按划分的格子四角钉入;二是将木装饰线条沿分格线位置固定;三是用小木条固定后,再外包不锈钢等金属装饰线条。

5.微薄木饰面构造做法

基本构造与裱贴墙纸相似。粘贴前微薄木要用清水喷洒,晾至九成干后粘贴。在基层上刮腻子,满批两遍;砂纸打磨平整;再涂刷清油一道;在微薄木背面和基层表面同时均匀涂刷胶液,涂后放置15 min,胶液呈半干状时,即可粘贴;贴后罩透明漆。接缝采用衔接拼缝,然后用电熨斗熨平。

五、民用建筑室内顶棚装饰构造

(一)顶棚概述

1.顶棚的作用

改善室内环境,满足使用功能;从空间、光影、材质等方面,渲染环境,烘托气氛;装饰室内空间。

2.顶棚装修的分类

(1)按顶棚外观分有平滑式顶棚、井格式顶棚、悬浮式顶棚、分层式顶棚等。

(2)按顶棚表面与结构层的关系分有直接式顶棚、悬吊式顶棚。

(3)按结构构造层的显露状况分有开敞式顶棚、隐蔽式顶棚等。

(4)按顶棚受力不同分有上人顶棚、不上人顶棚。

(二)直接式顶棚构造

直接式顶棚构造为直接在结构层底面进行喷浆、抹灰、粘贴壁纸、粘贴面砖、粘贴或钉接石膏板条与其他板材等饰面材料。构造简单,构造层厚度小,可充分利用空间,装饰效果多样,用材少,施工方便,造价较低。但不能隐藏管线等设备。常用于普通建筑及室内空间高度受到限制的场所。直接式顶棚构造做法与墙面装饰构造基本相同。

利用楼层或屋顶的结构构件作为顶棚装饰的结构顶棚也是直接式顶棚,其形式有网架结构、拱结构、悬索结构、井格式梁板结构等,其装饰手法有调节色彩、强调光照效果、改变构件材质、借助装饰品等。

(三)悬吊式顶棚构造

悬吊式顶棚的特点是可埋设各种管线,可镶嵌灯具,可灵活调节顶棚高度,可丰富顶棚空间层次和形式等。顶棚内部的空间高度,根据结构构件高度及上人、不上人确定。为节约材料和造价,应尽量做小,若功能需要,可局部做大,必要时要铺设检修走道。

1.悬吊式顶棚的构造组成

1)基层

基层是由主龙骨、次龙骨组成的,承受顶棚荷载,并通过吊筋传递给楼板或屋面板。

木基层由主龙骨、次龙骨组成。主龙骨间距 1.2~1.5 m,与吊筋钉接或栓接;次龙骨间距依面层而定,用方木挂钉在主龙骨底部,铁丝绑扎。这类基层耐火性较差,多用于造型特别复杂的顶棚。

金属基层有 U 形轻钢基层和 LT 形铝合金基层两种,如图 6-28 所示。基本构造为:主龙骨用吊件吊杆固定;次龙骨和小龙骨用挂件与主龙骨固定;横撑龙骨撑住次龙骨。顶棚荷载较大或悬吊点间距很大或在特殊环境下,必须采用普通型钢做基层,如角钢、槽钢、工字钢等。

2)面层

面层的作用是装饰室内空间,还有吸声、反射声等特殊作用。面层的构造设计要结合灯具、风口等进行布置。常用装饰板材和装饰吸声板作面层,可分为抹灰类、板材类、格栅类等。

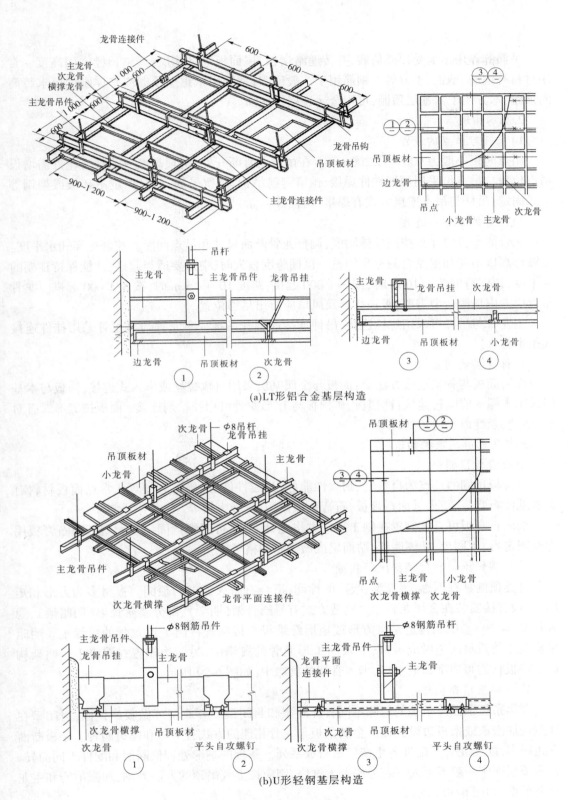

(a)LT形铝合金基层构造

(b)U形轻钢基层构造

图6-28　金属基层

3）吊筋

吊筋的作用是承受顶棚荷载,并传递给楼板、屋面板等结构层;调整顶棚空间高度。常用材料有钢筋、型钢、木方等。钢筋用于一般顶棚;型钢用于重型顶棚或整体刚度要求特高的顶棚;木方用于木基层顶棚,可用金属连接件加固。

2.基本构造

1）吊杆与吊点的设置

吊点间距一般为 900 ~ 1 200 mm。在吊顶龙骨断开处、吊顶高度或荷载变化处需增设吊点位置。吊点可采用预埋铁件焊接、预留钢筋吊钩、预留吊筋、射钉固定吊环板或型钢等形式固定;吊杆与吊点连接方式有焊接、勾挂等。

2）龙骨的布置与连接

龙骨的布置要注意控制整体刚度,调整龙骨断面尺寸和吊点间距。控制标高和水平度:顶棚标高以吊筋和主龙骨的标高调整。顶棚跨度较大时,中部要适当起拱,才能保持顶棚的水平度,顶棚跨度 7 ~ 10 m 时,按 3/1 000 起拱;跨度 10 ~ 15 m 时,按 5/1 000 起拱。龙骨布置应考虑顶棚造型需要;吸顶灯具及风口应留出足够位置。

主龙骨与吊杆可采用螺栓连接、吊件连接或绑扎吊挂。主龙骨与次龙骨采用挂件连接或吊木钉接。

3）饰面层的连接

面层面板与骨架连接方法有:面板与金属基层采用自攻螺丝或卡入式连接;面板与木基层采用木螺丝或圆钉连接;钙塑板、矿棉板与 U 形龙骨可用胶粘剂连接。面板拼缝形式有对缝、凹缝、盖缝以及边角处理等。

3.常见悬吊式顶棚构造

1）石膏板顶棚

石膏板顶棚的特点为自重轻、耐火性能好、抗震性能好、施工方便等。常见面板材料有普通纸面石膏板、防火纸面石膏板、石膏装饰板、石膏吸声板等。

纸面石膏板可直接搁置在倒 T 形的方格龙骨上,也可用螺丝固定。大型纸面石膏板用螺丝固定后,可刷色、裱糊墙纸、贴面层或做竖条和格子等。

2）矿棉纤维板和玻璃纤维板顶棚

这类顶棚具有不燃、耐高温、吸声的性能,适合有防火要求的顶棚。板材多为方形和矩形,一般直接安装在金属龙骨上。构造方式有暴露骨架（明架）、部分暴露骨架（明暗架）、隐蔽骨架（暗架）。明架构造是将方形或矩形纤维板直接搁置在倒 T 形龙骨的翼缘上。明暗架构造是将板材两边做成卡口,卡入倒 T 形龙骨的翼缘中,另两边搁置在翼缘上。暗架构造是将板材的每边都做成卡口,卡入骨架的翼缘中,如图 6-29 所示。

3）金属板顶棚构造

金属条板顶棚按条板的缝隙不同有开放型和封闭型。开放型可做吸声顶棚,封闭型在缝隙处加嵌条或条板边设翼盖。金属条板与龙骨相连的方式有卡口和螺钉两种。条板断面形式很多,配套龙骨及配件各生产厂家自成系列。条板的端部处理依断面和配件不同而异。金属条板顶棚一般不上人。若考虑上人维修,则应按上人吊顶的方法处理,加强吊筋和主龙骨来承重,如图 6-30 所示。

金属方板顶棚装饰效果别具一格,易于同灯具、风口、喇叭等协调一致,与柱边、墙边处

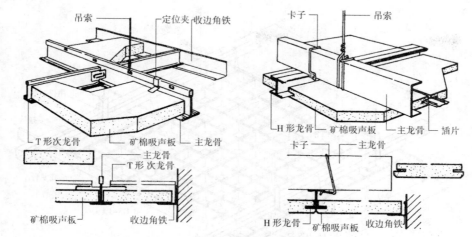

图 6-29　暴露骨架与隐蔽骨架构造示意

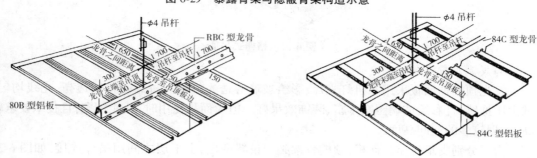

图 6-30　金属条板顶棚

理较方便,且可与条板形成组合吊顶,采用开放型,可起通风作用。安装构造有搁置式和卡入式两种。搁置式龙骨为 T 形,方板的四边带翼缘搁在龙骨翼缘上。卡入式的方板卷边向上,设有凸出的卡口,卡入有夹翼的龙骨中。方板可打孔,也可压成各种纹饰图案。金属方板顶棚靠墙边的尺寸不符合方板规格时,可用条板或纸面石膏板处理。

4)镜面顶棚装饰构造

镜面顶棚采用镜面玻璃、镜面不锈钢片等饰面,有空间开阔、生动、富于变化的特点。

基本构造为:将镜片粘贴在衬板上,再将衬板固定在龙骨上。或采用 T 形龙骨,将镜片板搁置在龙骨翼缘上。面板固定方法有自攻螺丝及金属压条固定;抛光不锈钢螺钉固定;直接搁置。

5)开敞式吊顶的装饰构造

开敞式吊顶又称格栅吊顶,表面开敞,具有既遮又透的效果,有一定的韵律感,减少了压抑感。由于上部空间是敞开的,设备及管道均可看见,所以要采用灯光反射和将设备管道刷暗色进行处理。

格栅顶棚采用单体构件组合而成,或将构件和灯具、装饰品等结合形成,既可与 T 形龙骨分格安装,又可大面积组装。单体构件根据制作的材料分,有木制格栅构件、金属格栅构件、灯饰构件及塑料构件等。木制构件和金属构件较常用。单体构件的连接通常是采用插接、挂接、榫接的方式。不同的连接方法会产生不同的组合方式和造型,如图 6-31 所示。

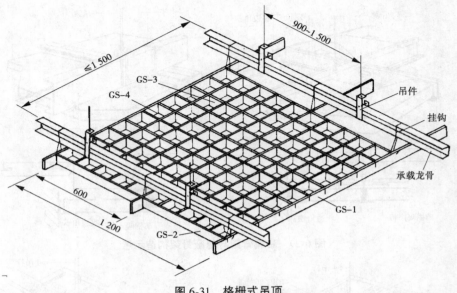

图 6-31　格栅式吊顶

6) 发光顶棚

发光顶棚饰面板采用有机灯光片、彩绘玻璃等透光材料。特点是整体透亮,光线均匀,减少压抑感,且彩绘玻璃图案丰富、装饰效果好。但大面积使用时,耗能较多,且技术要求较高,占据较多的空间高度。

为了分别支承灯座和面板,顶棚骨架必须设置两层,上下层之间用吊杆连接,如图 6-32 所示。顶棚骨架与主体结构连接构造做法同一般吊顶。透光饰面材料固定一般采用搁置、承托、螺钉、粘贴等方式与龙骨连接。采用粘贴时应设进人孔和检修走道。

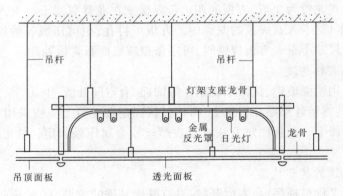

图 6-32　发光顶棚构造

7) 软质顶棚

采用绢纱、布幔等织物或软膜等装饰顶棚。特点是可自由改变形状,别具风格,可营造各种环境气氛,装饰效果丰富。

软质顶棚可悬挂固定在建筑物的楼盖下或侧墙上,设置活动夹具,以便拆装。需要经常改变形状的顶棚,要设轨道,以便移动夹具,改变造型。

六、隔墙和隔断装饰构造

隔墙和隔断是分隔空间的非承重构件。其作用是对空间的限定、分隔、引导和过渡。隔墙和隔断的不同之处在于分隔空间的程度和特点:隔墙通常是做到顶,将空间完全分为两个部分,隔断可到顶也可不到顶,空间似分非分,相互渗透;拆装的灵活性不同。隔墙设置后一般固定不变。隔断可以移动或拆装,空间可分可合。

(一)轻质隔墙的构造

隔墙的类型按构造方式不同可分为骨架式隔墙、砌块式隔墙、板材式隔墙三类。

1.骨架式隔墙构造

骨架式隔墙是指以隔墙龙骨作为受力骨架,两侧安装罩面板形成墙体的轻质隔墙。龙骨骨架内可以根据隔音或保温设计要求设置填充材料,还可根据设备安装要求安装一些设备管线等。

骨架式隔墙具有自重轻、墙体薄、刚度大、强度高、隔音、抗震性能好,设置灵活、施工方便等优点。常见的隔墙龙骨有轻钢龙骨、木龙骨以及其他金属龙骨等,常见的罩面板有纸面石膏板、GRC板、纤维增强硅酸钙板、胶合板、纤维板等。

1)轻钢龙骨纸面石膏板隔墙

装配式轻钢龙骨是用配套连接件互相连接,组成墙体骨架。轻钢龙骨有沿顶龙骨、沿地龙骨、竖向龙骨、横撑2龙骨、加强龙骨等,截面形式有U形和C形。不同龙骨类型或体系,其骨架构造也不同。

轻钢龙骨骨架首先由沿顶龙骨、沿地龙骨与沿墙(柱)竖向龙骨构成隔墙的边框。边框龙骨与主体结构的连接方法有三种:一是主体结构内有预埋木砖的,采用木螺钉连接固定;二是采用射钉连接固定;三是采用膨胀螺栓连接固定;钉距应不大于1 000 mm。竖向龙骨间距应根据石膏板的宽度而定,竖向龙骨与沿顶、沿地龙骨用抽芯铆钉连接固定。竖向龙骨的开口面应装配支撑卡,卡距为400~600 mm,距龙骨两端的距离为20~25 mm。

当采用的龙骨体系要求安装通贯龙骨时,低于3 m的隔墙应设一道,3~5 m的隔墙应设两道。通贯龙骨一般用支撑卡与竖向龙骨连接。

纸面石膏板可纵向安装也可横向安装,纵向安装应用较广泛。做双层石膏板时,面层板与基层板的板缝要错开,基层板的板缝用胶粘剂或腻子填平。面石膏板与骨架的连接固定方法主要有两种:一是用自攻螺钉固定,二是用胶粘剂黏结固定。相邻石膏板的接缝形式主要有形成平缝、压条缝和明缝三种,如图6-33所示。

轻钢龙骨隔墙一个很大的优点在于易于加工制作和安装异形墙面。将沿地、沿顶龙骨切割成锯齿形,弯曲成所需弧形,用射钉固定在地面和顶棚上。将竖向龙骨用自攻螺钉或抽芯铆钉与沿地、沿顶龙骨连接牢固。竖向龙骨间距依据圆弧半径确定,圆弧半径为5~15 m时,竖向龙骨间距可为300 mm;圆弧半径1~2 m时,竖向龙骨间距一般为150 mm。先将石膏板背面等距离割出宽度2~3 mm、深度2/5板厚的切口。切口间距依圆弧半径确定,半径越小,切口间距越小。安装时,将切口面靠在龙骨上,从一边开始逐渐弯曲石膏板,使其紧贴龙骨的弧面,然后用自攻螺钉将其固定。

2)木龙骨木罩面板隔墙

木骨架一般由边框(上下槛、边立柱)和立柱组成。一般先将上下槛、边立柱与主体结

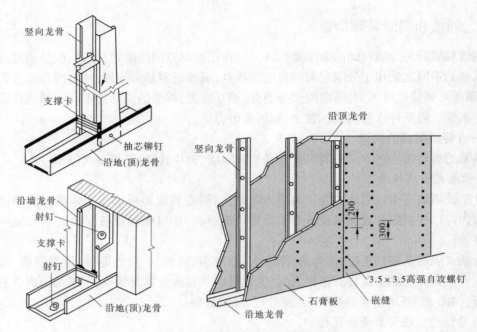

图 6-33　轻钢龙骨纸面石膏板隔墙构造

构连接固定,连接方法有两种:一是在主体结构施工时已预埋防腐木砖,或用电钻打孔,孔内塞入防腐木楔的,可用木螺钉钉牢;二是用金属膨胀螺栓固定。连接点间距不大于 1.2 m,每连接边不少于四个连接点。然后在上下槛之间撑立立柱,立柱间距应与罩面板的规格尺寸相配合,宜为 600 mm、400 mm、450 mm。

罩面板以竖向铺钉为宜,接头缝隙以 5~8 mm 为宜,拼缝要在立筋或横撑上。常见的拼缝形式有明缝、暗缝、压缝、嵌缝等。在门窗洞口和墙面阳角处,应做木贴脸或护角,以防板边棱角损坏,并能增加装饰效果。

2.砌块式隔墙构造

块材式隔墙是指采用多孔砖、轻质砌块、玻璃砖等块状材料通过水泥砂浆、胶粘剂等黏结组砌而成的非承重墙。块材式隔墙取材方便,造价低廉,构造简单,施工方便,具有一定的防火、隔音及防潮能力。但自重较大,整体性较差,湿作业多,不宜拆装。

1) 加气混凝土隔墙构造

加气混凝土砌块作隔墙时多采用立砌,隔墙厚度由砌块尺寸而定,一般为 100 ~ 125 mm。为保证墙体稳定性,隔墙转角处、与结构墙交接处应沿墙高每隔 500~1 000 mm 在水平灰缝中砌入 2 Φ 6 的拉结钢筋,钢筋伸入墙内不小于 700 mm,并与隔墙两端的结构墙用膨胀螺栓连接牢固。当墙高大于 3 m 时,常加设一道水平混凝土带,如设计无要求,一般每隔 1.5 m 加设 2 Φ 6 的钢筋带,以增强墙体的稳定性。

在隔墙顶部与楼板连接处,为使隔墙与楼板之间挤紧,可用实心黏土砖立砖斜砌,或预留 30 mm 左右的缝隙,每隔 1 m 用木楔挤紧。

加气混凝土砌块砌筑时应错缝搭接,搭接长度应不小于砌块长度的 1/3,且不小于 150 mm,否则应在水平灰缝中设置 2 Φ 6 的拉结钢筋或 Φ 4 钢筋网片,长度应不小于 700 mm。灰缝应横平竖直,砂浆饱满。

加气混凝土极易吸湿,因此砌筑时应先在墙下砌3~5皮普通黏土砖。门窗洞口处局部空隙可用普通黏土砖填嵌。

2)玻璃砖隔墙

玻璃砖砌体采用十字缝立砖砌法,上、下层应对缝,砌缝宽度一般为5~10 mm。为了保证玻璃砖隔墙的平整度,每层玻璃砖砌筑前宜放置垫块(玻璃砖专业配件,由玻璃砖生产单位统一提供;也可用胶合板制作,50 mm厚玻璃砖用长35 mm的木垫块,80 mm厚玻璃砖用长60 mm的木垫块),一般每块玻璃砖上放2~3块。

为充分保证玻璃砖隔墙的整体稳定性,应在玻璃砖砌缝内埋设1~2 Φ6钢筋,钢筋应与四周框架(或主体结构内的预埋件)焊接牢固,横向钢筋与竖向钢筋应绑扎或焊接,如图6-34所示。

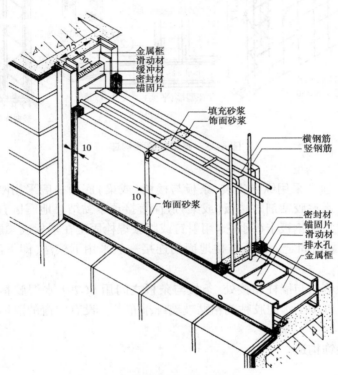

图6-34 有框玻璃砖隔墙构造

3.板材式隔墙

板材式隔墙是指不需要设置隔墙龙骨,由隔墙板材自承重,将预制或现制的隔墙板材直接固定于建筑主体结构上的隔墙工程。板材式隔墙自重轻、构造简单、安装方便、工序少、工效高、工业化程度高。广泛应用于民用建筑的装修工程中。

1)泰柏板隔墙

泰柏板与主体结构的连接方法是通过U码或钢筋码连接件连接。在主体结构墙面、楼板顶面和地面上钻孔,用膨胀螺栓固定U码或用射钉固定,U码与泰柏板用箍码连接;或在泰柏板两侧用钢筋码夹紧,并用镀锌铁丝将两侧钢筋码与泰柏板横向钢丝绑扎牢固,如图6-35所示。

在板缝处补之字条,每隔150 mm用箍码将之字条与泰柏板横向钢丝连接牢固。门窗洞口应用之字条补强。

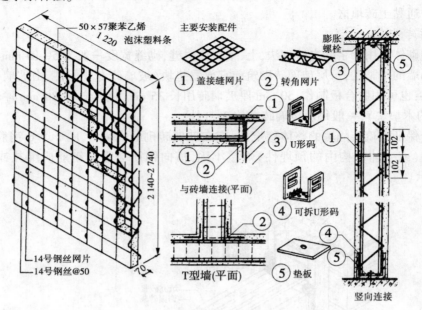

图 6-35　泰柏板隔墙构造

2）GRC 多孔条板隔墙

GRC 多孔条板通常采用纵向安装,条板与楼板(或梁)底面一般采用刚性连接,即在条板上端面用 SG791 水泥胶粘剂与楼板(或梁)底面直接顶紧黏结。地震区宜采用柔性连接,即在条板上端面用 U 形钢板卡(钢板卡用射钉或膨胀螺栓固定在楼板或梁底面)定位,再用 SG791 水泥胶粘剂黏结固定。条板与楼地面的连接一般采用下楔法,即下部用木楔楔紧后灌填干硬性混凝土。

GRC 多孔条板侧边与墙柱相接处、条板与条板之间用 SG791 水泥胶粘剂黏结;板缝和墙面阴阳角处应用 SG791 水泥胶粘剂粘贴玻璃纤维布条。设有门窗的隔墙,门窗两侧应采用门窗框条板。

（二）隔断的装饰构造

1.固定式隔断

固定式隔断的形式有花格隔断、玻璃隔断、博古架、罩、隔扇(碧纱橱)等。常用材料有木、竹、水泥、玻璃、有机玻璃、金属等。与主体结构的连接固定可采用预埋件、预留筋、镶嵌、压条等方法。

2.帷幕式隔断

帷幕式隔断又称软隔断。特点是采用软质布料织物分隔室内空间,空间可分可合,灵活机动,便于更新。一般由帷幕、轨道、滑轮(吊钩)、支架(吊杆)及专门构配件组成。通常固定在墙上或顶棚上。

3.移动式隔断

移动式隔断按启闭的方式分为拼装式、直滑式、折叠式、卷帘式、起落式。

1）拼装式隔断

拼装式隔断一般由隔扇、上槛、补充构件、密封条组成。隔扇由骨架和面板组成,塑料或人造革饰面。上槛有槽形和 T 形两种,与隔扇的上边缘相对应。补充构件为隔扇侧面与墙面衔接的槽形构件。密封条用于遮挡隔扇底部缝隙。

将通长上槛用螺钉或铅丝固定在顶棚上,隔扇安装在上槛上,靠墙一侧设置槽形构件,底部设密封条。隔扇之间做成企口缝,使拼接紧密;隔扇顶部与顶棚保持 50 mm 的空隙。便于装卸。

2)折叠式隔断

折叠式隔断主要由轨道、滑轮和隔扇组成。按材质不同有硬质和软质两种。根据滑轮和导轨的不同可分为悬吊导向式、支撑导向式和二维移动式三种。

悬吊导向式在顶棚安装导轨,并在隔扇顶部设滑轮,滑轮吊挂在导轨上。当滑轮设在隔扇端部时,楼地面上需设轨道,引导隔扇下端的导向杆。当滑轮设在隔扇中央时,楼地面上不需设轨道,但在隔扇下端需设密封刷或密封槛。

支撑导向式在隔扇下端设置滑轮,上端设置导向杆,在地面导轨下需设钢筋脚码。

七、常用门窗的装饰构造

(一)门窗的形式

1.门的形式

按开启方式分为平开门、弹簧门、推拉门、折叠门、转门、上翻门、卷帘门等。

按所用材料分为木门、钢门、铝合金门、塑钢门。

按功能要求分为普通门、隔音门、百叶门、防火门、保温门、射线防护门。

按门扇构造分为镶板门、夹板门、拼板门。

2.窗的形式

按开启方式分为固定窗、平开窗、悬窗(悬、中悬、下悬、上下悬联动)、推拉窗,如图 6-36 所示。

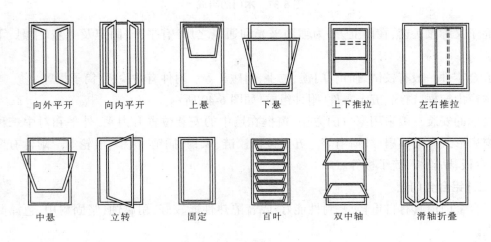

向外平开　　向内平开　　上悬　　下悬　　上下推拉　　左右推拉

中悬　　立转　　固定　　百叶　　双中轴　　滑轴折叠

图 6-36　窗的形式

(1)按所用材料分为木窗、钢窗、铝合金窗、塑料窗。

(2)按镶嵌的材料分为玻璃窗、纱窗、百叶窗。

(二)木门窗构造

木门由门框、门扇、亮子(腰窗)、五金及附件组成,如图6-37所示。

门框是门扇、亮子与墙的联系构件。门框安装方法有立口(先立门框后砌洞口两边墙体)和塞口(先砌墙留洞口后安装门框)两种,现一般使用塞口法。门框的固定可采用预埋木砖、预留孔洞、预埋螺栓多种方法。

门扇按其构造方式不同,有镶板门、夹板门、拼板门、玻璃门、百叶门和纱门等类型,如图6-38所示。镶板门由边梃、上冒头、下冒头、中冒头、门芯板组成,门芯板换成玻璃、窗纱、百叶即成玻璃门、纱门与百叶门。夹板门由骨架和面板组成,骨架形式有横向骨架、双向骨架、密肋骨架、蜂窝纸骨架等,如图6-39所示;面板多为胶合板、纤维板等;面板钉好后,最后在周边采用木条镶边。

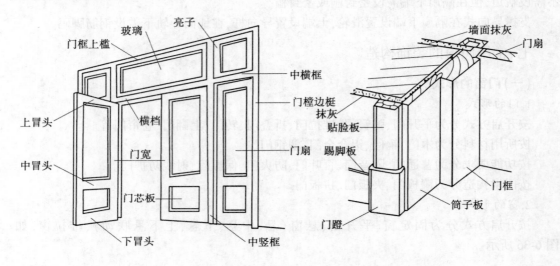

图6-37 木门的组成

亮子又称腰头窗,在门上方,为辅助采光和通风之用,有平开、固定及上悬、中悬、下悬几种。

五金零件一般有铰链、插销、门锁、拉手、门碰头等。附件有贴脸板、筒子板等。

木窗由窗框、窗扇、五金零件、附件组成,如图6-40所示。

窗框的安装一般采用塞口的方法,窗框在墙中的安装位置有内平、外平和对中三种形式。窗扇形式有玻璃扇、纱窗扇等。五金包括铰链、风钩、插销、执手、滑轮等。附件有窗帘盒、窗台板、贴脸板、筒子板等。

(三)铝合金门窗

铝合金门窗具有自重轻、密封性能好、隔音隔热性能较好、耐腐蚀、坚固耐用、色泽美观等特点。

铝合金门按开启方式可分为平开门、推拉门、地弹簧门、折叠门、平开下悬门、固定门六种,按性能可分为普通型、隔音型、保温型三种。

铝合金门窗通常采用塞口法安装,一般采用锚固板与洞口墙体连接固定,连接要牢固可

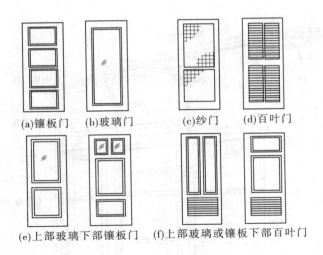

(a)镶板门　　(b)玻璃门　　　(c)纱门　　　(d)百叶门

(e)上部玻璃下部镶板门　　(f)上部玻璃或镶板下部百叶门

图 6-38　门的扇形式

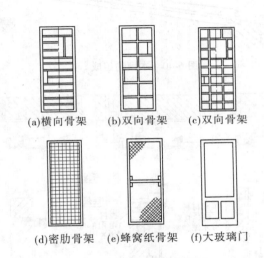

(a)横向骨架　　(b)双向骨架　　(c)双向骨架

(d)密肋骨架　　(e)蜂窝纸骨架　　(f)大玻璃门

图 6-39　夹板门骨架形式

靠,锚固板与框角的距离不应大于 180 mm,锚固板间距应不大于 600 mm。铝合金窗框上的锚固板与墙体的连接固定方法有预埋件连接、燕尾铁脚连接、金属胀锚螺栓连接、射钉连接等多种方法,如图 6-41 所示。但当洞口为砖砌体时,不得采用射钉连接。安装时应避免门窗框与水泥砂浆接触;门窗框的缝隙应用密封防水材料填充。

　　彩板钢门窗是以彩色镀锌钢板经机械加工而成的门窗。它具有自重轻、硬度高、采光面积大、防尘、隔音、保温密封性好、造型美观、色彩绚丽、耐腐蚀等特点。彩板门窗类型主要有平开门窗、推拉门窗、固定窗、弹簧门等数种,系列根据地区的情况而有所不同。

　　彩板平开窗目前有两种类型,即带副框的和不带副框的两种。当外墙面为花岗石、大理石等贴面材料时,常采用带副框的门窗。当外墙装修为普通粉刷时,常用不带副框的做法。彩板门窗与洞口墙体的连接方法主要有膨胀螺栓连接、射钉连接、预埋件焊接连接等。

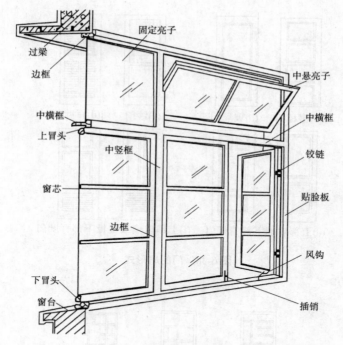

图 6-40 木窗的组成

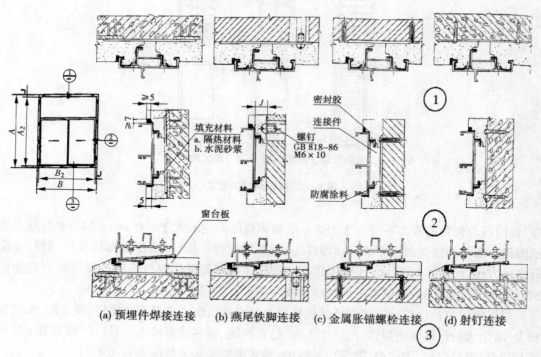

(a) 预埋件焊接连接 (b) 燕尾铁脚连接 (c) 金属胀锚螺栓连接 (d) 射钉连接

图 6-41 铝合金窗安装构造

(四) 塑钢门窗

塑钢门窗是以改性硬质聚氯乙烯(简称 UPVC)为主要原料的中空异型材,切割后在其内腔衬以型钢加强筋,用热熔焊接机焊接成型为门窗框扇,配装上橡胶密封条、压条、五金件等附件而制成的门窗。具有强度好、耐冲击、保温隔热、隔音好、气密性好、水密性好、耐腐蚀性强、防火、耐老化、外观精美、清洗容易等优点。

塑钢门窗应采用塞口法安装。预留洞口与门窗外框之间应根据外墙材料不同预留 10~50 mm 的缝隙。

门窗框与洞口基体可以直接连接固定,也可以通过连接件连接。如图 6-42 所示,混凝土墙洞口应采用射钉或塑料膨胀螺钉固定;砖墙洞口应采用塑料膨胀螺钉或水泥钉固定,并不得固定在砖缝处;加气混凝土洞口应采用木螺钉将固定片固定在胶粘圆木上;设有预埋铁件的洞口应采用焊接的方法固定,也可先在预埋件上按紧固件规格打基孔,然后用紧固件固定。

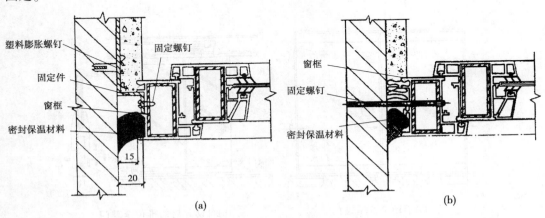

图 6-42　塑钢门窗安装构造

窗框与洞口之间的伸缩缝内腔应采用闭孔泡沫塑料、发泡聚苯乙烯等弹性材料分层填塞,填塞不宜过紧。对于保温、隔音等级要求较高的工程,应采用相应的隔热、隔音材料填塞。填塞后,应采用嵌缝膏密封。

(五) 全玻璃无框门

全玻璃无框门是指采用 12 mm 以上厚度的平板玻璃、钢化玻璃等直接用作门扇的无门扇框的玻璃门。全玻璃门具有整体感强、光亮明快、采光性能优越等特点,用于主入口或外立面为落地玻璃幕墙的建筑中,更增强室内外的通透感和玻璃饰面的整体效果,因而广泛用于高级宾馆、影剧院、展览馆、银行、大型商场等的大门。

全玻门由固定玻璃和活动门扇两部分组成。固定玻璃与活动玻璃门扇的连接方法有两种:一种是直接用玻璃门夹进行连接,其造型简洁,构造简单,目前使用较多;另一种是通过横框或小门框连接。如图 6-43 所示。

全玻门按开启功能分为手动门和自动门两种,手动门是采用门顶枢轴和地弹簧人工开启,自动门安装马达和感应装置自动开启,如图 6-44 所示。按开启方式分为平开门和推拉门两种。

一般活动玻璃门扇的常见规格为(800~1 000) mm×2 100 mm,玻璃门扇的上下边多采用金属门夹。金属门夹通常使用镜面或亚光不锈钢、钛金板、铜或铝合金等材料制作。

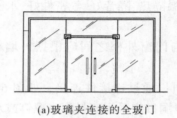
(a)玻璃夹连接的全玻门

(b)带横框的全玻门

图 6-43　全玻门构造

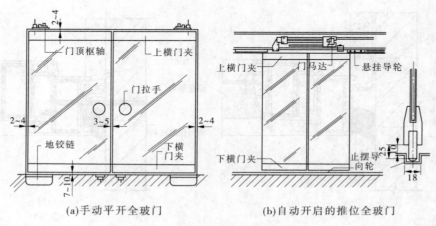

(a)手动平开全玻门　　　　(b)自动开启的推位全玻门

图 6-44　全玻门

八、建筑室外装饰构造

(一)外墙装饰构造

外墙饰面的作用主要为保护墙体、装饰建筑外立面、改善墙体的物理性能。外墙饰面根据材料和构造做法不同可分为抹灰类、贴面类、罩面板类、涂饰类、清水墙面等。

1.抹灰类外墙饰面

抹灰类外墙饰面的基本构造同室内抹灰,但室外抹灰厚度一般为 20～25 mm。常见的抹灰类外墙饰面有水刷石饰面、干粘石饰面等。

水刷石饰面构造做法:15 mm 厚水泥砂浆打底刮毛;刮一层 1～2 mm 厚的薄水泥浆;抹水泥石渣浆;半凝固后,用喷枪、水壶喷水或硬毛刷蘸水,刷去表面的水泥浆,使石子半露。施工时要将墙面用引条线分格,也可按不同颜色分格分块施工。

干粘石饰面构造做法:12 mm 厚水泥砂浆打底,扫毛或划出纹道;中层用 6 mm 厚水泥砂浆;面层为黏结砂浆,面层抹平后,立即开始用拍子和托盘甩石粒,待砂浆表面均匀粘满石渣后,用拍子压平、拍实。

室外抹灰由于墙面面积较大、手工操作不均匀、材料调配不准确、气候条件等影响,易产生材料干缩开裂、色彩不匀、表面不平整等缺陷。为此,对大面积的抹灰,用分格条(引条线)进行分块施工,也有利于建筑立面的划分以获得良好的尺度感,如图 6-45 所示。

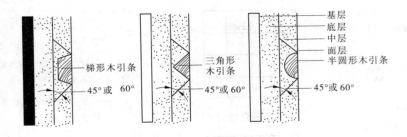

图 6-45　分格条构造

2.贴面类外墙饰面

贴面类外墙饰面适用于外墙的贴面类饰面有陶瓷外墙面砖、陶瓷锦砖、天然石材等。

外墙面砖饰面构造做法为:用 12 mm 厚 1:3 水泥砂浆打底;6 mm 厚 1:0.2:2.5 水泥石灰砂浆找平,10 mm 厚水泥砂浆掺 801 胶或水泥石灰混合砂浆黏结;铺贴面砖;用 1:1 水泥细砂浆勾缝。

陶瓷锦砖、天然石材的外墙饰面构造基本与内墙饰面做法相同。

3.罩面板类外墙饰面

罩面板类饰面中,金属薄板饰面、铝塑板饰面等既适用于外墙也可用于内墙。

金属薄板饰面是采用铝、铜、铝合金、不锈钢等轻金属,加工制成薄板,表面做烤漆、喷漆、镀锌、搪瓷、电化覆盖塑料等处理,做成墙面装饰。特点是坚固耐久、美观新颖、装饰效果较好。薄板表面可做成平形、波形、卷边或凹凸条纹。

构造做法为:在墙体中打入膨胀螺栓(或混凝土构件中预埋铁件);固定型钢连接板;固定金属骨架(型钢、铝管等);固定金属薄板;进行缝隙处理,可采用密封胶填缝或压条盖缝。

金属薄板的构造形式有:

(1)直接固定——将金属薄板用螺栓或铆钉固定在型钢骨架上。

(2)卡压固定——将金属薄板冲压成各种形状,卡压在特制的龙骨上。

前者耐久性好,适用于外墙,后者施工方便,适宜室内墙面,两者也可混合使用。

铝塑板饰面构造有无龙骨罩面、木龙骨罩面、轻钢龙骨罩面多种方法。

无龙骨罩面法的构造做法为先进行基层处理,做找平层;粘贴石膏板衬板,做板缝处理;在石膏板上满刮腻子,刷封闭底漆;粘贴铝塑板。

木龙骨罩面法的构造做法为先进行基层处理,做找平层;刷防潮底漆一道;然后固定木龙骨,木龙骨要进行防腐防火处理;在木龙骨上钉胶合板衬板;然后粘贴(或压条固定)铝塑板。

轻钢龙骨罩面法的构造做法为先进行基层处理,做找平层;安装轻钢龙骨;用自攻螺钉将石膏板固定在轻钢龙骨上;做石膏板板缝处理,满刮腻子,刷封闭底漆;粘贴铝塑板。

(二)室外地面装饰构造

适合室外的装饰地面有陶瓷地砖、水泥花砖、大阶砖、花岗石板等。

陶瓷地砖、水泥花砖、花岗石板地面的铺贴构造如图 6-46 所示。

大阶砖地面的铺贴构造如图 6-47 所示。

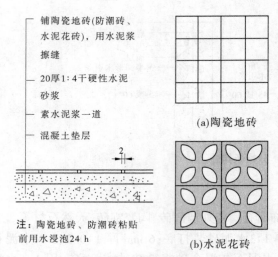

铺陶瓷地砖(防潮砖、
水泥花砖),用水泥浆
擦缝

20厚1:4干硬性水泥
砂浆

素水泥浆一道

混凝土垫层

注:陶瓷地砖、防潮砖粘贴
前用水浸泡24 h

(a)陶瓷地砖

(b)水泥花砖

图 6-46　陶瓷地砖地面构造

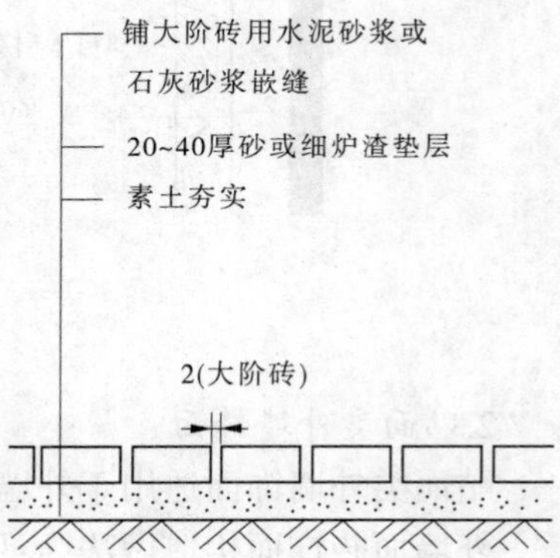

铺大阶砖用水泥砂浆或
石灰砂浆嵌缝

20~40厚砂或细炉渣垫层

素土夯实

2(大阶砖)

图 6-47　大阶砖地面构造

第二节　建筑结构的基本知识

一、民用建筑结构基本形式概述

(一) 建筑结构的概念

在建筑物中由若干个构件连接而成的能承受荷载作用、传递作用效应并起骨架作用的平面或空间体系称为建筑结构,简称结构。建筑结构是建筑物的骨架,是建筑物赖以存在的物质基础,它的质量好坏对生产和使用影响重大。

建筑结构的作用主要有:

(1)形成建筑物的外部形态。

(2)形成建筑物的内部空间。

(3)保证建筑物在正常使用条件下,在各种力的作用下,不致产生破坏。

(二) 建筑结构的分类

从不同的角度来看建筑结构会得出不同的分类结果,通常从所用材料与结构受力及构造特点两个方面来研究建筑结构的分类问题。

1.建筑结构按所用的材料不同分类

1)砌体结构

砌体结构是指由块材(如普通黏土砖、灰砂砖、石材等)通过砂浆铺缝砌筑而成的结构。砌体结构所用的砖石材料具有就地取材、成本低廉、耐火性能好、耐久性好以及砌筑方便等优点,所以应用比较普遍。但是砌体结构的施工砌筑速度慢、现场作业量大、自重大、强度低、抗震性能差等缺点,不能适应建筑工业化发展的要求。

砌体结构大量用于居住建筑和多层民用房屋(如办公楼、教学楼、旅馆等)建筑中。

2)木结构

木结构是指以木材为主制作的结构形式。木结构具有制作简单、便于施工、自重轻、就

· 118 ·

地取材等优点,在房屋建筑中曾经得到过相当广泛的应用。但是由于木材有易燃、易蛀、易腐蚀和结构变形大等缺点,加上受到自然条件的限制,目前仅在山区、林区和农村有一定的应用。

3) 钢结构

钢结构是指以钢材(钢板、型钢)为主,钢构件之间通过各种连接制作而成的结构。钢结构具有强度高、质量轻、材质均匀、制作简单(钢材具有可焊性)及可拆卸、运输方便等优点。钢结构的主要缺点是钢材易锈蚀、维修费用高、耐火性差等。

钢结构多用于工业与民用建筑中的屋盖、工业厂房、高层建筑及高耸结构等。

4) 混凝土结构

混凝土结构包括素混凝土结构、钢筋混凝土结构和预应力混凝土结构。

钢筋混凝土结构是由混凝土和钢筋两种材料组成的结构形式。钢筋混凝土结构是目前应用最为广泛的结构形式,在住宅、旅馆、办公楼、会堂、剧院、展览馆等民用建筑,单层、多层工业厂房及烟囱、水塔等特种结构都得到了广泛的应用。钢筋混凝土之所以应用广泛,是因为它具有以下优点:

(1)强度高。钢筋混凝土结构具有良好的抗压和抗拉能力。

(2)耐久性好。钢筋包裹在混凝土内,混凝土保护钢筋不锈蚀,使得钢筋混凝土结构具有良好的耐久性能。

(3)可塑性、可模性好。混凝土材料可根据工程的需要制成各种形状的结构和结构构件。

(4)耐火性好。混凝土材料具有良好的耐火性能。钢筋在混凝土保护层保护下,在发生火灾后的一定时间内,不致很快达到软化温度而导致结构破坏,提高了耐火极限。

(5)易于就地取材。钢筋混凝土结构所需的大量砂石材料可就地取材,降低造价。

(6)抗震性能好。采用现浇方式施工的现浇钢筋混凝土结构,整体性好,适用于有抗震设防要求的地区。

钢筋混凝土除具有上述优点外,也存在着一些缺点,主要有自重大、抗裂性能差、承载力有限、工序多(支模、绑钢筋、浇筑、养护、拆模等)、工期长、施工复杂、现浇施工时耗费模板多等。

2. 建筑结构按照结构的受力及构造特点分类

1) 混合结构

混合结构是指由砌体结构构件和其他材料的构件所组成的结构。例如,竖向承重构件采用砌体构件(砖墙、砖柱),而水平承重构件采用钢筋混凝土构件(钢筋混凝土梁、板)所建造的结构就属于混合结构。

由于混合结构有就地取材、施工方便、成本低廉等优点,在我国城市和农村的建筑中应用较为广泛,多用于六层及六层以下的住宅、旅馆、办公楼、教学楼以及单层工业厂房等。

2) 框架结构

框架结构是由纵梁、横梁和立柱组成的结构形式。在框架结构中,墙体是作为填充材料(板材或砌体)设置在立柱之间,因而墙体不是承重结构。框架结构具有建筑平面布置灵活、可任意分割房间、构造简单、施工方便、容易满足建筑功能的要求等优点。因此,框架结构在单层和多层工业与民用建筑中得到了广泛应用。框架结构多用于高度不是很大(如10

层左右)的房屋。

3)剪力墙结构

剪力墙结构是由纵、横向的钢筋混凝土墙所组成的结构形式。这种墙体除抵抗水平荷载和竖向荷载作用外,还对房屋起着围护和分割作用。这种结构适用于高层住宅、旅馆等建筑。

剪力墙结构由于用整个墙体作为承重结构,因此其抗侧移刚度很大,可以用来建筑高度更大的房屋。但是,由于布置门、窗需要在墙体上开洞口,影响其强度,因此剪力墙结构的缺点是空间划分不够灵活。

4)框架-剪力墙结构

钢筋混凝土框架-剪力墙结构是在框架结构纵、横方向的适当位置,在柱与柱之间设置几道厚度不小于 140 mm 的钢筋混凝土墙体而构成的结构。这种结构中剪力墙在平面内的侧向刚度比框架侧向刚度大得多,水平剪力主要由墙来承担,而框架主要承受竖向荷载,充分发挥了剪力墙和框架各自的优点,因此在高层建筑中采用框架-剪力墙结构比采用框架结构更经济合理。

5)筒体结构

筒体结构是用钢筋混凝土墙围成侧向刚度很大的筒体,其受力特点与一个固定于基础上的筒形悬臂构件相似。筒体也可以由密柱和深梁组成,即将柱子密集排列,并在柱间布置深梁(高度较大的梁)使之形成一个筒体。除采用一个筒体作承重结构外,也可以用多个筒体组成筒中筒结构、束筒结构,还可以将框架和筒体联合起来组成所谓框-筒结构。筒体结构在各个方向的侧移刚度都很大,是目前高层建筑中采用较多的结构形式。筒体结构多用于高层或超高层(高度 $H \geqslant 100$ m)公共建筑中如饭店、银行、通信大楼等。

二、建筑结构的基本知识

(一)荷载的分类

引起结构或结构构件产生内力(应力)、变形(位移、应变)和裂缝等的各种原因统称为结构上的作用。

结构上的作用一般分为两类:直接作用和间接作用。直接作用是指直接以力的不同集结形式(集中力或分布力)施加在结构上的作用,通常也称为结构上的荷载;间接作用是指引起结构外加变形、约束变形的各种原因。

结构上的荷载按随时间的变异分为三类:①永久荷载:又称为恒荷载;②可变荷载:又称为活荷载;③偶然荷载。

(二)荷载代表值

荷载的代表值一般有标准值、组合值、频遇值和准永久值等四种,其中标准值是荷载的基本代表值,而其它几种代表值均以标准值乘以相应的系数后得到。对永久荷载应采用标准值作为代表值;对可变荷载应根据设计要求采用标准值、组合值、频遇值或准永久值作为代表值。

(三)荷载效应

荷载效应是结构由于各种荷载作用引起的内力(如轴力、剪力、弯矩、扭矩等)和变形(如挠度、转角、侧移、裂缝等)的总称,用符号 S 表示。荷载效应与荷载的关系可以用荷载值与荷载效应系数来表示,即按照力学的分析方法计算得到。

(四)结构抗力和材料强度

1.结构抗力

结构抗力是指结构或构件承受和抵抗荷载效应的能力,如构件的承载力、刚度、抗裂度等,用符号 R 表示。

结构抗力是一个与组成结构构件的材料性能、构件几何尺寸以及计算模式等因素有关的随机变量。

2.材料强度

(1)材料强度的标准值。材料强度标准值用符号 f_k 表示,它是结构设计时采用的材料性能的基本代表值,也是生产过程中控制材料质量的主要依据。

(2)材料强度的设计值。材料的强度设计值是用于承载力计算时的材料强度的代表值,它是材料的强度标准值除以材料强度分项系数。

(五)建筑结构的功能要求与可靠度

建筑结构设计的目的是:在正常设计、正常施工和正常使用的条件下,满足各项预定的功能要求,并具有足够的可靠性。

设计任何建筑物和构筑物时,必须使建筑结构满足下列各项功能要求:

(1)安全性。即要求结构能承受在正常施工和正常使用时可能出现的各种作用,以及在偶然事件发生时和发生后,仍能保持必需的整体稳定性,不致发生倒塌。

(2)适用性。即要求结构在正常使用时能保证其具有良好的工作性能。

(3)耐久性。即要求结构在正常使用及维护下具有足够的耐久性能。

以上建筑结构的三个方面的功能要求又总称为结构的可靠性。结构的可靠性用可靠度来定量描述。结构的可靠度是指结构在设计使用年限内,在正常设计、正常施工、正常使用和维护的条件下完成预定功能的概率。

(六)建筑结构的极限状态

若整个结构或结构的一部分超过某一特定状态,就不能满足设计规定的某一功能要求,我们称此特定状态为该功能的极限状态。

根据功能要求通常把结构功能的极限状态分为两大类:承载能力极限状态和正常使用极限状态。

1.承载能力极限状态

结构或构件达到最大承载能力或不适于继续承载的变形时的状态称为承载能力极限状态。超过这一极限状态,结构或结构构件便不能满足安全性的功能要求。当结构或构件出现下列状态之一时,即认为超过了承载能力极限状态:

(1)整个结构或结构的一部分作为刚体失去平衡(如雨篷的倾覆等)。

(2)结构构件或连接因材料强度不够而破坏。

(3)结构转变为机动体系。

(4)结构或结构构件丧失稳定(如柱子被压曲等)。

承载能力极限状态主要控制结构的安全性功能,结构一旦超过这种极限状态,会造成人身伤亡及重大经济损失。因此,所有的结构和构件都应该按承载能力极限状态进行设计计算。

2.正常使用极限状态

结构或构件达到正常使用或耐久性能的某项规定限值时的状态称为正常使用极限状态。当结构或结构构件出现下列状态之一时,即认为结构或结构构件超过了正常使用极限状态:

(1)影响正常使用或外观的变形。

(2)影响正常使用或耐久性能的局部损坏。

(3)影响正常使用的振动。

(4)影响正常使用的其它特定状态等。

正常使用极限状态主要考虑结构或构件的适用性和耐久性功能。当结构或结构构件超过正常使用极限状态时,一般不会造成人身伤亡及重大经济损失,因此,设计中出现这种情况的概率控制可略宽一些。

在进行建筑结构设计时,通常是将承载能力极限状态放在首位,通过计算使结构或结构构件满足安全性功能,而对正常使用极限状态,往往是通过构造或构造加部分验算来满足。

三、钢筋混凝土受弯、受压、受扭构件的基本知识

(一)钢筋和混凝土的力学性能

1.混凝土

1)混凝土强度

立方体抗压强度采用按标准方法制作养护的边长为 150 mm 的混凝土立方体试件,在温度(20±3) ℃和相对湿度 90%以上的潮湿空气中养护 28 d,依照标准试验方法测得的具有 95%保证率的抗压强度(以 N/mm² 计)作为混凝土的立方体抗压强度标准值,用 $f_{cu,k}$ 表示,并以此作为混凝土强度等级,用符号 C 表示。

混凝土的轴心抗压强度用 150 mm×150 mm×300 mm 的棱柱体标准试件测得的抗压强度 f_c 称为轴心抗压强度。此强度值可以作为计算混凝土构件受压时的设计依据。

混凝土的轴心抗拉强度用尺寸为 100 mm×100 mm×500 mm,两端埋有钢筋的棱柱体试件测得的构件抗拉极限强度 f_t 为轴心抗拉强度。

混凝土的抗拉强度远小于其抗压强度,所以一般不采用混凝土承受拉力。在结构计算中抗拉强度是确定混凝土抗裂度的重要指标。

2)混凝土的变形

混凝土一次短期荷载下的变形性能,当应力较小时表现出理想的弹性性质,当应力增大时表现出弹塑性性质。

当结构或材料承受的荷载或应力不变时,应变或变形随时间增长的现象称为混凝土的徐变。混凝土的徐变对钢筋混凝土构件产生较大的预应力损失。减小混凝土徐变的措施有:控制水泥用量;减小水灰比;加强混凝土的早期养护及使用环境湿度;提高混凝土强度等级;减小构件截面的应力;避免混凝土过早受荷等。

混凝土在空气中结硬时体积减小的现象称为收缩。混凝土在水中结硬时体积会膨胀。减小混凝土收缩的措施有:控制水泥的用量;减小水灰比;良好的颗粒级配;养护条件;在构件上预留伸缩缝;设置施工后浇带;加强混凝土的早期养护。

3）混凝土的耐久性

混凝土的耐久性是指在外部和内部不利因素的长期作用下，必须保持适合于使用，而不需要进行维修加固，即保持其原有设计性能和使用功能的性质。通常用混凝土的抗渗性、抗冻性、抗碳化性能、抗腐蚀性能和碱骨料反应综合评价混凝土的耐久性。

混凝土结构耐久性，应根据规定的设计使用年限和环境类别进行设计。环境类别分为一类，即室内正常环境；二a类、二b类；三a类、三b类；四类；五类。随着级别的增加结构所处的环境越恶劣。

2.钢筋

1）钢筋的种类

钢筋可分为普通钢筋和预应力钢筋。混凝土结构中用到的普通钢筋有热轧钢筋（热轧钢筋又分为热轧光圆钢筋和热轧带肋钢筋两类）、余热处理钢筋、细晶粒热轧带肋钢筋等；用到的预应力钢筋有中强度预应力钢丝、消除应力钢丝、预应力螺纹钢筋和钢绞线。

2）钢筋的强度

钢筋的抗拉强度是通过试验测得的。为保证结构设计的可靠性，对同一强度等级的钢筋，取具有一定保证率的强度值作为该等级的钢筋强度标准值。钢筋强度设计值为强度标准值除以材料的分项系数 γ_s。

3.钢筋与混凝土共同工作的原理

（1）钢筋与混凝土之所以能够共同工作，主要是钢筋与混凝土之间产生了黏结作用。

（2）钢筋与混凝土的温度线膨胀系数几乎相同，保证变形协调。

（3）钢筋被混凝土包裹着，从而使钢筋不会因大气的侵蚀而生锈变质，提高耐久性。

4.混凝土保护层

混凝土结构中钢筋并不外露而被包裹在混凝土里面。由最外层钢筋的外边缘到混凝土表面的最小距离称为混凝土保护层厚度。保护层厚度要满足表6-3的要求。

表6-3　混凝土保护层的最小厚度 c　　　　　　　　　　（单位：mm）

环境等级	板、墙、壳	梁、柱
一	15	20
二 a	20	25
二 b	25	35
三 a	30	40
三 b	40	50

注：1.混凝土强度等级不大于 C25 时，表中保护层厚度数值应增加 5 mm。

2.钢筋混凝土基础宜设置混凝土垫层，其受力钢筋的混凝土保护层厚度应从垫层顶面算起，且不应小于 40 mm。

（二）受弯构件的基本知识

1.板的构造要求

1）板的厚度

板的厚度应满足强度和刚度的要求，同时考虑经济和施工的方便，通常以 10 mm 的模数递增。常见板厚为 60 mm、70 mm、80 mm、90 mm、100 mm、110 mm、120 mm 等。

2）板的配筋

（1）纵向受力钢筋。

板中受力钢筋是指承受弯矩作用下产生拉力的钢筋,沿板跨度方向放置。板中受力钢筋可采用 HPB300、HRB335、HRB400 等级别的钢筋。

板中受力钢筋直径通常采用 8~14 mm。当采用绑扎时,受力钢筋间距不应小于70 mm;当板厚 $h \leqslant 150$ mm 时,受力钢筋间距不宜大于 200 mm,当板厚 $h > 150$ mm 时,受力钢筋间距不宜大于 $1.5 h$,且不宜大于 250 mm。

(2)板的分布钢筋。

分布钢筋的作用是更好地分散板面荷载到受力钢筋上,固定受力钢筋的位置,防止由于混凝土收缩及温度变化在垂直板跨方向产生的拉应力。分布钢筋应放置在板受力钢筋的内侧。分布钢筋通常采用 HPB300 级钢筋。

板单位宽度上的配筋不宜小于单位宽度上的受力钢筋的 15%,且配筋率不宜小于 0.15%;分布钢筋的间距不宜大于 250 mm,直径不宜小于 6 mm。

(3)板的混凝土保护层厚度。

最外层钢筋边缘至板混凝土表面的最小距离,其值应满足最小保护层厚度的规定,且不应小于受力钢筋的直径 d。

2.梁的构造要求

1)截面尺寸

梁的截面形式常见的有矩形、T 形等。梁截面高度 h 与梁的跨度及所受荷载大小有关。一般按高跨比 h/l 估算,梁截面宽度常用截面高宽比 h/b 确定。

2)梁的配筋

梁中的钢筋有纵向受力钢筋、箍筋、梁侧构造筋、架立筋和弯起钢筋等。

梁内纵向受力普通钢筋应选用 HRB400 级、HRB500 级、HRBF400 级、HRBF500 级钢筋;箍筋宜采用 HRB400 级、HRBF400 级、HPB300 级、HRB500 级、HRBF500 级钢筋,也可采用 HRB335 级、HRBF335 级钢筋。

(1)纵向受力钢筋。

纵向受力钢筋主要承受弯矩 M 产生的拉力。常用直径为 10~32 mm。为保证钢筋与混凝土之间具有足够的黏结力和便于浇筑混凝土,梁的上部纵向钢筋的净距不应小于30 mm 和 $1.5d$,下部纵向钢筋的净距不应小于 25 mm 和 d,梁的下部纵向钢筋配置多于两层时,两层以上钢筋水平方向的中距应比下面两层的中距增大 1 倍。各层钢筋之间的净距应不小于 25 mm 和 d(d 为纵向钢筋的最大直径)。

(2)箍筋。

箍筋主要用来承担剪力,在构造上能固定受力钢筋的位置和间距,并与其他钢筋形成钢筋骨架。梁中的箍筋应按计算确定,除此之外,还应满足以下构造要求:

若按计算不需要配箍筋,当截面高度 $h > 300$ mm 时,应沿梁全长设置箍筋;当 $h = 150 \sim 300$ mm 时,可仅在构件端部各 1/4 跨度范围内设置箍筋;但当在构件中部 1/2 跨度范围内有集中荷载作用时,则应沿梁全长设置箍筋;当 $h < 150$ mm 时,可不设箍筋。

当梁的高度小于 800 mm 时,箍筋直径 $d \geqslant 6$ mm;当梁的高大于 800 mm 时,箍筋直径 $d \geqslant 8$ mm,梁中若有纵向受压钢筋,箍筋直径不应小于 $d/4$(d 为受压钢筋中最大直径)。

梁的箍筋从支座边缘 50 mm 处开始设置。

梁内的箍筋通常为封闭箍筋,箍筋形式有单肢、双肢和四肢等。箍筋末端采用 135°弯钩,弯钩端头直线段长度非抗震时为 5d;抗震时为 10d 和 75 mm 之间的大值（d 为箍筋直径）。

（3）弯起钢筋。

弯起钢筋由纵向钢筋在支座附近弯起形成。弯起钢筋的弯起角度:当梁高 h≤800 mm 时,采用 45°;当梁高 h>800 mm 时,采用 60°。

（4）架立钢筋。

当梁的上部不需要设置受压钢筋时,可在梁的上部平行于纵向受力钢筋的方向设置架立钢筋。架立钢筋的直径:当梁的跨度小于 4 m 时,不宜小于 8 mm;跨度为 4~6m 时,不宜小于 10 mm;跨度大于 6 m 时,不宜小于 12 mm。

（5）梁侧纵向构造钢筋。

当梁的腹板高度 h_w≥450 mm 时,在梁的两个侧面沿高度配置纵向构造钢筋。每侧纵向构造钢筋间不宜大于 200 mm,截面面积不应小于腹板截面面积的 0.1%,并用拉筋联系。

当梁宽≤350 mm 时,拉筋直径为 6 mm;梁宽>350 mm 时,拉筋直径为 8 mm。拉筋间距为非加密区箍筋间距的 2 倍;当设有多排拉筋时,上下两排拉筋竖向错开设置。

（6）附加横向钢筋。

附加横向钢筋设置在梁中有集中力（次梁）作用的位置两侧,数量由计算确定。附加横向钢筋包括附加箍筋和吊筋,宜优先选用附加箍筋,也可采用吊筋加箍筋。

3.受弯构件的破坏形式

1）受弯构件正截面破坏形式

（1）影响梁正截面破坏的因素

影响梁正截面破坏的因素有配筋率、混凝土强度等价、截面形式,其中影响最大的是配筋率。配筋率指纵向钢筋的截面面积 A_s 与构件截面的有效面积 bh_0 的比值,即:

$$\rho = \frac{A_s}{bh_0} \tag{6-1}$$

其中:h_0 为梁的有效高度,$h_0 = h - a_s$,A_s 为受拉钢筋的重心至混凝土受拉区边缘的距离 $A_s = c + d_v + d/2$,d 为纵向受拉钢筋的直径,d_v 为箍筋的直径、c 为混凝土保护层厚度。

（2）破坏形式

根据配筋率的不同,钢筋混凝土梁的破坏形态可分为适筋梁、超筋梁和少筋梁三种。

①适筋破坏。

破坏过程:受拉钢筋首先达到屈服强度,然后受压区混凝土被压碎,梁破坏。

破坏特征:破坏前梁出现了较宽的裂缝,较大的变形,破坏前有明显预兆,为延性破坏。

意义:钢筋和混凝土均能充分利用,既安全又经济,受弯构件的正截面承载力计算的基本公式就是根据适筋梁破坏时的平衡条件建立的。

②超筋破坏。

破坏过程:由于纵向受力钢筋的配筋率 ρ 过大,受压混凝土边缘首先达到弯曲受压极限变形,而由于受拉钢筋没有达到屈服强度,混凝土被压碎,梁破坏。

破坏特征:梁突然破坏,缺乏足够预兆,为脆性破坏,该梁不能充分利用钢筋的强度,既不安全又不经济,工程中不允许出现。

③少筋破坏。

破坏过程:由于纵向受力钢筋的配筋率 ρ 过小,这种梁一旦开裂,受拉钢筋立即达到屈服强度进入强化阶段最终被拉断,梁破坏,而受压混凝土尚未被压碎。

破坏特征:受拉区一开裂即破坏,虽然此梁裂缝宽且变形大,但破坏突然,缺乏足够预兆,为脆性破坏,该梁不能充分利用混凝土的强度,工程中不允许出现。

2)受弯构件斜截面破坏

(1)影响因素

影响梁的斜截面破坏形态有很多因素:截面尺寸、混凝土强度等级、荷载形式、箍筋的含量。

箍筋配箍率是指箍筋截面面积与截面宽度和箍筋间距乘积的比值,计算公式为:

$$\rho_s v = \frac{A_{sv}}{bs} = \frac{nA_{sv1}}{bs} \tag{6-2}$$

式中　A_{sv}——配置在配置在同一截面内箍筋各肢的全部截面面积(mm^2):$A_{sv} = nA_{sv1}$;

　　　n——同一截面内箍筋肢数;

　　　A_{sv1}——单肢箍筋的截面面积(mm^2);

　　　b——矩形截面的宽度,T形、I字形截面的腹板宽度(mm);

　　　s——箍筋间距(mm)。

(2)破坏特征

斜截面破坏的主要特征有三种,即:有剪压破坏、斜压破坏和斜拉破坏。

①斜拉破坏:箍筋配置过多,梁腹部一旦出现斜裂缝,一裂就破坏,工程应避免。

②剪压破坏:配筋率适中,破坏处可见到很多平行的斜向短裂缝和混凝土碎渣。

③斜压破坏:箍筋配置太少,破坏时斜裂缝多而密,但没有主裂缝,工程应避免。

4.T 形截面梁

矩形截面梁具有构造简单和施工方便等优点,但由于梁受拉区混凝土开裂退出工作,实际上受拉区混凝土的作用未能得到充分发挥。如挖去部分受拉区混凝土,并将钢筋集中放置,就形成了由梁肋和位于受压区的翼缘所组成的 T 形截面。

梁的截面由矩形变成 T 形,并不会影响其受弯承载力的降低,却能达到节省混凝土、减轻结构自重、降低造价的目的。T 形截面梁在工程中的应用非常广泛,如 T 形截面吊车梁、箱型界面桥梁、大型屋面板、空心板。

(三)受压构件的基本知识

1.受压构件的分类

当构件上作用有纵向压力(内力 N)为主的内力时,称为受压构件。按照纵向压力在截面上作用位置的不同,受压构件分为轴心受压构件和偏心受压构件。

2.受压构件的受力特点

1)轴心受压柱

轴心受压短柱:当荷载增至极限荷载时,柱子四周出现明显的纵向裂缝,纵向受力钢筋屈服,混凝土达到 f_c,被压碎,构件破坏。

轴线受压长柱:由于侧向弯曲不能忽略,长柱将在压力和弯矩的共同作用下,在压应力较大的一侧首先出现纵向裂缝,混凝土被压碎,纵向钢筋压弯向外凸出,由于混凝土柱失去平衡,压应力较小一侧的混凝土受力状态将迅速发生变化,由受压变为受拉,构件破坏。

长柱承载力低于短柱承载力。

2)偏心受压柱

偏心受压构件的破坏形态与轴向压力偏心距的大小和构件的配筋情况有关,分为大偏心受压破坏和小偏心受压破坏两种。

大偏心受压破坏:偏心距较大,且受拉钢筋 A_s 配置不太多,破坏时有明显预兆,属于延性破坏。

小偏心受压破坏:偏心距较小,或偏心距虽然较大但配置的受拉钢筋过多,破坏时无明显预兆,属脆性破坏。

3. 受压构件的构造要求

1)材料

一般柱中采用 C30~C40 等级的混凝土。对于高层建筑的底层柱,必要时可采用更高强度等级的混凝土,例如采用 C50 乃至 C60。

受压构件中的纵向受力钢筋一般采用 HRB400 级、HRB500 级、HRBF400 级、HRBF500 级钢筋,钢筋级别不宜过高。

2)截面形式及尺寸要求

一般轴心受压柱以方形截面为主,偏心受压柱以矩形截面为主。截面尺寸不宜小于 250 mm×250 mm,一般应控制在 $10/h \leqslant 25$(其中 10 为柱的计算长度,h 和 b 分别为截面的高度和宽度)。为了施工支模方便,柱截面尺寸宜取整数,在 800 mm 以下时以 50 m 为模数,在 800 mm 以上时以 100 mm 为模数。

3)纵向受力钢筋

纵向受力钢筋的直径不宜小于 12 mm,且选配钢筋时宜根数少而粗,通常在 16~32 mm 选用,方形和矩形截面柱中纵向受力钢筋不少于 4 根,圆柱中不宜少于 8 根,最少不应少于 6 根,且应沿周边均匀对称布置。

纵向受力钢筋的净距不应小于 50 mm,偏心受压柱中垂直于弯矩作用平面的侧面上的纵向受力钢筋及轴心受压柱中各边的纵向受力钢筋的中距不宜大于 300 mm。

当偏心受压柱的截面高度 $h \geqslant 600$ mm 时,在柱的侧面上应设置直径为 10~16 mm 的纵向构造钢筋,并相应设置复合箍筋或拉筋。

受压构件纵向钢筋的配筋率 $\rho = A_s'/(b \times h)$。全部纵向钢筋的配筋率不宜超过 5%。受压钢筋的配筋率一般不超过 3%,通常为 0.6%~2%。

4)箍筋

箍筋直径不应小于 $d/4$,且不应小于 6 mm(d 为纵向钢筋的最大直径)。箍筋间距不应大于 400 mm 及构件截面的短边尺寸,且不应大于 $15d$(d 为纵向钢筋的最小直径)。

当柱中全部纵向受力钢筋的配筋率超过 3% 时,箍筋直径不应小于 8 mm,间距不应大于 $10d$,且不应大于 200 mm,且应焊成封闭环式;箍筋末端应做成 135°弯钩且弯钩末端平直段长度不应小于 $10d$(d 为纵向受力钢筋的最大直径)。

当柱截面短边尺寸大于 400 mm,且各边纵向钢筋多于 3 根时,或当柱截面短边不大于 400 mm,但各边纵向钢筋多于 4 根时,应设置复合箍筋,其布置要求是使纵向钢筋至少每隔一根位于箍筋转角处。

对截面形状复杂的柱,不得采用具有内折角的箍筋,以避免箍筋受拉时使折角处混凝土破损。

(四)受扭构件的基本知识

1.受扭构件的受力特点

钢筋混凝土构件在纯扭作用下的破坏状态与受扭纵筋和受扭箍筋的配筋率的大小有关,大致可分为适筋破坏、部分超筋破坏、超筋破坏、少筋破坏四种类型。它们的破坏特点如下:

1)适筋破坏

纵筋和箍筋首先达到屈服强度,然后混凝土压碎而破坏,与受弯构件的适筋梁类似,属延性破坏。

2)部分超筋破坏

当纵筋和箍筋配筋比率相差较大,破坏时仅配筋率较小的纵筋或箍筋达到屈服强度,而另一种钢筋不屈服,此类构件破坏时,亦具有一定的延性,但比适筋受扭构件破坏时的截面延性小。

3)超筋破坏

当纵筋和箍筋配筋率都过高时,会发生纵筋和箍筋都没有达到屈服强度,而混凝土先行压坏的现象,类似于受弯构件的超筋,属于脆性破坏。

4)少筋破坏

当纵筋和箍筋配置均过少时,一旦裂缝出现,构件会立即发生破坏,破坏过程急速而突然,破坏扭矩基本上等于开裂扭矩。其破坏特性类似于受弯构件的少筋梁。

2.受扭构件的配筋构造要求

1)受扭纵向钢筋

矩形截面构件的截面四角必须布置抗扭纵筋,其余受扭纵向钢筋宜沿截面周边均匀对称布置;沿截面周边布置的受扭纵向钢筋间距 S,要求不应大于 200 mm 和梁截面短边长度;受扭纵向钢筋应按受拉钢筋锚固在支座内,也可利用架立筋和梁侧构造纵筋作为受扭纵筋。

2)受扭箍筋

为了保证箍筋在整个周长上都能充分发挥抗拉作用,要求受扭构件中的箍筋必须做成封闭式,且沿截面周边布置;受扭所需的箍筋的端部应做成 135° 的弯钩,弯钩末端的直线长度不应小于 10d(d 为箍筋直径)。箍筋的最小直径和最大间距还应符合受弯构件对箍筋的有关规定。

三、现浇钢筋混凝土楼盖的基本知识

(一)现浇钢筋混凝土楼盖的分类

按钢筋混凝土楼盖施工方法不同分类:现浇式、装配式和装配整体式。

按钢筋混凝土现浇楼盖受力特点和支承条件不同分类:单向板肋形楼盖、双向板肋形楼盖、井式楼盖、密肋楼盖和无梁楼盖。下面按第二种分类方式对楼盖做个简要介绍。

(1)单向板肋形楼盖。

单向板肋形楼盖一般由板、次梁和主梁组成。板的四边可支承在次梁、主梁或砖墙上。当板的长边 l_2 与短边 l_1 之比较大时,板上的荷载主要沿短边方向传递,而沿长边方向传递的荷载效应可忽略不计。这种主要沿短边方向弯曲的板称为单向板。其荷载传递路线为：板→次梁→主梁→柱或墙。单向板肋形楼盖广泛应用于多层厂房和公共建筑。

（2）双向板肋形楼盖。

当板的长边 l_2 与短边 l_1 之比不大时，板上的荷载沿长边、短边两个方向传递，且板在两个方向的弯曲均不能忽略。这种称为双向板。其荷载传递路线为：板→支承梁→柱或墙。双向板肋形楼盖多用于公共建筑和高层建筑。

混凝土板按下列原则进行计算：

两对边支承的板应按单向板计算；四边支承的板应按下列规定计算：当长边与短边之比不大于 2.0 时，应按双向板计算；当长边与短边长度之比大于 2.0，但小于 3.0 时，宜按双向板计算；当长边与短边长度之比不小于 3.0 时，宜按沿短边方向受力的单向板计算，并应沿长边方向布置构造钢筋。

（3）井式楼盖。

两个方向上梁的高度相等且一般为等间距布置，不分主次，共同承受板传递来的荷载。梁布置成井字形，梁格形状为方形、矩形或菱形，板为双向板。井式楼盖可少设或取消内柱，能跨越较大的空间，获得较美观的天花板，适用于方形或接近方形的中、小礼堂、餐厅以及公共建筑的门厅。

（4）密肋楼盖。

密肋楼盖由薄板和间距较小（0.5~1 m）的肋梁组成。板厚很小，梁高也较肋梁楼盖小，结构自重较轻。

（5）无梁楼盖。

无梁楼盖是在楼盖中不设梁，将板直接支承在柱上，是一种板柱结构。有时为了改善板的受力条件，在每层柱的上部设置柱帽。柱和柱帽的截面形状一般为矩形。无梁楼盖具有结构高度小、板底平整、采光、通风效果好等特点，适用于柱网尺寸不超过 6 m 的图书馆、冷冻库等建筑以及矩形水池的池顶和池底等结构。

（二）现浇钢筋混凝土楼盖的构造要求

1.单向板肋形楼盖

1）板的配筋构造要求

单向板的构造要求同前述受弯构件中板的构造要求。

连续板受力钢筋有弯起式和分离式两种：

（1）弯起式配筋：将一部分跨中正弯矩钢筋在适当的位置弯起，并伸过支座后作负弯矩钢筋使用，其整体性较好，且可节约钢材，但施工较复杂，目前已很少应用。

（2）分离式配筋：跨中正弯矩钢筋宜全部伸入支座锚固，而在支座处另配负弯矩钢筋，其范围应能覆盖负弯矩区域并满足锚固要求，如图 6-48 所示。分离式配筋由于施工方便，已成为工程中主要采用的配筋方式。

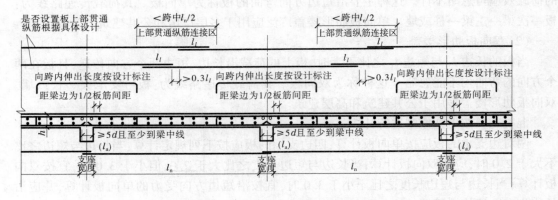

图 6-48　楼面板 LB 和屋面板 WB 钢筋构造
（括号内的锚固长度 l_a 用于梁板式转换层的板）

说明：1.当相邻等跨或不等跨的上部贯通纵筋配置不同时,应将配置较大者越过其标注的跨数终点或起点伸出至相邻跨的跨中连接区连接。

   2.除本图所示搭接连接外,板纵筋可采用机械连接或焊接连接。接头位置:上部钢筋见本图所示的连接区,下部钢筋宜在距支座 1/4 净跨内。

   3.图中板的中间支座均按梁绘制,当支座为混凝土剪力墙、砌体墙或圈梁时,其构造相同。

   4.纵筋在端支座应伸至支座(梁、圈梁或剪力墙)外侧纵筋内侧后弯折,当直段长度 $\geq l_a$ 时可不弯折。

2) 次梁的构造要求

当次梁承受均布荷载,跨度相差不超过 20%,并且均布恒荷载与活荷载设计值之比不大于 3 时,钢筋的弯起和截断也可按图 6-49 来布置。

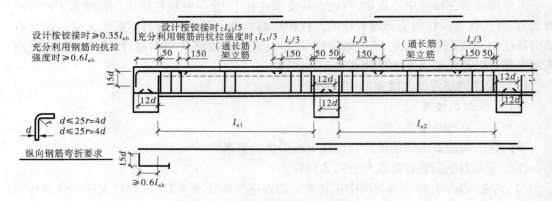

图 6-49　次梁配筋的构造要求

说明：1.跨度值 l_n 为左跨 l_{n1} 和右跨 l_{n2} 的较大值,其中 $i=1,2,3\cdots\cdots$

   2.当梁上部有通长钢筋时,连接位置宜位于跨中 $l_n/3$ 范围内;梁下部钢筋连接位置宜位于支座 $l_n/4$ 范围内;且在同一连接区段内钢筋接头面积百分率不宜大于 50%;

   3.当梁配有受扭纵向钢筋时,梁下部纵筋锚入支座的长度应为 l_a,在端支座直锚长度不足时可弯锚。当梁纵筋兼做温度应力筋时,梁下部钢筋锚入支座长度由设计确定;

   4.纵筋在端支座应伸至主梁外侧纵筋内侧后弯折,当直段长度不小于 l_a 时可不弯折。

3) 主梁的构造要求

由于支座处板、次梁和主梁的钢筋重叠交错,且主梁负筋位于次梁和板的负筋之下。主梁钢筋构造可按框架梁的钢筋构造处理。

在次梁与主梁相交处,应在主梁受次梁传来的集中力处设置附加的横向钢筋(吊筋或箍筋)。规范建议附加横向钢筋宜优先采用附加箍筋。

附加箍筋应布置在长度为 $s=2h_1+3b$ 的范围内。第一道附加箍筋离次梁边 50 mm,如图 6-50 所示。

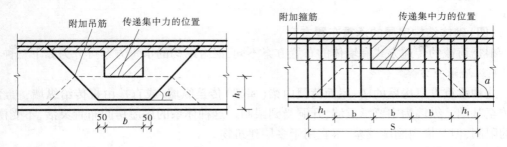

图 6-50　附加箍筋和吊筋的构造要求

2.双向板肋形楼盖

(1)双向板的受力特点

双向板在均布荷载作用下,板的四角处有向上翘起的趋势,但因受到墙或梁的约束,在板角处将会出现负弯矩。从理论上讲,双向板的受力钢筋应垂直于板的裂缝方向,即与板边倾斜,但这样做施工很不方便。试验表明,沿着平行于板边方向配置双向钢筋网,其承载力与前都相差不大,且施工方便。所以,双向板采用平行于板边方向的双向配筋。

(2)双向板的构造要求

1)板的厚度

双向板的厚度一般取 $h=80$ mm~160 mm。对于简支板,$h \geqslant l_0/40$;对于连续板,$h \geqslant l_0/45$,l_0 为板的较小计算跨度。

2)板的配筋

双向板的配筋与单向板相似,也有弯起式和分离式两种。为施工方便,目前在施工中多采用分离式配筋。

四、砌体结构的知识

(一)砌体结构的特点和适用性

砌体结构是由块材和砂浆砌筑而成的墙、柱作为建筑物主要受力构件的结构形式。砌体结构包括砖结构、石结构和其他材料的砌块结构。

优点:可以就地取材;具有良好的耐火性和较好的耐久性;砌体砌筑时不需要模板和特殊的施工设备;砖墙和砌块墙体能够隔音、隔热和保温。

缺点:砌体的强度较低,材料用量多,自重大;砌体的砌筑工作繁重,施工进度缓慢;砌体的抗拉强度、抗弯强度及抗剪强度都很低,抗震性能较差;黏土砖需用黏土制造,在某些地区过多占用农田,影响农业生产。

(二)砌体的种类

(1)砌体按照块体材料不同可分为砖砌体、石砌体和砌块砌体。

(2)按配置钢筋的砌体是否作为建筑物主要受力构件可分为无筋砌体和配筋砌体。

（3）按在结构中的作用分为承重砌体与非承重砌体等。

（三）砌体的力学性能

砌体结构的力学性能以受压为主。轴心受拉、弯曲、剪切等力学性能相对较差。

影响砌体抗压强度的因素：块材和砂浆的强度；块材的尺寸、形状；砂浆的性能；砌筑质量。

（四）砌体结构房屋的承重布置方案

根据荷载的传递方式和墙体的布置方案不同，混合结构的承重方案可分为如下三种。

1.纵墙承重方案

这种承重方案房屋的楼、屋面荷载由梁（屋架）传至纵墙，或直接由板传给纵墙，再经纵墙传至基础。纵墙为主要承重墙，开洞受到限制。这种体系的房屋房间布置灵活，不受横隔墙的限制，但其横向刚度较差，不宜用于多层建筑物。

2.横墙承重方案

这种承重方案房屋的楼、屋面荷载直接传给横墙，由横墙传给基础。横墙为主要承重墙，房屋的横向刚度较大，有利于抵抗水平荷载和地震作用。纵墙为非承重墙，可以开设较大的洞口。

3.纵横墙承重方案

这种承重方案房屋的楼、屋面荷载可以传给横墙，也可以传给纵墙，纵墙、横墙均为承重墙。这种承重方案房间布置灵活、应用广泛，其横向刚度介于上述两种承重方案之间。

（五）砌体结构的构造措施

1.砌体房屋的一般构造要求

1）材料的最低强度等级

砌体材料的强度等级与房屋的耐久性有关。五层及五层以上房屋的下部承重墙，以及受振动或层高大于 6 m 的墙、柱所用材料的最低强度等级，应符合下列要求：砖采用 MU15；砌块采用 MU10；石材采用 MU30；砂浆采用 M5 或 Mb5。

2）墙、柱的最小截面尺寸

承重的独立砖柱截面尺寸不应小于 240 mm×370 mm，毛石墙的厚度不宜小于 350 mm，毛料石柱较小边长不宜小于 400 mm。

3）房屋整体性的构造要求

预制钢筋混凝土板的支承长度，在墙上不应小于 100 mm；在钢筋混凝土圈梁上不应小于 80 mm。在抗震设防地区，板端应由伸出钢筋相互有效连接，并用混凝土浇筑成板带，其板支承长度不应小于 60 mm，板带宽不小于 80 mm，混凝土强度等级不应低于 C20。

当梁跨度大于或等于下列数值时：240 mm 厚的砖墙为 6 m，180 mm 厚的砖墙为 4.8 m，砌块、料石墙为 4.8 m，其支承处宜加设壁柱，或采取其他加强措施。

支承在墙、柱上的屋架及跨度大于或等于下列数值的预制梁：砖砌体为 9 m，砌块和料石砌体为 7.2 m，其端部应采用锚固件与墙、柱上的垫块锚固。

跨度大于 6 m 的屋架和跨度大于下列数值的梁：砖砌体为 4.8 m，砌块和料石砌体为 4.2 m，毛石砌体为 3.9 m，应在支承处砌体上设置混凝土或钢筋混凝土垫块；当墙中设有圈梁时，垫块与圈梁宜浇成整体。

墙体转角处和纵横墙交接处宜沿竖向每隔 400～500 mm 设拉结钢筋，其数量为每

120 mm墙厚不少于1φ6或焊接钢筋网片,埋入长度从墙的转角或交接处算起,对实心砖墙每边不小于500 mm,对多孔砖墙和砌块墙不小于700 mm。

填充墙、隔墙应分别采取措施与周边主体结构构件可靠连接,连接构造和嵌缝材料应能满足传力、变形、耐久和防护要求。山墙处的壁柱或构造柱应至山墙顶部,屋面构件应与山墙可靠拉结。

2.砌体房屋的抗震构造措施

1)构造柱的设置

各类多层砖砌体房屋应按下列要求设置现浇钢筋混凝土构造柱:构造柱设置部位,一般情况下应符合表6-4的要求。

表6-4　砖房构造柱设置要求

房屋层数				设置部位
6度	7度	8度	9度	
四、五	三、四	二、三		楼、电梯间四角,楼梯斜梯段上下端对应的墙体处;外墙四角和对应转角;错层部位横墙与外纵墙交接处;大房间内外墙交接处;较大洞口两侧	隔12 m或单元横墙及楼梯对侧内墙与外纵墙交接处
六	五	四	二		隔开间横墙(轴线)与外墙交接处;山墙与内纵墙交接处
七	≥六	≥五	≥三		内墙(轴线)与外墙交接处;内墙的局部较小墙垛处;内纵墙与横墙(轴线)交接处

构造柱最小截面可采用180 mm×240 mm(当墙厚190 mm时为180 mm×190 mm),纵向钢筋宜采用4φ12,箍筋间距不宜大于250 mm,且在柱上下端宜适当加密;6、7度时超过六层、8度时超过五层和9度时,构造柱纵向钢筋宜采用4φ14,箍筋间距不应大于200 mm;房屋四角的构造柱可适当加大截面及配筋。

构造柱与墙连接处应砌成马牙槎,沿墙高每隔500 mm设2φ6水平钢筋和φ4分布短筋平面内点焊组成的拉结网片或φ4点焊钢筋网片,每边伸入墙内不宜小于1 m。6、7度时底部1/3楼层,8度时底部1/2楼层,9度时全部楼层,上述拉结钢筋网片应沿墙体水平通长布置。

构造柱与圈梁连接处,构造柱的纵筋应在圈梁纵筋内侧穿过,保证构造柱纵筋上下贯通。构造柱可不单独设置基础,但应伸入室外地面下500 mm,或与埋深小于500 mm的基础圈梁相连。

2)圈梁的设置

在砌体结构房屋中,把在墙体内沿水平方向连续设置并成封闭状的钢筋混凝土梁称为圈梁。设置钢筋混凝土圈梁可以加强墙体的连接,提高楼(屋)盖刚度,抵抗地基不均匀沉降,限制墙体裂缝开展,增强房屋的整体性,从而提高房屋的抗震能力。

圈梁的设置部位:装配式钢筋混凝土楼、屋盖的砖房,应按表6-5的要求设置圈梁;现浇或装配整体式钢筋混凝土楼、屋盖与墙体有可靠连接的房屋,应允许不另设圈梁,但楼板沿抗震墙体周边应加强配筋并应与相应的构造柱钢筋可靠连接。

钢筋混凝土圈梁的宽度宜与墙厚相同,当墙厚 $h \geqslant 240$ mm 时,圈梁宽度不宜小于 $2h/3$,圈梁的截面高度不应小于 120 mm,配筋应符合表 6-6 的要求。但在软弱黏性土层、液化土、新近填土或严重不均匀土层上的基础圈梁,截面高度不应小于 180 mm,配筋不应少于4 Φ 12。

表 6-5　多层砖砌体房屋现浇钢筋混凝土圈梁设置要求

墙类	烈度		
	6、7 度	8 度	9 度
外墙和内纵墙	屋盖处及每层楼盖处	屋盖处及每层楼盖处	屋盖处及每层楼盖处
内横墙	同上; 屋盖处间距不应大于 4.5 m; 楼盖处间距不应大于 7.2 m; 构造柱对应部位	同上; 各层所有横墙,且间距不应大于 4.5 m; 构造柱对应部位	同上; 各层所有横墙

表 6-6　多层砖砌体房屋圈梁配筋要求

配筋	烈度		
	6、7 度	8 度	9 度
最小纵筋	4 Φ 10	4 Φ 12	4 Φ 14
箍筋最大间距(mm)	250	200	150

圈梁宜连续地设在同一水平位置上,并形成封闭状;当圈梁被门窗洞口截断时,应在洞口上部增设相同截面的附加圈梁。附加圈梁与圈梁的搭接长度不应小于两者间垂直距离的二倍,且不得小于 1 m。圈梁宜与预制板设在同一标高处或紧靠板底。在要求的间距内无横墙时,应利用梁或板缝中配筋替代圈梁。纵横墙交接处的圈梁应有可靠的连接。刚弹性和弹性方案房屋,圈梁应与屋架、大梁等构件可靠连接。钢筋混凝土圈梁的宽度宜与墙厚相同,当墙厚 $h \geqslant 240$ mm 时,其宽度不宜小于 $2h/3$。圈梁高度不宜小于 120 mm。纵向钢筋不应小于 4 Φ 10,绑扎接头的搭接长度按受拉钢筋考虑,箍筋间距不应大于 300 mm。圈梁兼做过梁时,过梁部分的钢筋应按计算用量配置。

3)楼盖、屋盖的构造要求

现浇钢筋混凝土楼板或屋面板伸进纵、横墙内的长度,均不应小于 120 mm。

装配式钢筋混凝土楼板或屋面板,当圈梁未设在板的同一标高时,板端伸进外墙的长度不应小于 120 mm,伸进内墙的长度不应小于 100 mm 或采用硬架支模连接,在梁上不应小于 80 mm 或采用硬架支模连接。

当板的跨度大于 4.8 m 并与外墙平行时,靠外墙的预制板侧边应与墙或圈梁拉结。

房屋端部大房间的楼盖,6 度时房屋的屋盖和 7~9 度时房屋的楼、屋盖,当圈梁设在板底时,钢筋混凝土预制板应相互拉结,并应与梁、墙或圈梁拉结。

6、7 度时长度大于 7.2 m 的大房间,以及 8、9 度时外墙转角及内外墙交接处,应沿墙高每隔 500 mm 配置 2 Φ 6 通长钢筋和 Φ 4 分布短筋平面内点焊组成的拉结网片或 Φ 4 点焊网片。

3.砌体结构中的其他构件

（1）过梁

过梁的种类分为钢筋砖过梁、砖砌平拱过梁、钢筋混凝土过梁三种：

钢筋砖过梁，是指在砖过梁中的砖缝内配置钢筋、砂浆不低于 M5 的平砌过梁。其底面砂浆处的钢筋，直径不应小于 5 mm，间距不宜大于 120 mm，钢筋伸入支座砌体内的长度不宜小于 240 mm，砂浆层的厚度不宜小于 30 mm，其跨度不大于 1.5 m。

砖砌平拱过梁的砂浆强度等级不宜低于 M5（Mb5、Ms5），跨度不大于 1.2 m，用竖砖砌筑部分的高度不应小于 240 mm。

对有较大振动荷载或可能产生不均匀沉降的房屋，或当门窗宽度较大时，应采用钢筋混凝土过梁。其截面高度一般不小于 180 mm，截面宽度与墙体厚度相同，端部支承长度不应小于 240 mm。

（2）挑梁

挑梁是指从主体结构延伸出来，一端主体端部没有支承的水平受力构件。挑梁是一种悬挑构件，其破坏形态有挑梁倾覆破坏、挑梁下砌体局部受压破坏、挑梁本身弯曲破坏或剪切破坏三种。

挑梁埋入墙体内的长度 与挑出长度之比宜大于 1.2；当挑梁上无砌体时，与之比宜大于 2。

五、钢结构的基本知识

（一）钢结构的特点及应用

钢结构具有以下特点：施工速度快；相对于混凝土结构自重轻，承载能力高；基础造价较低；抗震性能良好；能够实现大空间；可拆卸重复利用钢结构构件；抗腐蚀性和耐火性较差；造价高。

钢结构可应用在以下结构中：大跨结构；工业厂房；受动力荷载影响的结构；多层和高层建筑；高耸结构；可拆卸的结构；容器和其他构筑物；轻型钢结构。

（二）钢结构的连接

钢结构连接的作用就是通过一定的方式将钢板或型钢组合成构件，或将若干个构件组合成整体结构，以保证其共同工作，常用方式是焊接、铆钉连接和螺栓连接，其中焊接连接和螺栓连接是目前用得较多的方式。

1.焊接连接

焊接连接是目前钢结构主要的连接方法，一般常用的电焊有手工电弧焊、自动埋弧焊以及气体保护焊。其优点是不削弱焊件截面，连接的刚性好，构造简单，便于制造，并且可以采用自动化操作；缺点是会产生残余应力和残余变形，连接的塑性和韧性较差。

焊接的形式按被连接构件之间的相对位置，可分为平接（又称对接）、搭接、顶接（又称 T 形连接）和角接四种类型；按焊缝的构造不同，可分为对接焊缝和角焊缝两种形式；按受力方向，对接焊缝又可分为正对接缝（正缝）和斜对接缝（斜缝）；角焊缝可分为正面角焊缝（端缝）和侧面角焊缝（侧缝）等基本形式；按照施焊位置的不同，可分为平焊、立焊、横焊和仰焊四种。其中平焊施焊条件最好，质量易保证，因此质量最好；仰焊的施焊条件最差，质量不易保证,在设计和制造时应尽量避免采用。

2.螺栓连接

螺栓连接可分为普通螺栓连接和高强螺栓连接两种。普通螺栓通常采用 Q235 钢材制成,安装时用普通扳手拧紧;高强螺栓则用高强度钢材经热处理制成,用能控制扭矩或螺栓拉力的特制扳手拧紧到规定的预拉力值,把被连接件夹紧。

(三)钢结构构件的主要受力性能

钢结构的基本构件是指组成钢结构建筑的各类受力构件,基本构件主要有钢梁、钢柱、钢桁架、钢支撑等。

按受力特点,钢结构构件可分为受弯构件、轴心受力构件(拉、压杆)等,这些基本受力构件组成了钢结构建筑。

1.轴心受力构件

轴心受力构件是指承受通过构件截面形心的轴向力作用的构件,广泛地应用于钢结构承重构件中,如钢屋架、网架、网壳、塔架等杆系结构的杆件、平台结构的支柱等。

轴心受力构件根据杆件承受的轴心力的性质可分为轴心受拉构件和轴心受压构件。轴心受力构件常见的截面形式有三种:第一种是热轧型钢截面,第二种是冷弯薄壁型钢截面,第三种是用型钢和钢板或钢板和钢板连接而成的组合截面。

进行轴心受力构件设计时,轴心受拉构件应满足强度、刚度要求;轴心受压构件除应满足强度、刚度要求外,还应满足整体稳定和局部稳定要求。截面选型应满足用料经济、制作简单、便于连接、施工方便的原则。

2.受弯构件

受弯构件是钢结构的基本构件之一,最常用的是实腹式受弯构件。

钢梁按制作方法的不同可以分为型钢梁和组合梁两大类,型钢梁构造简单,制造省工,应优先采用。型钢梁有热轧工字钢、热轧 H 型钢和槽钢三种。当荷载和跨度较大时,型钢梁受到尺寸和规格的限制,常不能满足承载能力或刚度的要求,此时应考虑采用组合梁。组合梁的截面组成比较灵活,可使材料在截面上的分布更为合理,节省钢材。

钢梁的类型和截面选取应保证安全使用,并尽可能符合用料节省、制造安装简便的要求,强度、刚度和稳定性要求是钢梁安全工作的基本条件。

小 结

本章主要讲述了:

(1)装饰构造的基本知识:民用建筑的基本构造组成,玻璃幕墙及金属幕墙、石材幕墙的一般构造,各种室内常见楼地面及特种地面的装饰构造、各种常见室内墙面的装饰构造、各种室内顶棚的装饰构造、常见隔墙隔断的装饰构造、常见门窗的装饰构造,建筑外墙与室外地面的装饰构造。

(2)建筑结构的基本知识:建筑结构的概念和分类,钢筋混凝土梁、板、柱的基本构造要求,钢筋混凝土楼盖的类型及构造;砌体结构特点、承重布置方案与构造措施,钢结构的特点与连接方式。

第七章 计算机和相关资料信息管理软件的应用知识

【学习目标】 通过本章学习,掌握 Word、Excel 和 PowerPoint 等 Office 办公软件的应用知识,熟悉计算机辅助设计与绘图软件 AutoCAD 的应用知识,熟悉常见资料管理软件的应用知识。

第一节 Office 应用知识

Microsoft Office 是微软公司开发的一套基于 Windows 操作系统的办公软件套装。常用组件有 Word、Excel、Access、PowerPoint、FrontPage 等,目前最新版本为 Office 2013。但常用的还是 Office 2003、Office 2007 和 Office 2010 三个版本,其中 Office 2003 是系列软件的基础,我们将以 Office 2003 为代表,简单介绍 Microsoft Office 办公软件套装中 Word、Excel 和 PowerPoint 的应用知识,其他版本的应用大同小异,可根据工作需要学习。

一、Word 的应用知识

Word 2003 是 Microsoft Office 2003 系列软件的一个组成部分,是重要的文字处理和排版工具。其主要作用是处理日常的办公文档、排版、处理数据、建立表格等。

(一)Word 的启动

当用户安装完 Office 2003 后,Word 2003 也将自动安装到系统中,此时,就可以启动 Word 2003 创建新文档了。常用的启动方法有三种:常规启动、通过创建新文档启动和通过现有文档启动,常规启动是最常用的启动方法。

常规启动是操作系统中应用程序最常用的启动方法。鼠标左键依次单击"开始"→【程序】→【Microsoft Office】→【Word 2003】,即可启动,如图 7-1 所示。

图 7-1 常规启动 Word 2003

（二）Word 2003 的退出

完成文档的编辑操作后,需要退出 Word 2003,有两种方法:

(1)利用"文件"菜单命令:在菜单栏"文件"菜单中单击"退出"命令。

(2)利用"标题栏"命令:在"标题栏"右上角有三个控制按钮,单击其中的"关闭"就可退出 Word 2003 软件,如图 7-2 所示。

图 7-2　标题栏的退出命令

（三）Word 2003 的工作窗口

Word 2003 的工作窗口主要包含五个区域:标题栏、菜单栏、工具栏、文档编辑区和状态栏,如图 7-3 所示。

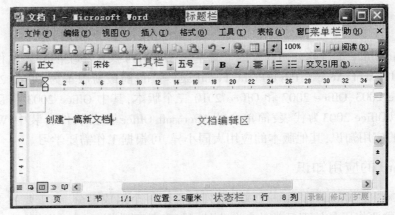

图 7-3　Word 2003 的工作窗口

（四）Word 2003 的文本输入与编辑

1.输入与编辑

调用自己习惯的中文输入法,并调整好输入法指示器上各个按钮的状态,还要注意状态栏上【插入】和【改写】状态。在文本编辑时要注意一般是"先选定文本再执行操作",即"先选择后执行"。

2.文档格式

文本录入时,可以先单击工具栏中的"字体"按钮设置字体,如"宋体";再单击工具栏中的"字号"设置字号大小,如设置为"五号"字,这样,字体、字号的设置就完成了。如果对已经录入的文字做格式设置,要先选中文本再进行设置。

3.设置段落格式

段落格式是文档格式的另一类,与文字格式针对文本进行设置不同,主要有对齐方式、缩进方式、行间距等。段落格式菜单中【缩进和间距】、【换行和分页】选项卡的内容如图 7-4 所示。

（五）制作文档中的表格

在 Word 文档中建立表格主要有三种方法:

方法一:在"常用"工具栏单击"插入表格"命令 ▭ ,会弹出表格备选框,通过鼠标的移

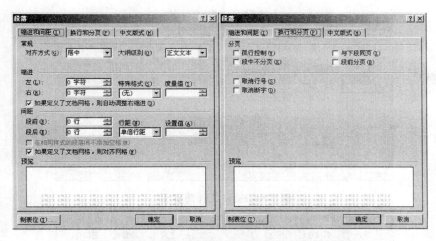

图 7-4 段落格式中的【缩进和间距】与【换行和分页】

动、单击,即可选中建立表格的行或列;如果表格备选框中的行数或列数不足,可以通过键盘方向键的"下"键和"右"键进行扩充。

方法二:在菜单栏中单击"表格"菜单,再单击"绘制表格"命令,光标在编辑区中呈铅笔状 ,这时,就可以手工绘制表格了。

方法三:在菜单栏中单击"表格"菜单,再单击"插入"命令→"表格"命令→"插入表格"对话框,选择需要的列数和行数,再单击"确定"命令执行。

二、Excel 的应用知识

Excel 2003 是 Microsoft Office 2003 系列软件的一个重要的表格处理工具。

(一)新建 Excel 工作簿

依次单击【开始】→【程序】→【Microsoft Office】→【Microsoft Office Excel 2003】,打开 Excel 2003。如图 7-5 所示,标题栏等与 Word 类似,下面有三个工作表标签,默认打开的是 "Sheet1"工作表。中间区域是表格工作区,由单元格构成,黑色框是编辑框,用于录入编辑单元格内容,被框着的单元格为当前单元格。

(二)选择单元格

选择单元格是其他所有操作的基础,在 Excel 中选择单元格主要有三种方式:选择一个单元格、选择单元格区域、选择分离的单元格或区域。

用鼠标在指定的单元格单击即可选中一个当前单元格,以黑色粗框表示。在 Excel 中录入数据时,与在 Word 中录入数据基本相同,但录入是以单元格为单位的。即先选择一个单元格,再录入数据,完毕后再操作下一个单元格。单击单元格区域的左上角,拖动鼠标至选定区域的右下角,即可选择区域,如图 7-6 所示。选择一个单元格区域后,在另外的区域按住 Ctrl 键,拖动鼠标选择下一个单元格区域,即可选择不连续的单元格区域。

(三)录入数据

如图 7-7 所示,在 Sheet1 中输入住户用电的相关数据。

录入数据时需要注意下列情况。

1.文本数据的输入

Excel 2003 对字符串中包含字符的默认为文本类型,对于纯数字(0~9)的默认为数值

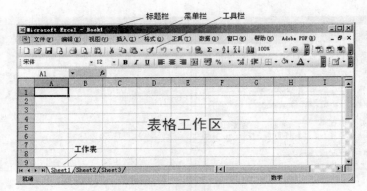

图 7-5　Excel 工作簿界面

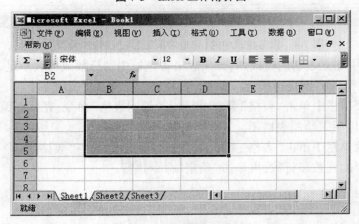

图 7-6　选择单元格区域

A	B	C	D	E	F	G
房屋水电管理系统						
门牌号	户主	房费	电费			
			上月表底	本月表底	用电量	电费
0101	刘建军	221	229	334		
0102	王涛	123	123	342		
0103	李利	213	122	455		

图 7-7　住户用电管理系统

类型,对于不参与计算的数字串,如身份证号等应该采用文本类型输入,输入时要在数字前加英文状态下的单引号。

2.数值数据的输入

输入正数,直接录入数值,Excel 自动按数值型处理;输入负数,在前面加"-"号;输入分数,先输入 0 及一个空格,然后输入分数。如 1/3,应该输入"0 1/3",否则会被认为是日期 1月 3 日。

3.日期时间型数据的输入

Excel 中内置了一些日期格式,当输入的数据格式与这些格式相对应时,将自动识别,常见的格式有"MM/DD/YY"、"DD-MM-YY"等。

(四)设置单元格格式

单元格格式的设置包括单元格数据类型的设置、单元格的合并、行高和列宽的调整以及边框和底纹的设置等。其中单元格的合并是经常用到的。

合并单元格时,拖动鼠标选中要合并的连续单元格,右键依次选中【设置单元格格式】→【对齐】→【合并单元格】,单击【确定】即完成合并。

(五)重命名工作表

新建 Excel 工作簿时,默认的工作表名为"Sheet1"。要将工作表"Sheet1"的名称改名,一共需要两步:

(1)右键单击工作表名称"Sheet1",选择【重命名】。

(2)输入新的工作表名称。

三、Power Point 2003 的应用知识

Power Point 简称 PPT,是 Microsoft Office 2003 系列软件之———演示文稿软件,Power Point 可以应用于商业演示、工作汇报、学术报告、产品发布、课件制作等场合。

(一)启动 Power Point

单击【开始】菜单,依次选择【程序/所有程序】→【Microsoft Office】→【Microsoft Office Power Point 2003】就可以启动 Power Point,如图 7-8 所示。其基本启动和退出操作方式与 Word 相似。

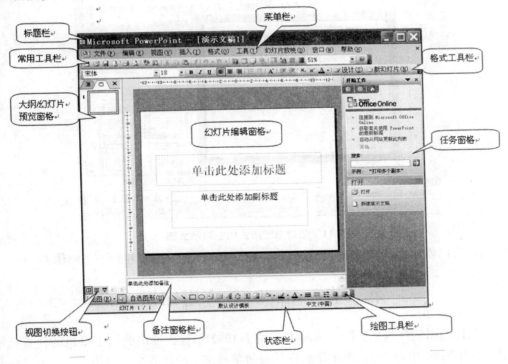

图 7-8　Power Point 界面

(二)创建演示文稿

创建演示文稿的方法主要有三种:依据版式创建演示文稿、依据设计模板创建演示文

稿、使用本机上模板创建演示文稿,其中依据版式创建演示文稿是基本的创建方法。依次单击【文件】→【新建】,选择右侧新建演示文稿工具中的【空演示文稿】,如图 7-9 所示。

点选【空演示文稿】后出现幻灯片版式选择工具,选择图 7-10 所示的版式,创建如图 7-11所示版式的演示文稿。

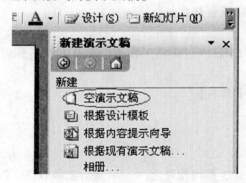

图 7-9　创建空演示文稿

图 7-10　选择幻灯片版式

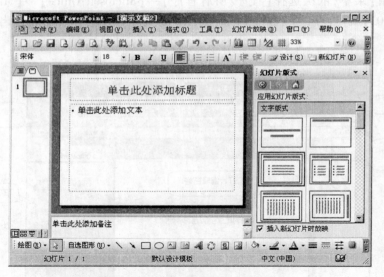

图 7-11　创建指定版式的空演示文稿

空演示文稿创建后,就可以在空白处输入文字,插入图片、视频和音乐等媒体了。

第二节　AutoCAD 应用知识

AutoCAD 绘图软件包是美国 Autodesk 公司于 1982 年首次推出的用于微机的计算机辅助设计与绘图的通用软件包。由于该软件具有简单易学、功能齐全、应用广泛、兼容性和二次开发性强等很多优点,所以很受广大设计人员的欢迎。

一、AutoCAD 的版本

Autodesk 公司于 1982 年推出 AutoCAD 1.0 至今,历时 30 多年,共推出了 23 个版本,最新的版本是 AutoCAD 2013。比较著名的版本有 AutoCAD R12、AutoCAD R14、AutoCAD 2000、AutoCAD 2002、AutoCAD 2004、AutoCAD 2006、AutoCAD 2007、AutoCAD 2008、AutoCAD 2009 和 AutoCAD 2010 等。目前常用版本有 AutoCAD 2004、AutoCAD 2007、AutoCAD 2010 等,也有人习惯使用 AutoCAD 2000 和 AutoCAD 2002。建筑行业的建筑信息模型化软件 Revit 就是在 AutoCAD 的基础上开发的。

二、AutoCAD 2010 的运行环境

AutoCAD 2010 软件有 32 位和 64 位两个版本,安装运行的版本必须和电脑操作系统一致。

(一)32 位配置要求

Microsoft Windows XP Professional 或 Home 版本(SP2 或更高),支持 SSE2 技术的英特尔奔腾 4 或 AMD Athlon 双核处理器(1.6 GHz 或更高主频),2 GB 内存,1 GB 用于安装的可用磁盘空间,1 024×768VGA 真彩色显示器,Microsoft Internet Explorer 7.0 或更高版本,下载或者使用 DVD 或 CD 安装。

(二)64 位配置要求

Windows XP Professional x64 版本(SP2 或更高)或 Windows Vista(SP1 或更高),包括 Enterprise、Business、Ultimate 或 Home Premium 版本(Windows Vista 各版本区别),支持 SSE2 技术的 AMD Athlon 64 位处理器、支持 SSE2 技术的 AMD Opteron 处理器、支持 SSE2 技术和英特尔 EM64T 的英特尔至强处理器,或支持 SSE2 技术和英特尔 EM64T 的英特尔奔腾 4 处理器,2 GB 内存,1.5 GB 用于安装的可用磁盘空间,1 024×768VGA 真彩色显示器,Internet Explorer 7.0 或更高,下载或者使用 DVD 或 CD 安装。

(三)建模的其他要求(适用于所有配置)

英特尔奔腾 4 处理器或 AMD Athlon 处理器(3 GHz 或更高主频),英特尔或 AMD 双核处理器(2 GHz 或更高主频),2 GB 或更大内存,1 280×1 024 32 位彩色视频显示适配器(真彩色),工作站级显卡(具有 128 MB 或更大内存、支持 Microsoft Direct 3D)。

三、AutoCAD 2010 的主要特点

(1)具有完善的图形绘制功能。
(2)有强大的图形编辑功能。
(3)可以采用多种方式进行二次开发或用户定制。
(4)可以进行多种图形格式的转换,具有较强的数据交换能力。
(5)支持多种硬件设备。
(6)支持多种操作平台。
(7)具有通用性、易用性。

四、AutoCAD 在建筑设计中的应用

作为通用绘图软件的 AutoCAD,虽然不是建筑设计专业软件,但其强大的图形功能和日

趋标准化发展的进程,已逐步影响着建筑设计人员的工作方法和设计理念。作为学习建筑CAD应用技术软件的基础,AutoCAD在建筑设计中的应用主要体现在以下几个方面:

(1)运用AutoCAD强大的绘图、编辑、自动标注等功能可以完成各阶段图纸的绘制、管理、打印输出、存档和信息共享等工作。

(2)运用AutoCAD强大的三维模型创建和编辑功能,以真正的空间概念进行设计,从而能够全面真实地反映建筑物的立体形象。

(3)二次开发适用于建筑设计的专业程序和专业软件。

(4)运用AutoCAD的外部扩展接口技术,与外部程序和数据库相连接,可以解决诸如建筑物理、经济等方面的数据处理和研究,为建筑设计的合理性、经济性提供可优化参照的有效数据。

第三节　常见资料管理软件的应用知识

目前资料管理软件很多,除普通办公软件外,各企业还开发了针对各省甚至主要城市的工程资料管理软件,如北京筑业软件公司开发的筑业各省建筑工程资料管理软件、北京筑龙建业科技有限公司开发的筑龙各省建设工程资料管理软件以及桂林天博网络科技有限公司开发的针对各省的天师建筑资料管理云平台等,这些软件的功能大同小异。

筑业河南省建筑工程资料管理软件的功能和主要特点如下。

一、资料管理软件功能简介

(1)填表范例。将已填写的资料保存为示例资料,以示例资料为模板生成新资料。

(2)自动计算。所有包含计算的表格,用户只需输入基础数据,软件自动计算。

(3)智能评定。自动根据国家标准或企业标准要求评定检验批质量等级,对不合格点自动标记△或○。

(4)验收资料数据自动生成。检验批数据自动生成分项工程评定表数据;分项工程数据自动生成分部工程数据;由分部工程、观感评定等表格自动生成单位工程质量评定表数据。

(5)企业标准编制。用户可以修改检验批资料国家标准数据,形成企业标准,软件自动根据企业标准进行评定。

(6)强大的编辑功能。可以方便地修改表格文字字体、字号、间距,具有插入图片、恢复撤销等功能。

(7)安全检查表自动评分。软件根据国家标准自动对安全检查表进行评分统计。

(8)提供图形编辑器。可灵活绘制建设行业常用图形,可导入其他图形编辑工具绘制的图片资料。

(9)批量打印。打印当天的资料,打印某一时间段的资料,可以根据需要预设不同资料的打印份数。

(10)导入、导出。实现移动办公,可以将数据从一台电脑导出到另一台电脑,不同专业资料管理人员填写的资料,可以导入同一个工程,实现了网络版的功能。

(11)编辑扩充表格。允许用户通过编辑工具修改原表的任何内容、任何设置;可以方便地增加软件中没有的表格,并进行智能化设置,完全可以在本平台下开发出一套新的资料管理系统。

二、资料管理软件包含内容

(1)河南省施工现场质量保证资料全套表格,含监理资料。

(2)河南验收资料软件,河南省《建筑工程施工质量验收系列标准实用手册》(河南省质监总站监制)全部配套表格。

(3)郑州现场资料软件,《郑州市建筑工程施工验收及技术资料编制指南》(郑州市质监站监制)全套表格,含监理资料。

(4)郑州验收资料软件,《郑州市建设工程质量验收系列规范相关表格文本及填表说明》(郑州市质监站监制)全套表格。

(5)郑州重点工程资料,《郑州市重点建设工程资料(内部参考)》(郑州市重点建设工程质量监督中心监制)全部配套表格,包含现场质量保证资料、质量验收资料、监理资料。

(6)河南安全资料软件,最新河南省建筑安全资料全部配套表。

(7)河南市政资料软件,最新河南省市政基础设施工程全部配套表。

(8)河南装饰资料软件,中装协向全国推荐的《高级建筑装饰工程质量验收标准》、《家庭居室装饰工程质量验收标准》全部配套表格。

(9)河南消防工程资料,包含河南省消防工程施工和安装检验评定全套表格。

(10)智能建筑资料软件,《智能建筑工程质量验收规范》(GB 50339—2003)全部配套表格。

(11)详尽的参考资料,建筑安装工程技术、安全交底范例 200 多份,建筑、安装工程施工组织设计精选模板 50 多份,全面细致的施工工艺标准,建筑通病防治等大量数据,提供建筑工程常用技术规范、安全规范电子版。

三、资料管理软件的主要特点

(1)软件界面友好,层次分明。

(2)资料全面,易于操作。

(3)自动计算与处理,使用方便。

(4)可联网使用,便于异地使用。

(5)文字格式一般为 Word 格式,表格一般为 Excel 格式,便于掌握。

小　结

本章主要讲述了:

(1)Office 办公软件 Word、Excel 和 PowerPoint 的应用操作。

(2)计算机辅助设计与绘图软件 AutoCAD 的特点与应用。

(3)常见资料管理软件的功能、主要内容和特点。

第八章　施工测量的基本知识

【学习目标】　通过本章学习,认识和了解水准仪、经纬仪、测距仪、全站仪等常规测量仪器,理解全站仪和测距仪的工作原理,掌握水准仪、经纬仪的操作方法和数据计算,能完成高差、角度等基本测量工作,熟悉水准测量、角度测量、距离测量的工作要点。熟悉简单建筑物的定位放线方法,了解地面施工、墙体施工、顶棚装饰施工过程中测量知识和测量仪器的综合运用。

第一节　标高、直线、水平线等的测量

一、水准仪的使用

(一) 水准测量的原理

水准测量是高程测量中精度最高和最常用的一种方法,被广泛应用于高程控制测量和工程施工测量中。水准测量是利用水准仪提供的水平视线,借助水准尺读数来测定地面点之间的高差,从而由已知点的高程推算出待测点的高程。

如图 8-1 所示,欲测定 A、B 两点间的高差 h_{AB},可在 A、B 两点分别竖立水准尺,在 A、B 之间安置水准仪。利用水准仪提供的水平视线,分别读取 A 点水准尺上的读数 a 和 B 点水准尺上的读数 b,则 A、B 两点高差为

$$h_{AB} = a - b \tag{8-1}$$

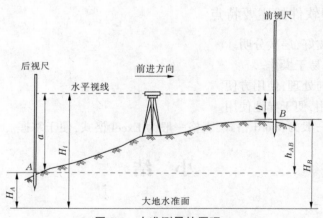

图 8-1　水准测量的原理

水准测量方向是由已知高程点开始向待测点方向行进的。在图 8-1 中,A 为已知高程点,B 为待测点,则 A 尺上的读数 a 称为后视读数,B 尺上的读数 b 称为前视读数。由此可见,两点之间的高差一定是"后视读数"减"前视读数"。如果 $a>b$,则高差 h_{AB} 为正,表示 B 点比 A 点高;如果 $a<b$,则高差 h_{AB} 为负,表示 B 点比 A 点低。

在计算高差 h_{AB} 时,一定要注意 h_{AB} 下标 AB 的写法:h_{AB} 表示 A 点至 B 点的高差,h_{BA} 则表示 B 点至 A 点的高差,两个高差应该是绝对值相等而符号相反,即

$$h_{AB} = - h_{BA} \tag{8-2}$$

测得 A、B 两点间的高差 h_{AB} 后,则未知点 B 的高程 H_B 为

$$H_B = H_A + h_{AB} = H_A + (a - b) \tag{8-3}$$

由图 8-1 可以看出,B 点高程也可以通过水准仪的视线高程 H_i(也称为仪器高程)来计算,视线高程 H_i 等于 A 点的高程加 A 点水准尺上的后视读数 a,即

$$H_i = H_A + a \tag{8-4}$$

则

$$H_B = (H_A + a) - b = H_i - b \tag{8-5}$$

一般情况下,用式(8-3)计算未知点 B 的高程 H_B,称为高差法(或叫中间水准法)。当安置一次水准仪需要同时求出若干个未知点的高程时,则用式(8-5)计算较为方便,这种方法称为视线高程法。此法是在每一个测站上测定一个视线高程作为该测站的常数,分别减去各待测点上的前视读数,即可求得各未知点的高程,这在土建工程施工中经常用到。

(二) 水准仪的操作

水准仪的操作包括安置仪器、粗略整平、瞄准水准尺、精确整平和读数等步骤。

1.安置仪器

在测站上安置三脚架,调节脚架使高度适中,目估使架头大致水平,检查脚架伸缩螺旋是否拧紧。然后用连接螺旋把水准仪安置在三脚架头上,应用手扶住仪器,以防仪器从架头滑落。

2.粗略整平(粗平)

粗平即初步整平仪器,通过调节三个脚螺旋使圆水准器气泡居中,从而使仪器的竖轴大致铅垂。具体做法如图 8-2(a)所示,外围三个圆圈为脚螺旋,中间为圆水准器,虚线圆圈代表气泡所在位置,首先用双手按箭头所指方向转动脚螺旋 1、2,使圆气泡移到这两个脚螺旋连线方向的中间,然后按图 8-2(b)中箭头所指方向,用左手转动脚螺旋 3,使圆气泡居中(即位于黑圆圈中央)。在整平的过程中,气泡移动的方向与左手大拇指转动脚螺旋时的移动方向一致。

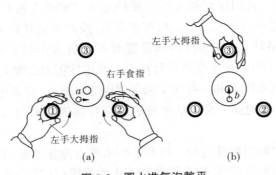

图 8-2　圆水准气泡整平

3.瞄准水准尺

先将望远镜对着明亮背景,转动目镜调焦螺旋使十字丝成像清晰。再松开制动螺旋,转

动望远镜,用望远镜筒上部的准星和照门大致对准水准尺后,拧紧制动螺旋。然后从望远镜内观察目标,调节物镜调焦螺旋,使水准尺成像清晰。最后用微动螺旋转动望远镜,使十字丝竖丝对准水准尺的中间稍偏一点,以便读数。瞄准时应注意消除视差。

产生视差的原因是目标通过物镜所成的像没有与十字丝平面重合。视差的存在将影响观测结果的准确性,应予消除。消除视差的方法是仔细地反复进行目镜和物镜调焦。

4.精确整平(精平)

精确整平是调节微倾螺旋,使目镜左边观察窗内的符合水准器的气泡两个半边影像完全吻合,这时视准轴处于精确水平位置。由于气泡移动有一个惯性,所以转动微倾螺旋的速度不能太快。只有符合气泡两端影像完全吻合而又稳定不动后气泡才居中。

5.读数

符合水准器气泡居中后,即可读取十字丝中丝截在水准尺上的读数。直接读出米、分米和厘米,估读出毫米(见图8-3)。读数时应从小数向大数读。观测者应先估读水准尺上毫米数(小于一格的估值),然后读出米、分米及厘米值,一般应读出四位数。读数应迅速、果断、准确,读数后应立即重新检视符合水准气泡是否仍旧居中,如仍居中,则读数有效,否则应重新使符合水准气泡居中后再读数。

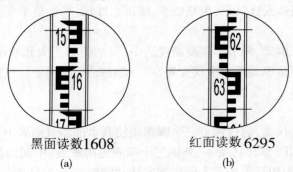

黑面读数1608   红面读数6295

(a)   (b)

图8-3 水准尺读数

(三)水准点与水准路线

用水准测量方法测定的高程控制点称为水准点(Bench Make,记为 BM)。水准点的位置应选在土质坚实、便于长期保存和使用方便的地方。水准点按其精度分为不同的等级。国家水准点分为四个等级,即一、二、三、四等水准点,按国家规范要求埋设永久性标石标志。地面水准点按一定规格埋设,在标石顶部设置有不易腐蚀的材料制成的半球状标志(见图8-4(a));墙上水准点应按规格要求设置在永久性建筑物的墙脚上(见图8-4(b))。

地形测量中的图根水准点和一些施工测量使用的水准点,常采用临时性标志,可用木桩或道钉打入地面,也可在地面上突出的坚硬岩石或房屋四周水泥面、台阶等处用油漆作出标志。

水准测量是按一定的路线进行的。将若干个水准点按施测前进的方向连接起来,称为水准路线。水准路线有附合路线、闭合路线和支水准路线(往返路线)。

(四)水准测量实施

当已知水准点与待测高程点的距离较远或两点间高差很大、安置一次仪器无法测到两点高差时,就需要把两点间分成若干测站,连续安置仪器测出每站的高差,然后依次推算高

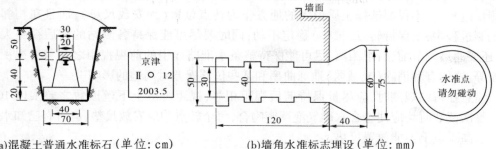

(a)混凝土普通水准标石(单位: cm)　　　　(b)墙角水准标志埋设(单位: mm)

图 8-4　二、三等水准点标石埋设

差和高程。

如图 8-5 所示,水准点 BM_A 的高程为 158.365 m,现拟测定 B 点高程,施测步骤如下:

在离 A 适当距离处选择点 TP_1,安放尺垫,在 A、1 两点分别竖立水准尺。在距 A 点 和 1 点大致等距离处安置水准仪,瞄准后视点 A,精平后读得后视读数 a_1 为 1.568,记入水准测量手簿(见表 8-1)。旋转望远镜,瞄准前视点 1,精平后读得前视读数 b_1 为 1.245,记入手簿。计算出 A、1 两点高差为+0.323。此为一个测站的工作。

点 1 的水准尺不动,将 A 点水准尺立于点 2 处,水准仪安置在 1、2 点之间,与上述相同的方法测出 1、2 点的高差,依次测至终点 B。

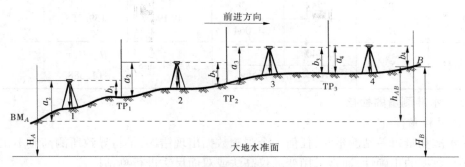

图 8-5　水准测量施测

每一测站可测得前、后视两点间的高差,即

$$h_1 = a_1 - b_1$$
$$h_2 = a_2 - b_2$$
$$h_3 = a_3 - b_3$$
$$h_4 = a_4 - b_4$$

将各式相加,得

$$\sum h_{AB} = \sum h = \sum a - \sum b$$

B 点高程为

$$H_B = H_A + \sum h_{AB} \qquad (8\text{-}6)$$

在上述施测过程中,点 1、2、3 是临时的立尺点,作为传递高程的过渡点,称为转点 (Turning Point 简记为 TP)。转点无固定标志,无须算出高程。

A、B 两点间增设的转点起着传递高程的作用。为了保证高程传递的正确性,在连续水准测量过程中,不仅要选择土质稳固的地方作为转点位置(须安放尺垫),而且在相邻测站的观测过程中,要保持转点(尺垫)稳定不动;同时要尽可能保持各测站的前后视距大致相等;还要通过调节前、后视距离,尽可能保持整条水准路线中的前视视距之和与后视视距之和相等,这样有利消除(或减弱)地球曲率和某些仪器误差对高差的影响。

注意在每站观测时,应尽量保持前后视距相等,视距可由上下丝读数之差乘以 100 求得。每次读数时均应使符合水准气泡严密吻合,每个转点均应安放尺垫,但所有已知水准点和待求高程点上不能放置尺垫。

表 8-1　水准测量记录表

观测	测点	水准尺读数		高差	高程	备注
		后视	前视			
1	A	1.568		+0.323	158.365	已知高程
	TP$_1$		1.245			
2	TP$_1$	1.689		+0.344		
	TP$_2$		1.345			
3	TP$_2$	2.025		+0.527		
	TP$_3$		1.498			
4	TP$_3$	1.258		+0.194	159.753	
	B		1.064			
计算检核	Σ	6.540	5.152	$\Sigma h = +1.388$	$H_B - H_A =$ +1.388	
		$\Sigma a - \Sigma b = +1.388$				

(五) 水准测量的检核

1.测站检核

在水准测量每一站测量时,任何一个观测数据出现错误,都将导致所测高差不正确。为保证观测数据的正确性,通常采用变动仪高法或双面尺法进行测站检核。

1) 变动仪高法

在每测站上测出两点高差后,改变仪器高度再测一次高差,两次高差之差不超过容许值(如图根水准测量容许值为±6 mm),取其平均值作最后结果;若超过容许值,则需重测。

2) 双面尺法

在每测站上,仪器高度不变,分别测出两点的黑面尺高差和红面尺高差。若同一水准尺红面读数与黑面读数之差,以及红面尺高差与黑面尺高差均在容许值范围内,取平均值作最后结果,否则应重测。

2.成果检核

测站检核能检查每测站的观测数据是否存在错误,但有些错误,例如在转站时转点的位置被移动,测站检核是查不出来的。此外,每一测站的高差误差如果出现符号一致性,随着测站数的增多,误差积累起来,就有可能使高差总和的误差积累过大。因此,还必须对水准测量进行成果检核,其方法是将水准路线布设成如下几种形式。

1) 附合水准路线

如图8-6(a)所示，从一个已知高程的水准点 BM_1 起，沿各水准点进行水准测量，最后联测到另一个已知高程的水准点 BM_2，这种形式称为附合水准路线。附合水准路线中各测站实测高差的代数和应等于两已知水准点间的高差。由于实测高差存在误差，使两者之间不完全相等，其差值称为高差闭合差 f_h，即

$$f_h = \sum h_{测} - (H_{终} - H_{始}) \tag{8-7}$$

式中 $H_{终}$——附合路线终点高程；
$H_{始}$——起点高程。

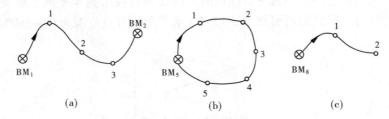

图8-6 水准路线的布设形式

2) 闭合水准路线

如图8-6(b)所示，从一已知高程的水准点 BM_5 出发，沿环形路线进行水准测量，最后测回到水准点 BM_5，这种形式称为闭合水准路线。闭合水准路线中各段高差的代数和应为零，但实测高差总和不一定为零，从而产生闭合差 f_h，即

$$f_h = \sum h_{测} \tag{8-8}$$

3) 支水准路线

如图8-6(c)所示，从已知高程的水准点 BM_8 出发，最后没有联测到另一已知水准点上，也未形成闭合，称为支水准路线。支水准路线要进行往、返测，往测高差总和与返测高差总和应大小相等符号相反。但实测值两者之间存在差值，即产生高差闭合差 f_h：

$$f_h = \sum h_{往} - \sum h_{返} \tag{8-9}$$

往返测量即形成往返路线，其实质已与闭合路线相同，可按闭合路线计算。

高差闭合差是各种因素产生的测量误差，故闭合差的数值应该在容许值范围内，否则应检查原因，返工重测。

图根水准测量高差闭合差容许值为

平地 $\qquad\qquad f_{h容} = \pm 40\sqrt{L}\,(\mathrm{mm})$
山地 $\qquad\qquad f_{h容} = \pm 12\sqrt{n}\,(\mathrm{mm})$ $\left.\right\}$ $\qquad$ (8-10)

四等水准测量高差闭合差容许值为

平地 $\qquad\qquad f_{h容} = \pm 20\sqrt{L}\,(\mathrm{mm})$
山地 $\qquad\qquad f_{h容} = \pm 6\sqrt{n}\,(\mathrm{mm})$ $\left.\right\}$ $\qquad$ (8-11)

式(8-10)和式(8-11)中：L 为水准路线总长(以 km 为单位)；n 为测站数。

(六) 水准路线测量成果计算

水准测量的成果计算，首先要算出高差闭合差，它是衡量水准测量精度的重要指标。当

高差闭合差在容许值范围内时,再对闭合差进行调整,求出改正后的高差,最后求出待测水准点的高程。

(七)闭合水准路线的成果计算

闭合水准路线高差闭合差按式(8-8)计算,若闭合差在容许值范围内,按上述附合水准路线相同的方法调整闭合差,并计算高程。

二、经纬仪的使用

(一)水平角测量原理

水平角是指地面上一点到两个目标点的方向线垂直投影到水平面上的夹角,或者是过两条方向线的竖直面所夹的两面角,见图8-7。水平角值有效范围为0°~360°。

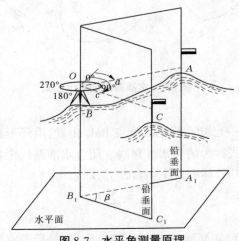

图 8-7 水平角测量原理

为了获得水平角β的大小,建立一个刻有0°~360°的圆形度盘,使度盘处于水平状态,使度盘圆心与地面点处于同一铅垂线上,在度盘圆心与地面点处的同一铅垂线上设计一个能"上下左右"转动的望远镜,当分别瞄准A点和B点时,在水平度盘上会有一与其同步旋转的指针指示出该方向的投影角度值a和b,则水平角为

$$\beta = b - a \tag{8-12}$$

这样就可以获得地面上任意三点间所构成的水平角的大小。

(二)竖直角测量原理

竖直角是指在同一竖直面内,某一方向线与水平线的夹角,见图8-8。测量上又称为倾斜角或竖角。

竖直角有仰角和俯角之分。夹角在水平线以上,称为仰角,取正号,角值0°~+90°;夹角在水平线以下,称为俯角,取负号,角值为-90°~0°。

A点到B点的竖直角为α_{A-B},B点到A点的竖直角为α_{B-A}。

建立一个刻有0°~360°的圆形度盘,使度盘处于竖直状态,设计一个能垂直旋转的望远镜,使其旋转的圆心与地面点处于同一铅垂线上。使度盘与垂直旋转的望远镜平行且两圆心共处于同一水平线上。当望远镜上下转动时,侧面度盘会同步旋转且有一指针会指示出此时望远镜的竖直角。

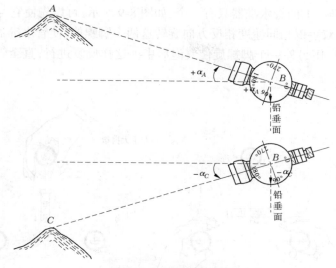

图 8-8 竖直角测量原理

(三)经纬仪的使用

经纬仪按不同测角精度又分成多种等级,如 DJ_1、DJ_2、DJ_6、DJ_{10} 等。"D"和"J"为"大地测量"和"经纬仪"的汉语拼音第一个字母。下角的数字代表该仪器测量精度,如 DJ_6 表示一测回方向观测中误差不超过 $\pm6''$。

经纬仪的使用包括安置经纬仪、照准目标、读数、记录与计算四个步骤。

1.安置经纬仪

将经纬仪正确安置在测站点上,包括对中和整平两个步骤。

对中的目的是使仪器的旋转轴位于测站点的铅垂线上。对中可用垂球对中或光学对点器对中。垂球对中精度一般在 3 mm 之内。光学对点器对中可达到 1 mm。由于垂球对中精度较低,且使用不便,工程测量中一般采用光学对点器对中。光学对点器由一组折射棱镜组成。使用时先转动对点器调焦螺旋,看清分划板刻划圈后,再转动对点器目镜看清地面标志。

整平的目的是使仪器竖轴在铅垂位置,而水平度盘在水平位置。

光学对点器对中与整平的步骤如下。

1)安置仪器

打开三脚架腿,使脚架高度适合于观测者的高度,架头中心应大致对准测站点,架头大致水平,取出经纬仪,与三脚架牢固连接。从光学对中器向下观看,当偏差较远时,整体移动脚架,使地面点标志进入对中器视野内,然后固定一个架腿不动,移动另两个架腿使地面点标志进入对中器中心。

2)强制对中

调节脚螺旋,使光学对点器中心与测点重合。

3)粗略整平

圆气泡偏向哪一边,说明哪一边高,就打开哪一边架腿的蝶形螺旋,慢慢地降低架腿,使圆水准器气泡居中。

4）精确整平

由于位于照准部上的管水准器只有一个，如图 8-9 所示，可以先使它与一对脚螺旋连线的方向平行，然后双手以相同速度相反方向旋转这两个脚螺旋，使管水准器的气泡居中。再将照准部平转 90°，用另外一个脚螺旋使气泡居中。这样反复进行，直至管水准器在任一方向上气泡都居中。

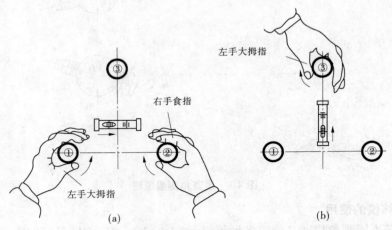

图 8-9　管水准气泡的调整

5）精确对中

检查地面标志是否位于光学对点器中心，若不居中，可稍旋松连接螺旋，在架头上移动仪器，使其精确对中。

重复 4）、5）两步，直到完全对中、整平。

2.照准目标

测量角度时，仪器所在点称为测站点，远方目标点称为照准点，在照准点上必须设立照准标志以便于瞄准。测角时用的照准标志有觇牌或测钎、垂球线等，如图 8-10 所示。

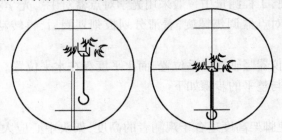

图 8-10　水平角测量瞄准目标方法

瞄准目标方法和步骤：

（1）调节目镜调焦螺旋，使十字丝清晰。

（2）利用粗瞄器，粗略瞄准目标，固定制动螺旋。

（3）调节物镜调焦螺旋使目标成像清晰，注意消除视差。

（4）调节制动、微动螺旋，精确瞄准。

3.读数

读数时要先调节反光镜，使读数窗光线充足，旋转读数显微镜调焦螺旋，使数字及刻线清晰,然后读数。测竖直角时注意调节竖盘指标水准管微动螺旋,使气泡居中后再读数。

4.记录与计算

读取的角度必须立刻计入手簿,并及时计算以验证是否合格,若超限应马上重测。

(四)水平角观测

水平角观测的方法,一般根据目标的多少和精度要求而定,常用的水平角观测方法有测回法和方向观测法。

1.测回法

测回法常用于测量两个方向之间的单角。

测回法观测步骤如下:

(1)在角顶点 O 上安置经纬仪,对中、整平。

(2)将经纬仪安置成盘左位置(竖盘在望远镜的左侧,也称正镜)。转动照准部,利用望远镜准星初步瞄准目标 A,调节目镜和望远镜调焦螺旋,使十字丝交点照准目标。读数 a_L 记入记录手簿,松开水平制动扳钮和望远镜制动扳钮,顺时针转动照准部,同上操作,照准 B 点,读数 b_L 记入手簿。盘左所测水平角 $\beta_L = b_L - a_L$,称为上半测回,见表8-2。

表8-2 测回法测角记录

测站	竖盘位置	目标	度盘度数	半测回角度	一测回角度	各测回平均值	备注
第一测回 O	左	A	0°06′24″	72°39′54″	72°39′51″		
		B	72°46′18″				
	右	A	180°06′48″	72°39′48″		72°39′52″	
		B	252°46′36″				
第二测回 O	左	A	90°06′18″	72°39′48″	72°39′54″		
		B	162°46′06″				
	右	A	270°06′30″	72°40′00″			
		B	342°46′30″				

(3)松开水平制动扳钮和望远镜制动扳钮,倒转望远镜成盘右位置(竖盘在望远镜右侧,或称倒镜)。转动照准部,利用望远镜准星初步瞄准目标 B 点,读数 b_R 记入记录手簿,松开水平制动扳钮和望远镜制动扳钮,逆时针转动照准部,同上操作,照准 A 点,读数 a_R 记入手簿,称为下半测回。

上、下半测回合称一测回。最后计算一测回角值 β 为

$$\beta = \frac{\beta_L + \beta_R}{2} \tag{8-13}$$

测回法用盘左、盘右观测(即正、倒镜观测),可以消除仪器某些系统误差对测角的影响,可以校核观测结果和提高观测成果精度。

测回法测角盘左、盘右观测值 β_R 与 β_L 之差不得超过 ±40″,此限差为图根控制测量水平角观测限差,因为图根控制测量的测角中误差为 ±20″,一般取中误差的2倍作为限差则为 ±

40″。若超过此限应重新观测。

当测角精度要求较高时，可以观测多个测回，取其平均值作为水平角测量的最后结果。为了减少度盘刻划不均匀的误差，各测回间应根据测回数，按照 $180°/n$ 变换水平度盘位置。

例如：

观测两测回—0°,90°

观测三测回—0°,60°,120°

观测四测回—0°,45°,90°,135°

观测六测回—0°,30°,60°,90°,120°,150°。

上例为两测回观测的成果。

当各测回角值互差不超过±40″时，则取测回角值平均值作为最终结果。若超出±40″,需对角值较大的和较小的测回重测。

2.方向观测法

当测站上的方向观测数在3个或3个以上时，一般采用方向观测法。当观测方向多于3个时，需"归零"。当观测方向为3个时，可不归零。

方向观测法(见图8-11)观测计算步骤为：

(1)在 O 点安置仪器,对中、整平。

(2)上半测回(盘左)。

仪器为盘左观测状态，选择一个距离适中且影像清晰的方向作为起始方向，设为 OA。盘左照准 A 点，并安置水平度盘读数，使其稍大于0°，由零方向 A 起始，按顺时针依次精确瞄准各点读数 $A \to B \to C \to D \to A$(即所谓"全圆")，并记入方向观测法记录表。

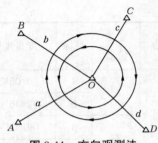

图 8-11　方向观测法

(3)下半测回(盘右)。

纵转望远镜180°，使仪器为盘右观测状态，按逆时针顺序 $A \to D \to C \to B \to A$,依次精确瞄准各点读数并记入方向观测法记录表。

(4)方向观测法记录、计算。

①观测角度记录顺序：盘左自上而下，盘右自下而上。

②计算 $2c$ 值(2倍视准误差)：

$$2c = 盘左读数 - (盘右读数 \pm 180°) \quad (8-14)$$

计算结果计入表8-4中第6栏。$2c$ 本身为一常数，故 $2c$ 互差可作为观测质量检查的一个指标，若超限需重测。

③计算半测回归零差(即上下半测回中零方向两次读数之差)：

$$\Delta = 零方向归零方向值 - 零方向起始方向值 \quad (8-15)$$

对于 DJ_6 经纬仪其允许值(限差)为±18″，若超限需重测。

④计算各方向盘左、盘右平均值：

$$平均值 = (盘左读数 + 盘右读数 \pm 180°)/2 \quad (8-16)$$

计算结果计入表8-3中第7栏。

⑤归零方向值的计算：

先计算出零方向 A 的总平均值(计算结果计入表8-4中第7栏最上部)，令其为

0°00′00″,其他各方向的方向值均减去第一个方向的方向值,计算结果称为归零方向值,计入表8-4中第8栏。

⑥各测回同方向归零方向值的计算:

当各测回同方向归零方向值互差小于限差时,方可取平均值计入表8-3中第9栏。若超限需重测。方向观测法限差的要求见表8-4。

表8-3 方向观测法测角记录

测站	测回	觇点	水平度盘读数		2c (″)	平均读数 (° ′ ″)	一测回归零方向值 (° ′ ″)	各测回平均方向值 (° ′ ″)
			盘左 (° ′ ″)	盘右 (° ′ ″)				
1	2	3	4	5	6	7	8	9
O	1					(0 00 34)		
		A	0 00 54	180 00 24	+30	0 00 39	0 00 00	0 00 00
		B	79 27 48	259 27 30	+18	79 27 39	79 27 05	79 26 59
		C	142 31 18	322 31 00	+18	142 31 09	142 30 35	142 30 29
		D	288 46 30	108 46 06	+24	288 46 18	288 45 44	288 45 47
		A	0 00 42	180 00 18	+24	0 00 30		
		Δ =	−12	−6				
O	2					(90 00 52)		
		A	90 01 06	270 00 48	+18	90 00 57	0 00 00	
		B	169 27 54	349 27 36	+18	169 27 45	79 26 53	
		C	232 31 30	42 31 00	+30	232 31 15	142 30 23	
		D	18 46 48	198 46 36	+12	18 46 42	288 45 50	
		A	90 01 00	270 00 36	+24	90 00 48		
		Δ =	−6	−12				

表8-4 方向观测法限差的要求

经纬仪型号	半测回归零差(″)	一测回内 2c 互差(″)	同一方向各测回互差(″)
DJ$_2$	8	13	9
DJ$_6$	18		

(五) 竖直角观测

经纬仪竖盘包括竖直度盘、竖盘指标水准管和竖盘指标水准管微动螺旋。竖直度盘固定在横轴一端,可随着望远镜在竖直面内一起转动。竖盘指标同竖盘水准管连接在一起,不随望远镜转动而转动,只有通过调节竖盘水准管微动螺旋,才能使竖盘指标与竖盘水准管(气泡)一起作微小移动。

如果望远镜视线水平,竖盘读数应为90°或270°。当望远镜上下转动瞄准不同高度的目标时,竖盘随着转动,而指标不随着转动,即指标线不动,因而可读得不同位置的竖盘读数,用以计算不同高度目标的竖直角,见图8-12。

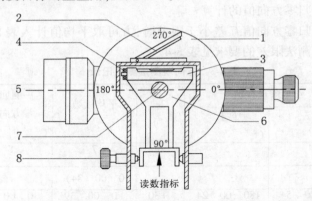

1—竖直度盘;2—水准管反射镜;3—竖盘指标水准管;4—竖盘指标水准管校正螺丝;
5—望远镜视准轴;6—竖盘指标水准管支架;7—横轴;8—竖盘指标水准管微动螺旋

图 8-12　经纬仪竖盘结构

目前新型的光学经纬仪多采用自动归零装置取代竖盘水准管结构与功能,它能自动调整光路,使竖盘及其指标满足正确关系,仪器整平后照准目标可立即读取竖盘读数。

竖盘是由光学玻璃制成的,其刻划有顺时针方向和逆时针方向两种,见图8-13。不同刻划的经纬仪其竖直角公式不同。当望远镜物镜抬高,竖盘读数增加时,竖直角为

$$\alpha = 读数 - 起始读数 = L - 90° \qquad (8-17)$$

反之,当物镜抬高,竖盘读数减小时,竖直角为

$$\alpha = 起始读数 - 读数 = 90° - L \qquad (8-18)$$

1. 竖直角观测和计算

(1)仪器安置在测站点上,对中、整平。

(2)盘左位置瞄准目标点,使十字丝中横丝精确瞄准目标顶端,见图8-14。调节竖盘指标水准管微动螺旋,使水准管气泡居中,读数为 L。

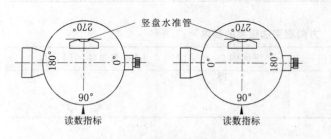

图 8-13　竖盘刻度注记(盘左)

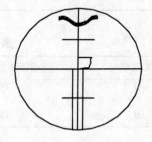

图 8-14　竖直角测量瞄准

(3)用盘右位置再瞄准目标点,调节竖盘指标水准管,使气泡居中,读数为 R。

(4)计算竖直角时,需首先判断竖直角计算公式,如图8-15所示:

盘左位置,抬高望远镜,竖盘指标水准管气泡居中时,竖盘读数为 L,则盘左竖直角为

$$\alpha_L = 90° - L \qquad (8-19)$$

盘右位置,抬高望远镜,竖盘指标水准管气泡居中时,竖盘读数为 R,则盘右竖直角为

$$\alpha_R = R - 270° \tag{8-20}$$

一测回角值为

$$\alpha = \frac{1}{2}(\alpha_L + \alpha_R) = \frac{1}{2}(R - L - 180°) \tag{8-21}$$

将各观测数据填入手簿(见表8-6),利用上列各式逐项计算,便得出一测回竖直角。

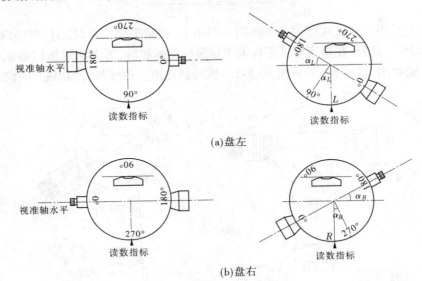

(a)盘左

(b)盘右

图 8-15　竖盘读数与竖直角计算

表 8-5　竖直角观测手簿

测站	目标	竖盘位置	竖盘读数（ °　′　″）			半测回竖盘角（ °　′　″）			指标差（″）	一测回竖直角（ °　′　″）		
O	P	左	71	12	36	+18	47	24	−12	+18	47	12
		右	28	84	700	+18	47	00				
	Q	左	96	18	42	−6	18	42	−9	−6	18	51
		右	263	41	00	−6	19	00				

2.竖盘指标差

经纬仪由于长期使用及运输,会使望远镜视线水平、竖盘水准管气泡居中时,其指标不恰好在90°或270°,而与正确位置差一个小角度 x,称为竖盘指标差,见图8-16。此时进行竖直角测量,盘左读数为90°+x。正确的竖直角为

$$\alpha = (90° + x) - L \tag{8-22}$$

盘右时,正确的竖直角为

$$\alpha = R - (270° + x) \tag{8-23}$$

将式(8-19)、式(8-20)代入式(8-22)、式(8-23)得:

$$\alpha = \alpha_L + x \tag{8-24}$$

$$\alpha = \alpha_R - x \tag{8-25}$$

将式(8-24)、式(8-25)相加除以2,得

$$\alpha = \frac{\alpha_L + \alpha_R}{2}$$

此式与式(8-21)相同,而指标差可用式(8-24)与式(8-25)相减求得

$$x = \frac{\alpha_R - \alpha_L}{2} = \frac{L + R - 360°}{2} \tag{8-26}$$

指标差大都用于检查观测质量。在同一测站上,观测不同目标时,DJ_6 型经纬仪指标差变化范围为25″。此外,在精度要求不高或不便纵转望远镜时,可先测定指标差 x,在以后观测时只作正镜观测,求得 α_L,然后按式(8-21)求得竖直角。指标差若超出±1′应校正。

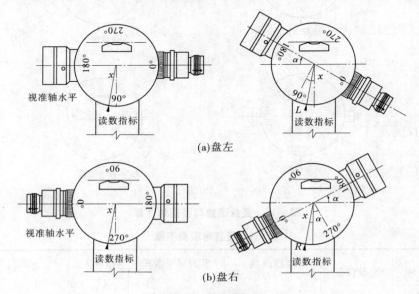

(a)盘左

(b)盘右

图 8-16　竖盘指标差

三、全站仪的使用

全站型电子速测仪简称全站仪,是可以同时进行测角、测距的先进测量仪器。它几乎可以完成所有常规测量仪器的工作。全站仪的类型多,目前常见的全站仪有日本索佳(SOKKIA)公司的 SET 系列、拓普康(TOPOON)公司的 GTS 系列、尼康(Nikon)公司的 DTM 系列以及瑞士莱卡(Leica)公司的 TPS 系列全站仪等。我国生产的全站仪,如苏州一光仪器有限公司生产的 NTS 系列与 OTS 系列,南方测绘公司生产的 NTS 系列,北京光学仪器厂生产的 DZQ 系列全

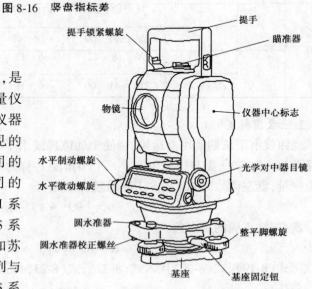

图 8-17　拓普康 GTS-Z11D 型全站仪

站仪等。图 8-17 为拓普康 GTS-Z11D 型全站仪外貌及各部件名称。

全站仪主要由电子经纬仪、光电测距仪和微处理机组成。

全站仪按其结构形式可分组合式和整体式两种。组合式全站仪是将电子经纬仪、光电测距仪和微处理机通过一定的连接构成一组合体，其优点是既可以组合在一起，又可以分开使用，也易于维修等。整体式全站仪是在一个仪器、外壳内包含有电子经纬仪、光电测距仪和微处理机，电子经纬仪和光电测距仪共用一个光学望远镜。使用十分方便。

(一) 全站仪的主要特点

(1) 可在一个测站上同时进行角度(水平角和竖直角)测量、距离测量(斜距、平距)、高差测量、坐标测量和放样测量。(由于只要一次安置，仪器便可以完成在该测站上所有的测量工作，故称为全站仪)

(2) 可以通过传输接口把野外采集的数据终端与计算机、绘图机连接起来，再配以数据处理软件和绘图软件，可实现测图的自动化。

(3) 全站仪内部有双轴补偿器，可自动测量仪器竖轴和水平轴的倾斜误差，并对角度观测值施加改正。

全站仪的使用：全站仪的种类很多，各种仪器的使用方式由自身的程序设计而定。不同型号的全站仪的使用方法大体上是相同的，但也有一些差别。学习使用全站仪，需要认真阅读使用说明书，熟悉键盘以及操作指令，才能正确用好仪器。

全站仪的独立观测值是斜距、水平方向值、天顶距(或倾角)，某些特殊功能的实现实质上是将平距、高差、坐标化算为全站仪独立观测值的函数，通过全站仪 CPU 处理而显示或记录。

(二) 全站仪的基本操作与使用方法

1.水平角测量

(1) 按角度测量键，使全站仪处于角度测量模式，照准第一个目标 A。

(2) 设置 A 方向的水平度盘读数为 $0°00'00"$。

(3) 照准第二个目标 B，此时显示的水平度盘读数即为两方向间的水平夹角。

2.距离测量

(1) 设置棱镜常数。测距前须将棱镜常数输入仪器中，仪器会自动对所测距离进行改正。

(2) 设置大气改正值或气温、气压值。光在大气中的传播速度会随大气的温度和气压而变化，15 ℃ 和 760 mmHg 是仪器设置的一个标准值，此时的大气改正为 $0×10^{-6}$。实测时，可输入温度和气压值，全站仪会自动计算大气改正值(也可直接输入大气改正值)，并对测距结果进行改正。

(3) 量仪器高、棱镜高并输入全站仪。

(4) 距离测量。照准目标棱镜中心，按测距键，距离测量开始，测距完成时显示斜距、平距、高差。全站仪的测距模式有精测模式、跟踪模式、粗测模式三种。精测模式是最常用的测距模式，测量时间约 2.5 s，最小显示单位 1 mm；跟踪模式，常用于跟踪移动目标或放样时连续测距，最小显示一般为 1 cm，每次测距时间约 0.3 s；粗测模式，测量时间约 0.7 s，最小显示单位 1 cm 或 1 mm。在距离测量或坐标测量时，可按测距模式(MODE)键选择不同的测距模式。应注意，有些型号的全站仪在距离测量时不能设定仪器高和棱镜高，显示的高差值是全站仪横轴中心与棱镜中心的高差。

3.坐标测量

（1）设定测站点坐标。

（2）设置后视点，后视定向。当设定后视点的坐标时，全站仪会自动计算后视方向的方位角，并设定后视方向的水平度盘读数为其方位角。

（3）设置棱镜常数。

（4）设置大气改正值或气温、气压值。

（5）量仪器高、棱镜高并输入全站仪。

（6）照准目标棱镜，按坐标测量键，全站仪开始测距并计算显示测点的三维坐标。

四、激光铅垂仪的使用

激光铅垂仪又称垂准仪，是利用一条与视准轴重合的可见激光产生一条向上的铅垂线，如图8-18所示。用于竖向照直，测量相对于铅垂线的微小偏差以及进行铅垂线的定位传递。广泛用于高层建筑、水塔、烟囱、电梯、大型机械设备的施工安装、工程测量和变形测量。

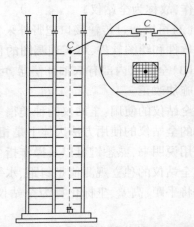

图8-18　激光垂准仪投射地面控制点

（一）激光铅垂仪主要操作方法

（1）检查各层楼板预留的通光孔是否移开和通畅，测设层预留口上搁置的靶标是否稳固，接收激光的靶标板可用带有刻绘坐标方格网的磨砂玻璃之类的非透明板做成。

（2）将架设调整好的激光铅垂仪，仔细对中到控制点的标点上，并严格调整水平。

（3）接通激光电源，激光容器起辉并进入正常工作时，将工作电流调整至5 mA左右便输出最强的激光。于是在靶标上出现明亮的小圆形光斑，再通过调整发射望远镜的焦距把靶标上的小圆形光斑收缩到最小，此时移动靶标使光斑投在靶标坐标方格线的"十"字交叉点上。

（4）为了检查和消除仪器的误差对测量精度的影响，在投测后，将仪器在水平方向作360°的回转。检查光斑点是否始终在靶标的原位置上。当仪器有误差时，则光斑点会随着仪器水平360°回转而作圆形轨迹移动，如发现此情况，则要反复移动靶标，使靶标板的十字交叉点正好落在光斑圆形轨迹的圆心上。也可以用铅笔在靶标板描出圆形轨迹，定出其圆心点，此圆心点即为准确的竖向投递点。

（二）激光垂准仪使用局限

用激光垂准仪对高层较适用，精度高，受天气的影响较小，如图8-18所示。

缺点在于：

（1）架设仪器的频率较高。

（2）混凝土板面的预留洞不好修补，影响板面的完整性。

（3）投测时安全隐患大，要特别注意防护。投测时，每层孔洞都要打开，如果洞内有掉物，易对铅垂仪造成破坏。

五、测距仪的使用

电磁波测距（Electro-magnetic Distance Measuring，简称 EDM）是用电磁波（光波或微波）作为载波，传输测距信号，以测量两点间距离的一种方法。与传统的钢尺量距和视距测量相比，EDM 具有测程长、精度高、作业快、工作强度低、几乎不受地形限制等优点。

电磁波测距仪按其所采用的载波可分为：用微波段的无线电波作为载波的微波测距仪（Microwave EDM Instrument），用激光作为载波的激光测距仪（Laser EDM Instrument），用红外光作为载波的红外测距仪（Infrared EDM Instrument）。后两者又统称为光电测距仪。微波和激光测距仪多属于长程测距，测程可达 60 km，一般用于大地测量，而红外测距仪属于中、短程测距仪（测程为 15 km 以下），一般用于小地区控制测量、地形测量、地籍测量和工程测量等。

光电测距是一种物理测距的方法，它通过测定光波在两点间传播的时间计算距离，按此原理制作的以光波为载波的测距仪叫光电测距仪。按测定传播时间的方式不同，测距仪分为相位式测距仪和脉冲式测距仪；按测程大小可分为远程、中程和短程测距仪三种，如表 8-6 所示。目前，工程测量中使用较多的是相位式短程光电测距仪。

表 8-6　光电测距仪的种类

仪器种类	短程光电测距仪器	中程光电测距仪器	远程光电测距仪器
测距	<3 km	3~15 km	>15 km
精度	$\pm(5\ \text{mm}+5\times10^{-6}\times D)$	$\pm(5\ \text{mm}+2\times10^{-6}\times D)$	$\pm(5\ \text{mm}+1\times10^{-6}\times D)$
光源	红外光源（G_aA_s 发光二极管）	1. G_aA_s 发光二极管 2. 激光管	
测距原理	相位式	相位式	相位式

（一）电磁波测距仪测距原理

电磁波测距是利用电磁波（微波、光波）作载波，在测线上传输测距信号，测量两点间距离的方法。若电磁波在测线两端往返传播的时间为 t，则两点间距离为

$$D = \frac{1}{2}ct \tag{8-27}$$

式中　c——电磁波在大气中的传播速度。

测距仪测距原理有两种：

1. 脉冲法测距

用红外测距仪测定 A、B 两点间的距离 D，在待测定一端安置测距仪，另一端安放反光镜，如图 8-19 所示。当测距仪发出光脉冲，经反光镜反射，回到测距仪。若能测定光在距离 D 上往返传播时间，即测定反射光脉冲与接收光脉冲的时间差 Δt，则测距公式为

$$D = \frac{c_0}{2n_g}\Delta t \tag{8-28}$$

式中　c_0——光在真空中的传播速度；

　　　n_g——光在大气中的传输折射率。

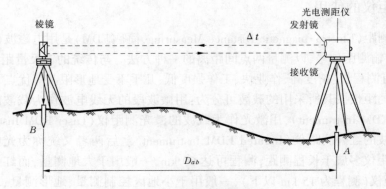

图 8-19　脉冲法测距

此公式为脉冲法测距公式。这种方法测定距离的精度取决于时间 Δt 的量测精度。如要达到±1 cm 的测距精度,时间量测精度应达到 6.7×10^{-11} s,这对电子元件性能要求很高,难以达到。所以,一般脉冲法测距常用于激光雷达、微波雷达等远距离测距上,其测距精度为 0.5~1 m。

2.相位法测距

在工程中使用的红外测距仪,都是采用相位法测距原理。它是将测量时间变成光在测线中传播的载波相位差。通过测定相位差来测定距离,称为相位法测距。

红外测距仪采用的是 GaAs(砷化镓)发光二极管作光源,其波长为 6 700~9 300 Å（1 Å = 10^{-10} m）。由于 GaAs 发光管具有耗电省、体积小、寿命长,抗震性能强,能连续发光并能直接调制等特点,目前工程用的基本上以红外测距仪为主。

在 GaAs 发光二极管上注入一定的恒定电流,它发出的红外光光强恒定不变,如图 8-20（a）所示。若改变注入电流的大小,GaAs 发光管发射光强也随之变化。若对发光管注入交变电流,便使发光管发射的光强随着注入电流的大小发生变化,见图 8-20（b）,这种光称为调制光。

测距仪在 A 站发射的调制光在待测距离上传播,被 B 点反光镜反射后又回到 A 点,被测距仪接收器接收,所经过的时间为 t。为便于说明,将反光镜 B 反射后回到 A 点的光波沿测线方向展开,则调制光往返经过了 2D 的路程,如图 8-21 所示。

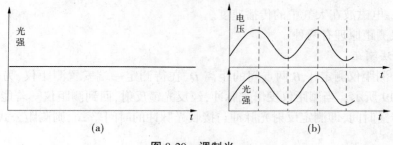

图 8-20　调制光

设调制光的角频率为 ω,则调制光在测线上传播时的相位延迟角 φ 为

$$\varphi = \omega \Delta t = 2\pi f \Delta t \tag{8-29}$$

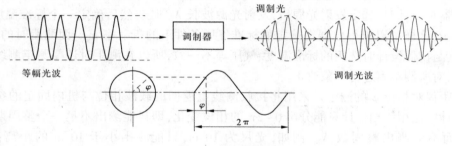

图 8-21　光的调制

$$\Delta t = \frac{\varphi}{2\pi f} \tag{8-30}$$

将 Δt 代入式(8-28),得

$$D = \frac{c_0}{2n_g f}\frac{\varphi}{2\pi} \tag{8-31}$$

从图 8-22 中可见,相位 φ 还可以用相位的整周数(2π)的个数 N 和不足一个整周数的 $\Delta\varphi$ 来表示,则

$$\varphi = N \times 2\pi + \Delta\varphi \tag{8-32}$$

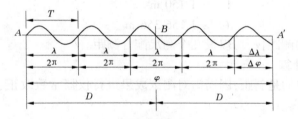

图 8-22　相位法测距

将 φ 值代入式(8-31),得相位法测距基本公式:

$$D = \frac{c_0}{2n_g f}\left(N + \frac{\Delta\varphi}{2\pi}\right) = \frac{\lambda}{2}\left(N + \frac{\Delta\varphi}{2\pi}\right) \tag{8-33}$$

式中　λ——调制光的波长,$\lambda = \frac{c_0}{n_g f}$。

将该式与钢尺量距公式相比,有相似之处。$\frac{\lambda}{2}$ 相当于尺长,N 为整尺段数,$\frac{\Delta\varphi}{2\pi}$ 为不足一整尺段的余长,令其为 ΔN。因此,我们常称 $\frac{\lambda}{2}$ 为"光测尺",令其为 L_s。光尺长度可用下式计算:

$$L_s = \frac{\lambda}{2} = \frac{c_0}{2n_g f} \tag{8-34}$$

所以

$$D = L_s(N + \Delta N) \tag{8-35}$$

式中 n_g——大气折射率,它是载波波长、大气温度、大气压力、大气湿度的函数。

仪器在设计时,选定发射光源后,发射光源波长 λ 即定,然后确定一个标准温度 t 和标准气压 P,这样可以求得仪器在确定的标准气压条件下的折射率 n_g。而测距时的气温、气压、湿度与仪器设计时选用的标准温度、气压等不一致,所以在测距时还要测定测线的温度和气压,对所测距离进行气象改正。

测距仪对相位 φ 的测定是采用将接收测线上返回的载波相位与机内固定的参考相位在相位计中比相。相位计只能分辨 $0\sim2\pi$ 的相位变化,即只能测出不足一个整周期的相位差 $\Delta\varphi$ 而不能测出整周数 N。例如,光尺为 10 m,只能测出小于 10 m 的距离;光尺为 1 000 m只能测出小于 1 000 m 的距离。由于仪器测相精度一般为 $\frac{1}{1\,000}$,1 km 的测尺测量精度只有米级。测尺越长、精度越低。所以,为了兼顾测程和精度,目前测距仪常采用多个调制频率(即 n 个测尺)进行测量。用短测尺(称为精尺)测定精确的小数。用长测尺(称为粗尺)测定距离的大数。将两者衔接起来,就解决了长距离测距数字直接显示的问题。

例如某双频测距仪,测程为 2 km,设计了精、粗两个测尺,精尺为 10 m(载波频率 $f_1 = 15$ MHz),粗尺为 2 000 m(载波频率 $f_2 = 75$ kHz)。用精尺测 10 m 以下小数,粗尺测 10 m 以上大数。如实测距离为 1 156.356 m,其中:

精测距离	6.356 m
粗测距离	1 150 m
仪器显示距离	1 156.356 m

对于更远测程的测距仪,可以设几个测尺配合测距。

(二)测距成果计算

一般测距仪测定的是斜距,因而需对测试成果进行仪器常数改正、气象改正、倾斜改正等,最后求得水平距离。

1.仪器常数改正

仪器常数有加常数和乘常数两项。对于加常数,由于发光管的发射面、接收面与仪器中心不一致,反光镜的等效反射面与反光镜中心不一致,内光路产生相位延迟及电子元件的相位延迟,使得测距仪测出的距离值与实际距离值不一致。此常数一般在仪器出厂时预置在仪器中,但是由于仪器在搬运过程中的震动、电子元件老化,常数还会变化,因此还会有剩余加常数。这个常数要经过仪器检测求定,并对所测距离加以改正。需要注意的是不同型号的测距仪,其反光镜常数是不一样的。若互换反光镜,要经过加常数重新测试方可使用。

仪器的测尺长度与仪器振荡频率有关。仪器经过一段时间使用,晶体会老化,致使测距时仪器的晶振频率与设计时的频率有偏移,因此产生与测试距离成正比的系统误差。其比例因子称为乘常数。如晶振有 15 kHz 误差,会产生 10^{-6} 系统误差,使 1 km 的距离产生 1 mm 误差。此项误差也应通过检测求定,在所测距离中加以改正。

现代测距仪都具有设置仪器常数的功能,测距前预先设置常数,在仪器测距过程中自动改正。若测距前未设置常数,可按下式计算:

$$\Delta D_K = K + RD \tag{8-36}$$

式中 K——仪器加常数;

R——仪器乘常数。

2.气象改正

仪器的测尺长度是在一定的气象条件下推算出来的。但是仪器在野外测量时气象参数与仪器标准气象元素不一致,因此使测距值产生系统误差。所以在测距时,应同时测定环境温度(读至 1 ℃)、气压(读至 1 mmHg(133.3 Pa))。利用仪器生产厂家提供的气象改正公式计算距离改正值。如某厂家测距仪气象改正公式为

$$\Delta D_0 = 28.2 - \frac{0.029P}{1 + 0.003\ 7t}$$

式中 P——观测时气压,mbar(1 bar = 10^5 Pa);

       t——观测时温度,℃;

    ΔD_0——以 100 m 为单位的改正值。

目前,测距仪都具有设置气象参数的功能,在测距前设置气象参数,在测距过程中仪器自动进行气象改正。

3.倾斜改正

测距仪测试结果经过前几项改正后的距离是测距仪几何中心到反光镜几何中心的斜距。要改算成平距还应进行倾斜改正。现代测距仪一般都与光学经纬仪或电子经纬仪组合,测距时可以同时测出竖直角 α 或天顶距 z(天顶距是从天顶方向到目标方向的角度)。用下式计算平距 D:

$$D = D_0 \sin z \tag{8-37}$$

(三)光电测距仪的使用

1.仪器操作部件

虽然不同型号的仪器其结构及操作上有一定的差异,但从大的方面来说,基本上是一致的。对具体的仪器按照其相应的说明书进行操作即可正确使用,下面以 ND3000 红外相位式测距仪为例,介绍短程光电测距仪的使用方法。

图 8-23 是南方测绘公司生产的 ND3000 红外相位式测距仪,它自带望远镜,望远镜的视准轴、发射光轴和接收光轴同轴,有垂直制动螺旋和微动螺旋,可以安装在光学经纬仪上或电子经纬仪上。测距时,测距仪瞄准棱镜测距,经纬仪瞄准棱镜测量竖直角,通过测距仪面板上的键盘,将经纬仪测量出的天顶距输入测距仪中,可以计算出水平距离和高差。

图 8-24 为和仪器配套的棱镜对中杆与支架,它用于放样测量非常方便。

ND3000 红外测距仪的主要技术指标如下。

测距部分:红外发光二极管;最大距离:单棱镜 2 000 m,三棱镜 3 000 m;精度:3 mm + 2×10^{-6};显示分辨率:精测 0.001 m,跟踪 0.01 m;测距时间:精测每次 3 s,跟踪每次 0.8 s;调制频率:3 种频率($f_{精} = 14\ 835\ 547$ Hz,$f_{粗1} = 146\ 886$ Hz,$f_{粗2} = 149\ 854$ Hz);发射光波长:0.865 mm;测程:3.0 km;气象修正范围:温度 -20 ℃ ~ +50 ℃;气压 53.3 kPa ~ 133.2 kPa(400 ~ 999 mmHg);标准常数修正范围:-999 ~ 999 mm;加常数修正范围:加 -999 ~ 999 mm,乘 -9. 99 ~ 9.99 mm;瞄准望远镜部分:发射接收瞄准三同轴;焦距:可调;放大倍数:13;成像:正像;视场角:1 030′;显示器:8 位液晶显示;键盘:13 个塑胶密封型键;自检功能:代码信息显示;自动衰减:有;电池残容量显示:用编码显示;自动断电装置:操作停止两分钟后自动断电;接口:异步式,RS-232C 可兼容;使用温度范围:-20 ℃ ~ +50 ℃;尺寸(宽×长×高):200 mm × 174 mm×165 mm;主机质量:1.6 kg;电源电压:6 VDC(功耗 3.6 W)。

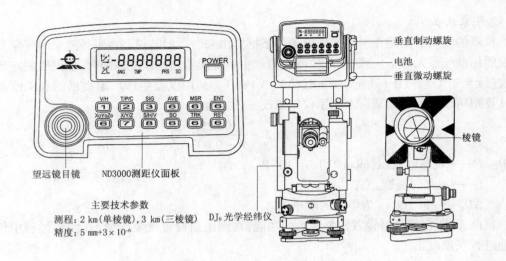

图 8-23 ND3000 红外测距仪及其单棱镜

望远镜目镜　　ND3000测距仪面板

主要技术参数
测程：2 km(单棱镜)，3 km(三棱镜)　　DJ₆光学经纬仪
精度：5 mm+3×10⁻⁶

垂直制动螺旋
电池
垂直微动螺旋
棱镜

2.仪器安置

将经纬仪安置于测站上，主机连接在经纬仪望远镜的连接座内，并旋紧固定。经纬仪对中、整平。在目标点安置反光棱镜三脚架并对中、整平。按一下测距仪上的<POWER>键(开，再按一下为关)，显示窗内显示"88888888"3~5 s，为仪器自检，表示仪器显示正常。

3.测量竖直角和气温、气压

用经纬仪望远镜十字丝瞄准反光镜觇板中心，读取并记录竖盘读数，然后记录温度计的温度和气压表的气压 P。

4.距离测量

测距仪上、下转动，使目镜的十字丝中心对准棱镜中心，左、右方向如果不对准棱镜，则可以调节测距仪的支架位置使其对准；测距仪瞄准棱镜后，发射的光波经棱镜反射回来，若仪器接收到足够的回光量，则显示窗下方显示"＊"，并发出持续鸣声；如果"＊"不显示，或显示暗淡，或忽隐忽现，表示未收回光，或回光不足，应重新瞄准；测距仪上下、左右微动，使"＊"的颜色最浓(表示接收到的回光量最大)，称为电瞄准。

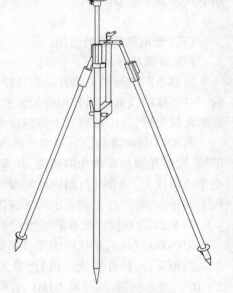

图 8-24　棱镜对中杆与支架

按<MSR>键，仪器进行测距，测距结束时仪器发出断续鸣声(提示注意)，鸣声结束后显示窗显示测得的斜距，记下距离读数；按<MSR>键，进行第二次测距和第二次读数，一般进行 4 次，称为一个测回。各次距离读数最大、最小相差不超过 5 mm 时取其平均值，作为一测回的观测值。如果需进行第二测回，则重复 1~4 步操作。在各次测距过程中，若显示窗中"＊"消失，且出现一行虚线，并发现急促鸣声，表示红外光被遮，应消除其原因。

(四)光电测距精度分析

1.光电测距误差

光电测距误差来自三个方面:一是仪器误差,主要是测距仪的调制频率误差和仪器的测相误差;二是人为误差,这方面主要是仪器对中、反射棱镜对中时产生的误差;三是外界条件的影响,主要是气象参数即大气温度和气压的影响。

2.光电测距的精度

光电测距的误差有两部分,一部分与所测距离的长短无关,称为常误差(固定误差)a,另一部分与距离的长度 D 成正比,称为比例误差,其比例系数为 b。因此,光电测距的测距中误差 m_D(又称为测距仪的标称精度)为

$$m_D = \pm(a + b \cdot D) \tag{8-38}$$

式中　　a——仪器的固定误差,mm;

　　　　b——仪器的比例误差系数,mm/km;

　　　　D——测距边长度,km。

例如,某短程红外测距仪标称精度为±(5+3D),对照式(8-38),即 $a = 5$ mm,$b = 3$ mm/km $= 3 \times 10^{-6}$ m。

六、水准、距离、角度测量的要点

(一)水准测量的要点

水准测量是一项集观测、记录及扶尺为一体的测量工作,只有全体参加人员认真负责,按规定要求仔细观测与操作,才能取得良好的成果。归纳起来应注意如下几点。

1.观测

(1)观测前应认真按要求检校水准仪,检定水准尺。

(2)仪器应安置在土质坚实处,并踩实三脚架。

(3)水准仪至前、后视水准尺的视距应尽可能相等。

(4)每次读数前,注意消除视差,只有当符合水准气泡居中后,才能读数,读数应迅速、果断、准确,特别应认真估读毫米数。

(5)晴好天气,仪器应打伞防晒,操作时应细心认真,做到"人不离仪器",使之安全。

(6)只有当一测站记录计算合格后方能搬站,搬站时先检查仪器连接螺旋是否固紧,一手扶托仪器,一手握住脚架稳步前进。

2.记录

(1)认真记录,边记边复报数字,准确无误地记入记录手簿相应栏内,严禁伪造和转抄。

(2)字体要端正、清楚,不准在原数字上涂改,不准用橡皮擦改,如按规定可以改正时,应在原数字上划线后再在上方重写。

(3)每站应当场计算,检查符合要求后,才能通知观测者搬站。

3.扶尺

(1)扶尺员应认真竖立水准尺,注意保持尺上圆气泡居中。

(2)转点应选择土质坚实处,并将尺垫踩实。

(3)水准仪搬站时,要注意保护好原前视点尺垫位置不受碰动。

（二）距离测量的要点

目前距离的测量已经普遍使用测距仪完成,测距仪使用要点有:

(1)使用前检校仪器,确保仪器能正常工作并满足测量精度要求。

(2)使用时正确安置测距仪及放射棱镜。

(3)切不可将照准头对准太阳,以免损坏光电器件。

(4)注意电源接线,不可接错,经检查无误后方可开机测量。测距完毕注意关机,不要带电迁站。

(5)视场内只能有反光棱镜,应避免测线两侧及镜站后方有其他光源和反射物体,并应尽量避免逆光观测;测站应避开高压线、变压器等处。

(6)仪器应在大气比较稳定和通视良好的条件下进行观测。

(7)仪器不要暴晒和雨淋,在强烈阳光下要撑伞遮阳,经常保持仪器清洁和干燥,在运输过程中要注意防震。

（三）角度测量的要点

(1)观测前应先检验仪器,如不符合要求应进行校正。

(2)安置仪器要稳定,脚架应踩实,应仔细对中和整平。尤其对短边时应特别注意仪器对中。在地形起伏较大地区观测时,应严格整平。一测回内不得再对中、整平。

(3)目标应竖直,仔细对准地上标志中心,根据远近选择不同粗细的标杆,尽可能瞄准标杆底部,最好直接瞄准地面上标志中心。

(4)严格遵守各项操作规定和限差要求。采用盘左、盘右位置观测取平均的观测方法:照准时应消除视差,一测回内观测避免碰动度盘。竖直角观测时,应先使竖盘指标水准管气泡居中后,才能读取竖盘读数。

(5)当对一水平角进行 m 个测回(次)观测时,各测回间应变换度盘起始位置,每测回观测度盘起始读数变动值为 $\dfrac{180°}{m}$(m 为测回数)。

(6)水平角观测时,应以十字丝交点附近的竖丝仔细瞄准目标底部;竖直角观测时,应以十字丝交点附近的中丝照准目标的顶部(或某一标志)。

(7)读数应果断、准确,特别注意估读数。观测结果应及时记录在正规的记录手簿上,当场计算。当各项限差满足规定要求后,方能搬站。如有超限或错误,应立即重测。

(8)选择有利的观测时间和避开不利的外界因素。

(9)仪器安置的高度应合适,脚架应踩实,中心螺旋拧紧,观测时手不扶脚架,转动照准部及使用各种螺旋时,用力要轻。

第二节　施工测量的知识

一、建筑的定位与放线

建筑的定位就是把建筑物外轮廓各轴线交点(简称角桩,如图 8-25 中 A_1、E_1、E_6、A_6)放样到地面上,作为放样基础和细部的依据。建筑物施工放样精度标准见表 8-7。放样定位方法有极坐标法、直角坐标法等,除以前所介绍的根据控制点、建筑基线、建筑方格网放样外,还可以根据已有建筑物放样。

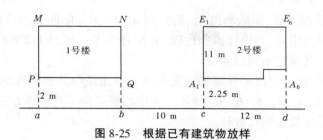

图 8-25　根据已有建筑物放样

表 8-7　建筑物施工放样的若干技术要求

建筑物结构特征	测距相对中误差	测角中误差（"）	在测站上测定高差中误差（mm）	根据起始水平面在施工水平面上测定高程中误差（mm）	竖向传递轴线点中误差（mm）
金属结构、装配式钢盘混凝土结构、建筑物高度100～120 m或跨度30～36 m	1/20 000	5	1	6	4
15 层房屋建筑物高度60～100 m或跨度18～30 m	1/10 000	10	2	5	3
5～15 层房屋、建筑物高度15～60 m或跨度6～18 m	1/5 000	20	2.5	4	2.5
5 层房屋、建筑物高度15 m或跨度 6 m 及以下	1/3 000	30	3	3	2
木结构、工业管线或公路铁路专用线	1/2 000	30	5	—	—
土工竖向整平	1/1 000	45	10	—	—

注:1.对于具有两种以上特征的建筑物,应取要求高的中误差值。

2.有特殊要求的工程项目,应根据设计对限差的要求,确定其放样精度。

（一）根据已有建筑物放样

如图 8-25 所示,1 号楼为已有建筑物,2 号楼为待建建筑物,建筑物定位点 A_1、E_1、E_6、A_6 的放样步骤如下：

（1）用钢卷尺紧贴于 1 号楼外墙 MP、NQ 边各量出 2 m（距离大小根据实地地形而定,一般 1～4 m）,得 a、b 两点,打木桩,桩顶钉上铁钉标志,以下类同。

（2）把经纬仪安置于 a 点,瞄准 b 点,并从 b 点沿 ab 方向量出 10 m,得 c 点,再继续量 12 m,得 d 点。

（3）将经纬仪安置在 c 点,瞄准 a 点,水平度盘读数置于 $0°00'00''$,顺时针转动照准部,当水平盘读数为 90°00′00″时,锁定此方向,并按距离放样法沿该方向用钢尺量出 2.25 m 得 A_1 点,再继续量出 11 m,得 E_1 点。

(4)将经纬仪安置在 d 点,同法测出 A_6、E_6。则 A_1、E_1、E_6、A_6 四点为待建建筑物外墙轴线交点,检测各桩点间的距离,与设计值相比较,其相对误差不超过 1/2 500,用经纬仪检测四个拐角是否为直角,其误差不超过 40″。

建筑物放线就是根据已定位的外墙轴线交点桩放样建筑物其他轴线的交点桩(简称中心桩),如图 8-26 中,A_2、A_3、A_4、A_5、B_5、B_6 等各点为中心桩点位。其放样方法与角桩点相似,即以角桩为基础,用经纬仪和钢尺放样。

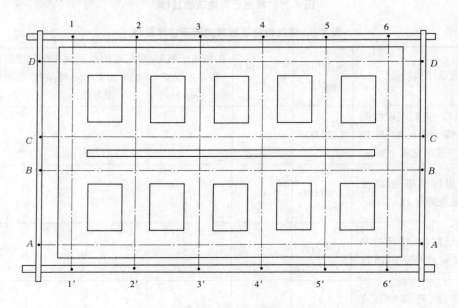

图 8-26　引测龙门板

(二)龙门板和轴线控制桩

由于基槽开挖后,角桩和中心桩将被挖掉,为了便于在施工中恢复各轴线位置,应把各轴线延长到基槽外的安全地方,并做好标志,其方法有设置轴线控制桩和龙门板两种形式。

(1)龙门板法适用于一般砖石结构的小型民用建筑物。在建筑物四角与隔墙两端基槽开挖边界线以外约 2 m 处打下大木桩,使各桩连线平行于墙基轴线,用水准仪将±0.000 的高程位置放样到每个龙门桩上。然后以龙门桩为依据,用木料或粗约 5cm 的长铁管搭设龙门板(如图 8-27 所示),使板的上边缘高程正好为±0.000,并把各轴线引测到龙门板上,作出标志。图 8-26 中 A~D、1~6 各点为建筑物各轴线延长至龙门板上的标志点,也可用拉细线的方法将角桩、中心桩延长至龙门板上,具体方法是用垂球对准桩点,然后沿两垂球线拉紧细绳,把轴线标定在龙门板上。

(2)轴线控制桩设置在基槽外基础轴线的延长线上,建立半永久性标志(多数为混凝土包裹木桩,如图 8-28 所示),作为开挖基槽后恢复轴线位置的依据。

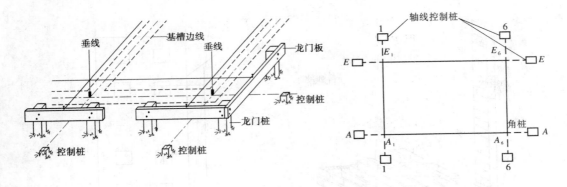

图 8-27　设置龙门板　　　　　　图 8-28　轴线控制桩

为了确保轴线控制桩的精度,通常是先直接放样轴线控制桩,然后根据轴线控制网放样角桩。如果附近有已建的建筑物,也可将轴线投测到建筑物的墙上。

角桩和中心桩被引测到安全地点之后,用细绳来标定开挖边界线,并沿此线撒下白灰线,施工时按此线进行开挖。

二、墙体、地面、顶棚装饰施工测量

(一) 墙体施工测量

在垫层之上,±0.000 m 以下的砖墙称为基础墙,其高度通常利用皮数杆来控制。基础皮数杆是一根木制的杆子,如图 8-29 所示,在杆上预先按照设计尺寸将砖、灰缝厚度画出线条,标明±0.000 m、防潮层等标高位置。立皮数杆时,把皮数杆固定在某一空间位置上,使皮数杆上的±0.000 m 位置与±0.000 m 桩上标定的位置对齐,以此作为基础墙的施工依据。基础墙体顶面标高容许误差为±15 mm。

在±0.000 m 标高以上的墙体称为主墙体。主墙体的标高利用墙身皮数杆来控制。墙身皮数杆根据设计尺寸按砖、灰缝从底部往上依次标明±0.000 m、门、墙、过梁、楼板、预留孔洞以及其他各种构件的位置。同一标准楼层各层皮数杆可以共用,不是同一标准楼层,则应根据具体情况分别制作皮数杆。砌墙时,可将皮数杆撑立在墙角处,使皮数杆杆端±0.000 m 刻度线对准基础端标定的±0.000 m 位置。

(二) 地面施工测量

(1) 根据已校核的高程控制水准点,测设首层±0.000 标高,以防沉降等原因可能引起的首层地面标高与设计图纸不符,并以此标高为基准进行标高的竖向传递。

(2) 在首层各段至少设置 3 个标高控制点,以利于互相检核闭合校差。

(3) 标高的传递方式采用在楼梯间和窗口处进行悬吊钢尺法传递,如图 8-30 所示,其允许误差见表 8-8。

传递到各层的三个标高点应先进行校核,较差不得大于 3 mm,并取平均点引测水平线。

(4) 测设 50 cm 水平控制线:将±0.000 m 标高引测到室内,在四周墙身与柱身上测设出 50 cm 水平控制线,作为地面面层施工标高控制线。其测设允许误差应符合测表 8-9 的要求。室内的 50 cm 水平线是控制地面标高以及门窗安装等项目的重要依据,在弹墨线时应注意墨线的宽度不得大于 1 mm。有时也测设出 1 m 水平控制线。

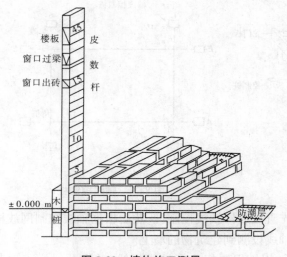

图 8-29　墙体施工测量

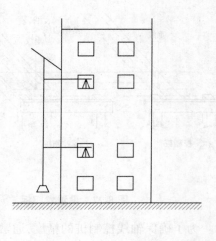

图 8-30　悬吊钢尺法传递高程

表 8-8　标高传递允许误差

层间误差	±3 mm
总误差	±5 mm

表 8-9　标高控制线精度要求

项目		精度要求
水平线（室内、室外）		1.每 3 m 两端高差不超过±1 mm； 2.同一条水平线的标高允许误差为±3 mm
铅垂线	室内	经纬仪两次投测校差小于 2 mm
	室外	高于 1/3 000

（5）用水准仪检测地面面层的平整度和标高时，水准仪的间距应符合大厅小于 5 m、房间应小于 2 m 的要求。

（6）根据各层水平控制线量出地面标高线，弹于墙面上，作为地面面层上皮的水平基准。若是陶瓷地砖地面装饰工程，还应该根据设计要求和地砖块规格尺寸，确定板块铺砌的缝隙宽度，在地面弹出定位控制线（每隔 4 块砖弹一根控制线）。

（三）顶棚装饰施工测量

顶棚装饰工程施工，根据结构不同分为直接式和悬吊式。

对于直接式，首先测设 50 cm（或 1 m）线作为施工依据，在四周墙上弹出顶棚水平控制线，再根据设计要求测画造型线。其工艺较为简单，施工方便。

对于悬吊式顶棚的装饰施工测量：

（1）根据已弹出的 50 cm 楼层水平控制线，用钢尺量至顶棚装饰的设计标高，并在四周的墙上弹出水平控制线。其允许误差应符合表 8-10 的要求。

（2）对于装饰物比较复杂的吊顶，应在顶板上弹出十字直角定位分格线，十字线应将顶板均匀分格(其中一条线应确保和外墙平行,以保证美观),以此为依据向四周扩展等距方格网来控制装饰物的位置,并以此为基础在四周墙上的吊顶水平控制线上弹出龙骨的分档线。

(3)对于会议室、门厅等灯具、装饰物较多的复杂房间,在施工前将顶棚装饰物设计尺寸先按1:1铅垂投影在地面上并标定,后将标定点再沿铅垂线投点到顶棚,确保位置正确。

小　结

本章主要讲述了:
(1)水准仪、经纬仪、全站仪、激光铅垂仪、测距仪等常规测量仪器的使用。
(2)水准、距离、角度测量的要点。
(3)建筑的定位与放线,墙体、地面、顶棚装饰施工测量。

第九章　装饰预算的基本知识

【**学习目标**】　通过本章学习,了解工程量的概念,掌握建筑面积计算规则,能够运用相关工程量计算规则完成建筑装饰工程各分部分项工程的工程量计算。了解工程造价的组成,了解工程定额的相关概念及其分类,能够运用《河南省房屋建筑与装饰工程预算定额》(HA 01－31—2016),确定建筑装饰工程分项工程综合单价,了解工程量清单计价模式以及工程量清单的组成。

第一节　工程计量

工程计量即工程量计算,是对以物理计量单位或自然计量单位表示的各种具体工程或结构构件的数量过程的描述。工程计量所计算出的工程量,是编制工程量清单、编制施工组织设计、确定建筑装饰工程费用、安排施工进度、编制材料供应计划等的重要依据。

工程计量所有的计量单位主要根据工程项目的形体特征、变化规律、组合情况来确定。一般有物理计量单位和自然计量单位两种。其中,物理计量单位是指需要经过量度的单位。常用的物理计量单位有"m^3"、"m^2"、"m"等。自然计量单位是指不需要经过量度的单位。常用的自然计量单位有"个"、"台"、"组"等。

一、建筑面积计算

建筑面积是指房屋各层水平投影面积之和,它包括使用面积、辅助面积和结构面积。它是表示建筑技术经济指标的重要数据,如每平方米预算造价、每平方米材料消耗量等;同时,它也是计算某些分项工程量的依据,如计算楼地面工程等。

使用面积:指建筑物各层平面中直接供生产、生活使用的净面积的总和。

辅助面积:指建筑物各层平面中,为辅助生产或生活活动所占的净面积的总和。

结构面积:指建筑物各层平面中的墙、柱等结构所占的面积的总和。

现行建筑面积的计算以《建筑面积计算规范》(GB/T 50353—2013)规定为准。建筑面积的计算规则如下:

(1)建筑物的建筑面积应按自然层外墙结构外围水平面积之和计算。结构层高在 2.20 m 及以上的,应计算全面积;结构层高在 2.20 m 以下的,应计算 1/2 面积。

(2)建筑物内设有局部楼层时,对于局部楼层的二层及以上楼层,有围护结构的应按其围护结构外围水平面积计算,无围护结构的应按其结构底板水平面积计算,且结构层高在 2.20 m 及以上的,应计算全面积,结构层高在 2.20 m 以下的,应计算 1/2 面积。

(3)对于形成建筑空间的坡屋顶,结构净高在 2.10 m 及以上的部位应计算全面积;结构净高在 1.20 m 及以上至 2.10 m 以下的部位应计算 1/2 面积;结构净高在 1.20 m 以下的部位不应计算建筑面积。

(4)对于场馆看台下的建筑空间,结构净高在 2.10 m 及以上的部位应计算全面积;结构净高在 1.20 m 及以上至 2.10 m 以下的部位应计算 1/2 面积;结构净高在 1.20 m 以下的部位不应计算建筑面积。室内单独设置的有围护设施的悬挑看台,应按看台结构底板水平投影面积计算建筑面积。有顶盖无围护结构的场馆看台应按其顶盖水平投影面积的 1/2 计算面积。

(5)地下室、半地下室应按其结构外围水平面积计算。结构层高在 2.20 m 及以上的,应计算全面积;结构层高在 2.20 m 以下的,应计算 1/2 面积。

(6)出入口外墙外侧坡道有顶盖的部位,应按其外墙结构外围水平面积的 1/2 计算面积。

(7)建筑物架空层及坡地建筑物吊脚架空层,应按其顶板水平投影计算建筑面积。结构层高在 2.20 m 及以上的,应计算全面积;结构层高在 2.20 m 以下的,应计算 1/2 面积。

(8)建筑物的门厅、大厅应按一层计算建筑面积,门厅、大厅内设置的走廊应按走廊结构底板水平投影面积计算建筑面积。结构层高在 2.20 m 及以上的,应计算全面积;结构层高在 2.20 m 以下的,应计算 1/2 面积。

(9)对于建筑物间的架空走廊,有顶盖和围护结构的,应按其围护结构外围水平面积计算全面积;无围护结构、有围护设施的,应按其结构底板水平投影面积计算 1/2 面积。

(10)对于立体书库、立体仓库、立体车库,有围护结构的,应按其围护结构外围水平面积计算建筑面积;无围护结构、有围护设施的,应按其结构底板水平投影面积计算建筑面积。无结构层的应按一层计算,有结构层的应按其结构层面积分别计算。结构层高在 2.20 m 及以上的,应计算全面积;结构层高在 2.20 m 以下的,应计算 1/2 面积。

(11)有围护结构的舞台灯光控制室,应按其围护结构外围水平面积计算。结构层高在 2.20 m 及以上的,应计算全面积;结构层高在 2.20 m 以下的,应计算 1/2 面积。

(12)附属在建筑物外墙的落地橱窗,应按其围护结构外围水平面积计算。结构层高在 2.20 m 及以上的,应计算全面积;结构层高在 2.20 m 以下的,应计算 1/2 面积。

(13)窗台与室内楼地面高差在 0.45 m 以下且结构净高在 2.10 m 及以上的凸(飘)窗,应按其围护结构外围水平面积计算 1/2 面积。

(14)有围护设施的室外走廊(挑廊),应按其结构底板水平投影面积计算 1/2 面积;有围护设施(或柱)的檐廊,应按其围护设施(或柱)外围水平面积计算 1/2 面积。

(15)门斗应按其围护结构外围水平面积计算建筑面积,且结构层高在 2.20 m 及以上的,应计算全面积;结构层高在 2.20m 以下的,应计算 1/2 面积。

(16)门廊应按其顶板的水平投影面积的 1/2 计算建筑面积;有柱雨篷应按其结构板水平投影面积的 1/2 计算建筑面积;无柱雨篷的结构外边线至外墙结构外边线的宽度在 2.10 m 及以上的,应按雨篷结构板的水平投影面积的 1/2 计算建筑面积。

(17)设在建筑物顶部的、有围护结构的楼梯间、水箱间、电梯机房等,结构层高在2.20 m 及以上的应计算全面积;结构层高在 2.20 m 以下的,应计算 1/2 面积。

(18)围护结构不垂直于水平面的楼层,应按其底板面的外墙外围水平面积计算。结构净高在 2.10 m 及以上的部位,应计算全面积;结构净高在 1.20 m 及以上至 2.10 m 以下的部位,应计算 1/2 面积;结构净高在 1.20 m 以下的部位,不应计算建筑面积。

(19)建筑物的室内楼梯、电梯井、提物井、管道井、通风排气竖井、烟道,应并入建筑物的自然层计算建筑面积。有顶盖的采光井应按一层计算面积,且结构净高在 2.10 m 及以上的,应计算全面积;结构净高在2.10 m以下的,应计算1/2面积。

（20）室外楼梯应并入所依附建筑物自然层,并应按其水平投影面积的1/2计算建筑面积。

（21）在主体结构内的阳台,应按其结构外围水平面积计算全面积;在主体结构外的阳台,应按其结构底板水平投影面积计算1/2面积。

（22）有顶盖无围护结构的车棚、货棚、站台、加油站、收费站等,应按其顶盖水平投影面积的1/2计算建筑面积。

（23）以幕墙作为围护结构的建筑物,应按幕墙外边线计算建筑面积。

（24）建筑物的外墙外保温层,应按其保温材料的水平截面积计算,并计入自然层建筑面积。

（25）与室内相通的变形缝,应按其自然层合并在建筑物建筑面积内计算。对于高低联跨的建筑物,当高低跨内部连通时,其变形缝应计算在低跨面积内。

（26）对于建筑物内的设备层、管道层、避难层等有结构层的楼层,结构层高在2.20 m及以上的,应计算全面积;结构层高在2.20 m以下的,应计算1/2面积。

（27）下列项目不应计算建筑面积:

①与建筑物内不相连通的建筑部件;

②骑楼、过街楼底层的开放公共空间和建筑物通道;

③舞台及后台悬挂幕布和布景的天桥、挑台等;

④露台、露天游泳池、花架、屋顶的水箱及装饰性结构构件;

⑤建筑物内的操作平台、上料平台、安装箱和罐体的平台;

⑥勒脚、附墙柱、垛、台阶、墙面抹灰、装饰面、镶贴块料面层、装饰性幕墙,主体结构外的空调室外机搁板（箱）、构件、配件,挑出宽度在2.10 m以下的无柱雨篷和顶盖高度达到或超过两个楼层的无柱雨篷;

⑦窗台与室内地面高差在0.45 m以下且结构净高在2.10 m以下的凸（飘）窗,窗台与室内地面高差在0.45 m及以上的凸（飘）窗;室外爬梯、室外专用消防钢楼梯;

⑧无围护结构的观光电梯;

⑨建筑物以外的地下人防通道,独立的烟囱、烟道、地沟、油（水）罐、气柜、水塔、贮油（水）池、贮仓、栈桥等构筑物。

二、装饰装修工程的工程量计量

关于工程量计算的规则各地区的规定有所不同。现以《河南省房屋建筑与装饰工程预算定额》（HA 01-31—2016）的相关规定对工程量计算规则进行介绍。

（一）楼地面工程量计算

建筑装饰装修工程的楼地面分部计价时可分为:整体面层（如水泥砂浆楼地面等）,块料面层（如石材楼地面、地砖楼地面等）,橡塑面层（如橡胶地板、塑料地板）,其他材料面层（如木地板、地毯）,踢脚线,楼梯装饰,台阶装饰,扶手、栏杆、栏板以及零星饰项目（如0.5 m²以内少量分散的楼地面装修等）。

其中,装饰楼地面工程常用到的工程量计算规则有:

（1）楼地面找平层及整体面层按设计图示尺寸以面积计算。扣除凸出地面构筑物、设备基础、室内铁道、地沟等所占面积,不扣除间壁墙及≤0.3 m² 的柱、垛、附墙烟囱及孔洞所占面积。门洞、空圈、暖气包槽、壁龛的开口部分不增加面积。

(2)块料面层、橡塑面层。

①块料面层、橡塑面层及其他材料面层按设计图示尺寸以面积计算。门洞、空圈、暖气包槽、壁龛的开口部分并入相应的工程量内。

②石材料花按最大外围尺寸以矩形面积计算,有拼花的石材地面,按设计图示尺寸扣除拼花的最大外围矩形面积计算面积。

③点缀按"个"计算,计算主体铺贴地面面积时,不扣除点缀所占面积。

④石材底面刷养护液包括侧面涂刷,工程量按设计图示尺寸以底面积计算。

⑤石材表面刷保护液按设计图示尺寸以表面积计算。

⑥石材勾缝按石材设计图示尺寸以面积计算。

(3)踢脚线按设计图示长度乘以高度以面积计算。楼梯靠墙踢脚线(含锯齿形部分)贴块料按设计图示面积计算。

(4)楼梯装饰按设计图示尺寸以楼梯(包括踏步、休息平台及≤500 mm 的楼梯井)水平投影面积计算。楼梯与楼地面相连时,算至梯口梁内侧边沿;无梯口梁者,算至最上一层踏步边沿加 300 mm。

(5)台阶面层按设计图示尺寸以台阶(包括最上层踏步边沿加 300 mm)水平投影面积计算。

(6)零星装饰项目按设计图示尺寸以面积计算。

(7)分格嵌条按设计图示尺寸以"延长米"计算。

(8)块料楼地面做酸洗打蜡者,按设计图示尺寸以表面积计算。

(二)墙柱面装饰与隔断、幕墙工程工程量计算

建筑装饰装修工程的墙柱面装饰与隔断、幕墙工程分部计价时可分为:墙面抹灰(分为一般抹灰和装饰抹灰,柱面抹灰,零星抹灰,墙面镶贴块料(如石材墙面、块料墙面),柱面镶贴块料,零星镶贴块料(如窗台线、0.5 m² 以内少量分散饰面),墙饰面(如木饰面、玻璃饰面、铝塑板饰面等),柱梁饰面,隔断,幕墙(带骨架幕墙、全玻幕墙)等工程。

其中,墙柱面装饰与隔断、幕墙工程常用到的工程量计算规则有:

(1)抹灰。

①内墙面、墙裙抹灰面积应扣除门窗洞口和单个>0.3 m² 以上的孔洞所占面积,不扣除踢脚线、挂镜线及单个≤0.3 m² 的孔洞和墙与构件交接处的面积。且门窗洞口、空圈、孔洞的侧壁面积亦不增加,附墙柱的侧面抹灰应并入墙面、墙裙抹灰工程量内计算。

②内墙面、墙裙的长度以主墙间的图示净长计算,墙面高度按室内地面至天棚底面净高计算,墙面抹灰面积应扣除墙裙抹灰面积,如墙面盒墙裙抹灰种类相同者,工程量合并计算。

③如设计有室内吊顶时,内墙抹灰、柱面抹灰的高度算至吊顶底面另加 100 mm。

④外墙抹灰面积按垂直投影面积计算。应扣除门窗洞口、外墙裙(墙面和墙裙抹灰种类相同者应合并计算)和单个>0.3 m² 的孔洞所占面积,不扣除单个面积≤0.3 m² 的孔洞所占面积,门窗洞口及孔洞侧面面积亦不增加。附墙柱侧面抹灰面积应并入外墙面抹灰面积工程量内。

⑤柱抹灰按结构断面周长乘以抹灰高度计算。

⑥装饰线条按设计图示尺寸以长度计算。

⑦装饰抹灰分格嵌缝按抹灰面面积计算。

⑧"零星项目"按设计图示尺寸以展开面积计算。

（2）块料面层。

①挂贴石材零星项目中柱墩、柱帽是按圆弧形成品考虑的,按其圆的最大外径周长计算;其他类型的柱帽、柱墩工程量按设计图示尺寸以展开面积计算。

②镶贴块料面层,按镶贴表面积计算。

③柱镶贴块料面层按设计图示饰面外围尺寸乘以高度以面积计算。

（3）墙饰面。

①龙骨、基层、面层墙饰面项目按设计图示饰面尺寸以面积计算,扣除门窗洞口及单个单个>0.3 m² 以上的孔洞所占的面积,不扣除单个面积≤0.3 m² 的孔洞所占面积,门窗洞口及孔洞侧壁面积亦不增加。

②柱（梁）饰面的龙骨、基层、面层按设计图示饰面尺寸以面积计算,柱帽、柱墩并入相应柱面积计算。

（4）幕墙、隔断。

①玻璃幕墙、铝板幕墙以框外围面积计算;半玻璃隔断、全玻璃幕墙如有加强肋者,工程量按其展开面积计算。

②隔断按设计图示框外围面积计算,扣除门窗洞及单个面积>0.3 m² 的孔洞所占面积。

（三）天棚工程工程量计算

建筑装饰装修工程的墙柱面分部计价时可分为:天棚抹灰,天棚吊顶（含平顶、跌级吊顶等形式,吊顶的龙骨与面层要分开计算）,天棚其他装饰（如灯带、送风口等）。

其中,装饰天棚工程常用到的工程量计算规则有:

（1）天棚抹灰。

按设计图示尺寸以展开面积计算天棚抹灰。不扣除间壁墙、垛、柱、附墙烟囱、检查口和管道所占的面积,带梁天棚的梁两侧抹灰面积并入天棚面积内,板式楼梯底面抹灰面积（包括踏步、休息平台以及≤500 mm 宽的楼梯井）按水平投影面积乘以系数 1.15 计算,锯齿形楼梯底板抹灰面积（包括踏步、休息平台以及≤500 mm 宽的楼梯井）按水平投影面积乘以系数 1.37 计算。

（2）天棚吊顶。

①天棚龙骨按主墙间水平投影水平投影面积计算,不扣除间壁墙、柱、垛、附墙烟囱、检查口和管道所占的面积,扣除单个>0.3 m² 的孔洞、独立柱及与天棚相连的窗帘盒所占的面积。斜面龙骨按斜面计算。

②天棚吊顶的基层和面层均按设计图示尺寸以展开面积计算。天棚面中的灯槽及跌级、阶梯式、锯齿形、吊挂式、藻井式天棚面积按展开计算。不扣除间壁墙、垛、柱、附墙烟囱、检查口和管道所占面积,扣除单个>0.3 m² 的孔洞、独立柱及与天棚相连的窗帘盒所占的面积。

③格栅吊顶、藤条造型悬挂吊顶、织物软雕吊顶和装饰网架吊顶,按设计图示尺寸以水平投影面积计算。吊筒吊顶以最大外围水平投影尺寸,以外接矩形面积计算。

（3）天棚其他装饰。

①灯带（槽）按设计图示尺寸以框外围面积计算。

②送风口、回风口及灯光孔按设计图示数量计算。

（四）门窗工程工程量计算

建筑装饰装修工程的门窗分部计价时可分为：木门、金属门、金属卷帘（闸）、厂库房大门、特种门、其他门、金属窗、门钢架、门窗套、窗台板、窗帘盒、轨、门五金。

其中，装饰门窗工程常用到的工程量计算规则有：

（1）木门。

①成品木门框安装按设计图示框的中心线长度计算。

②成品木门扇安装按设计图示扇面积计算。

③成品套装木门安装按设计图示数量计算。

④木质防火门安装按设计图示洞口面积计算。

（2）金属门窗。

①铝合金门窗（飘窗、阳台封闭窗除外）、塑钢门窗均按设计图示门、窗洞口面积计算。

②门连窗按设计图示洞口面积分别计算门、窗面积，其中窗的宽度算至门框的外边线。

③纱门、纱窗扇按设计图示扇外围面积计算。

④飘窗、阳台封闭窗按设计图示框型材外边线尺寸以展开面积计算。

⑤钢质防火门、防盗门按设计图示门洞口面积计算。

⑥防盗窗按设计图示窗框外围面积计算。

⑦彩板钢门窗按设计图示门、窗洞口面积计算。彩板钢门窗附框按框中心线长度计算。

（3）金属卷帘（闸）。

金属卷帘（闸）按设计图示卷帘门宽度乘以卷帘门高度（包括卷帘箱高度）以面积计算。电动装置按设计图套数计算。

（4）厂库房大门、特种门。

厂库房大门、特种门按设计图示门洞口面积计算。

（5）其他门。

①全玻有框门扇按设计图示扇边框外边线尺寸以扇面积计算。

②全玻无框（夹条）门扇按设计图示扇面积计算，高度算至条夹外边线、宽度算至玻璃外边线。

③全玻无框（点夹）门扇按设计图示玻璃外边线尺寸以扇面积计算。

④无框亮子按设计图示门框与横梁或立柱内边缘尺寸玻璃面积计算。

⑤全玻转门按设计图示数量计算。

⑥不锈钢伸缩门按设计图示延长米计算。

⑦传感和电动装置按设计图示套数计算。

（6）门钢架、门窗套。

①门钢架按设计图示尺寸以质量计算。

②门钢架基层、面层按设计图示饰面外围尺寸展开面积计算。

③门窗套（筒子板）龙骨、面层、基层均按设计图示饰面外围尺寸展开面积计算。

④成品门窗套按设计图示饰面外围尺寸展开面积计算。

（7）窗台板、窗帘盒、轨。

①窗台板按设计图示长度乘以宽度以面积计算。图纸未注明尺寸的，窗台板长度可按窗框的外围宽度两边共加 100 mm 计算，窗台板凸出墙面的宽度按墙面外加 50 mm 计算。

②窗帘盒、窗帘轨按设计图示长度计算。

（五）油漆涂料裱糊工程工程量计算

建筑装饰装修工程的油漆、涂料、裱糊分部计价时可分为：门油漆，窗油漆，木扶手及其他板条、线条油漆，木材面油漆，金属面油漆，抹灰面油漆，喷、刷涂料，花饰、线条刷涂料，裱糊（墙纸等）。

油漆、涂料裱糊工程在计算工程量时除应按图示尺寸计算外，还应考虑工程的类型乘以相应的系数，如：木门油漆：单层木门油漆按图示尺寸以单面洞口面积计算，全玻门则应乘系数 0.75，全百叶门则应乘系数 1.70。

油漆、涂料、裱糊工程工程量计算规则以及计算系数有：

（1）木门面油漆工程。

执行单层木门油漆的项目，其工程量计算规则及相应系数见表 9-1。

表 9-1　工程量计算规则和系数表

	项目	系数	工程量计算规则 （设计图示尺寸）
1	单层木门	1.00	门洞口面积
2	单层半玻门	0.85	
3	单层全玻门	0.75	
4	半截百叶门	1.50	
5	全百叶门	1.70	
6	厂库房大门	1.10	
7	纱门扇	0.80	
8	特种门（包括冷藏门）	1.00	
9	装饰门扇	0.90	扇外围尺寸面积
10	间壁、隔断	1.00	单面外围面积
11	玻璃间壁露明墙筋	0.80	
12	木栅栏、木栏杆（带扶手）	0.90	

注：多面涂刷按单面计算工程量。

（2）木扶手及其他板条、线条油漆工程。

①执行木扶手（不带托板）油漆的项目，其工程量计算规则及相应系数见表9-2。

表9-2　工程量计算规则和系数表

	项目	系数	工程量计算规则（设计图示尺寸）
1	木扶手（不带托板）	1.00	延长米
2	木扶手（带托板）	2.50	
3	封檐板、博风板	1.70	
4	黑板框、生活园地框	0.50	

②木线条油漆按设计图示尺寸以长度计算。

（3）其他木材面油漆工程。

①执行其他木材面油漆的项目，其工程量计算规则及相应系数见表9-3。

表9-3　工程量计算规则和系数表

	项目	系数	工程量计算规则（设计图示尺寸）
1	木板、胶合板天棚	1.00	长×宽
2	屋面板带檩条	1.10	斜长×宽
3	清水板条檐口天棚	1.10	长×宽
4	吸音板（墙面或天棚）	0.87	长×宽
5	鱼鳞板墙	2.40	长×宽
6	木护墙、木墙裙、木踢脚	0.83	
7	窗台板、窗帘盒	0.83	
8	出入口盖板、检查口	0.87	
9	壁橱	0.83	展开面积
10	木屋架	1.77	跨度（长）×中高×1/2
11	以上未包括的其余木材面油漆	0.83	展开面积

②木地板油漆按设计图示尺寸以面积计算，孔洞、空圈、暖气包槽、壁龛的开口部分并入相应的工程量内。

③木龙骨刷防火、防腐涂料按设计图示尺寸以龙骨投影面积计算。

④基层板刷防火、防腐涂料按实际涂刷面积计算。

⑤油漆面抛光打蜡按相应刷油部位油漆工程量计算规则计算。

（4）金属面油漆工程。

①执行金属面油漆、涂料项目，其工程量按设计图示尺寸以展开面积计算。质量在500kg以内的单个金属构件，可参考表9-4相应的系数，将质量（t）折算为面积。

表 9-4　质量折算面积参考系数表

	项目	系数
1	钢栅栏门、栏杆、窗栅	64.98
2	钢爬梯	44.84
3	踏步式钢扶梯	39.90
4	轻型屋架	53.20
5	零星铁件	58.00

②执行金属平板屋面、镀锌铁皮面(涂刷磷化、锌黄底漆)油漆的项目,其工程量计算规则及相应的系数见表 9-5。

表 9-5　工程量计算规则和系数表

	项目	系数	工程量计算规则 (设计图示尺寸)
1	平板屋面	1.00	斜长×宽
2	瓦龚板屋面	1.20 斜长×宽	
3	排水、伸缩缝盖板	1.05	展开面积
4	吸气罩	2.20	水平投影面积
5	包镀锌薄钢板门	2.20	门窗洞口面积

注:多面涂刷按单面计算工程量。

(5)抹灰面油漆、涂料工程。

①抹灰面油漆、涂料(另做说明的除外)按设计图示尺寸以面积计算。

②踢脚线刷耐磨漆按设计图示尺寸长度计算。

③槽型底板、混凝土折瓦板、有梁板底、密肋梁板底、井字梁板底刷油漆、涂料按设计图示尺寸展开面积计算。

④墙面及天棚面刷石灰油浆、白水泥、石灰浆、石灰大白浆、普通水泥浆、可赛银浆、大白浆等涂料工程量按抹灰面积工程量计算规则。

⑤混凝土花格窗、栏杆花饰刷(喷)油漆、涂料按设计图示洞口面积计算。

⑥天棚、墙、柱面基层板缝粘贴胶带纸按相应天棚、墙、柱面基层板面积计算。

(6)裱糊工程。

墙面、天棚裱糊按设计图示尺寸以裱糊面积计算。

(六)其他装饰工程工程量计算

建筑装饰装修工程的其他装饰工程分部计价时可分为:柜类、货架、压条、装饰线、扶手、栏杆、栏板装饰,暖气罩,浴厕配件,雨篷,旗杆,招牌,灯箱,美术字,石材、瓷砖加工。

其他装饰工程分部常用到的工程量计算规则有:

（1）柜类、货架。

柜类、货架工程量按各项目计量单位计算，其中以"m²"为计量单位的项目，其中工程量均按正立面的高度（包括脚的高度在内）乘以宽度计算。

（2）压条、装饰线。

①压条、装饰线条按线条中心线长度计算。

②石膏角花、灯盘按设计图示数量计算。

（3）扶手、栏杆、栏板装饰。

①扶手、栏杆、栏板、成品栏杆（带扶手）均按其中心线长度计算，不扣除弯头长度。如遇木扶手、大理石扶手为整体弯头时，扶手消耗量需扣除整体弯头的长度，设计不明确者，每只整体弯头按 400 mm 扣除。

②单独弯头按设计图示数量计算。

（4）暖气罩。

暖气罩（包括脚的高度在内）按边框外围尺寸垂直投影面积计算，成品暖气罩安装按设计图示数量计算。

（5）浴厕配件。

①大理石洗漱台按设计图示尺寸以展开面积计算，挡板、吊沿板面积并入其中，不扣除孔洞、挖弯、削角所占面积。

②大理石台面面盆开孔按设计图示数量计算。

③盥洗室台镜（带框）、盥洗室木镜箱按边框外围面积计算。

④盥洗室塑料镜箱、毛巾杆、毛巾环、浴帘杆、浴缸拉手、肥皂盒、卫生纸盒、晒衣架、晒衣绳等按设计图示数量计算。

（6）雨篷、旗杆。

①雨篷按设计图示尺寸以水平投影面积计算。

②不锈钢旗杆按设计图示数量计算。

③电动升降系统和风动系统按套数计算。

（7）招牌、灯箱。

①柱面、墙面灯箱基层，按设计图示尺寸以展开面积计算。

②一般平面广告牌基层，按设计图示尺寸以正立面边框外围面积计算。复杂平面广告牌基层，按设计图示尺寸以展开面积计算。

③箱（竖）式广告牌基层，按设计图示尺寸以基层外围体积计算。

④广告牌面层，按设计图示尺寸以展开面积计算。

（8）美术字。

美术字按设计图示数量计算。

（9）石材、瓷砖加工。

①石材、瓷砖倒角按块料设计倒角长度计算。

②石材磨边按成型圆边长度计算。

③石材开槽按块料成型开槽长度计算。

④石材、瓷砖开孔按成型孔洞数量计算。

第二节　工程造价计价

工程造价计价是依据工程造价资料计算出各类反映工程造价经济性文件的统称。工程计价包括投资估算、设计概算、施工图预算、施工预算、工程结算、竣工决算等经济性文件。这些经济性文件运用于工程的不同阶段，是反映工程价值与建设成果的依据，也是进行工程管理的重要依据。

装饰装修工程作为建设工程的重要组成部分，是建设项目中的一个单位工程。其工程计价形式与土建、设备安装、园林等工程大体一致，同时也有其自身的特点及其影响工程造价的因素。

装饰工程造价特点有：装饰个性化要求符合单件性特点；材料及工艺更新换代快，种类多；项目种类繁多；材料及人工单价差别大等。

影响工程造价的因素有：政策法规因素；地区及人工、材料、机械市场情况因素；设计因素；施工因素；人员因素等。

一、工程造价构成

建筑装饰工程预算造价或价格应由装饰工程直接费、间接费、利润和税金四部分构成。

(一) 直接费

直接费由直接工程费和措施费组成。

1. 直接工程费

直接工程费是指施工过程中直接用于装饰工程上的各项费用之和，包括人工费、材料费、施工机械使用费。

(1) 人工费。指直接从事装饰工程施工的生产工人开支的各项费用，包括基本工资、工资性津贴、生产工人辅助工资、职工福利费和劳动保护费等。

(2) 材料费。指施工过程中耗用的构成工程实体的原材料、辅助材料、构配件、零件、半成品的费用和周转使用材料的摊销(或租赁)费用。

(3) 施工机械使用费。施工机械使用费指施工机械作业所发生的机械使用费及机械安、拆和进出场费用。

2. 措施费

措施费指为完成工程项目施工，发生于施工前和施工过程中非工程实体项目的费用。

(二) 间接费

间接费由规费和企业管理费组成。

1. 规费

规费指政府和有关部门规定必须缴纳的费用。包括：工程排污费、社会保障费、住房公积金、工伤保险等。

2. 企业管理费

企业管理费指施工企业组织施工生产和经营管理所需费用。内容包括：管理人员的工资，办公费，差旅交通费，固定资产折旧费、修理费，工具用具使用费，劳动保险和职工福利费，劳动保护费，检验试验费，工会经费，职工教育经费，财产保险费，财务费，税金(指企业按规定交纳的房产税、车船使用税、土地使用税、印花税等),工程项目附加税费("营改增"之后,城市维护建设税、教育费附加及地方教育附加计入企业管理费)等。

(三) 利润

利润是指施工企业完成所承包工程获得的盈利。

(四) 税金

1."营改增"之前的建设工程税金

"营改增"之前,税金由营业税、城市维护建设税、教育费附加组成,简称"两税一费"。其中:

(1)营业税是指国家依据税法,对从事商业、交通运输业和各种服务业的单位和个人,按营业收征的一种税。

(2)城市维护建设税是指为加强城市维护建设,增加和扩大城市维护建设基金的来源,按营业税实交税额的一定比例征收,专用于城市维护建设的一种税。

(3)教育费附加是指为加快发展地方教育事业,扩大地方教育经费来源,按实交营业税的一定比例征收,专用于改善地方中小学办学条件的一种费用。

税金由税前造价(分部分项工程费、措施项目费、其他项目费、规费组成)乘以综合税率计取。

2."营改增"之后的税金调整

我国于2016年5月1日起全面实施"营改增",原营业税的应税项目改成缴纳增值税。营业税退出历史舞台。根据国家及河南省的相关规定,调整之后建设工程增值税税率按11%计取,即:工程造价=税前工程造价×(1+11%)。11%为建筑业增值税税率,税前工程造价为:人工费、材料费、施工机具使用费、企业管理费、利润和规费之和,各费用项目均以不包含增值税可抵扣进项税额的价格计算。

城市维护建设税、教育费附加及地方教育费附加纳入企业管理费核算。

工程造价计税分为一般计税方法和简易计税方法两种。其中一般计税方法增值税为:不含税工程造价×11%,简易计税方法增值税为:不含税工程造价×[3%/(1+3%)]。

工程造价计价程序如表9-6、表9-7所示:

表 9-6　工程造价计价程序表(一般计税方法)

序号	费用项目	计算公式	备注
1	分部分项工程费	[1.2]+[1.3]+[1.4]+[1.5]+[1.6]+[1.7]	
1.1	其中:综合工日	定额基价分析	
1.2	定额人工费	定额基价分析	
1.3	定额材料费	定额基价分析	
1.4	定额机械费	定额基价分析	
1.5	定额管理费	定额基价分析	
1.6	定额利润	定额基价分析	
1.7	调差:	[1.7.1]+[1.7.2]+[1.7.3]+[1.7.4]	
1.7.1	人工费差价		
1.7.2	材料费差价		不含税价调差

序号	费用项目	计算公式	备注
1.7.3	机械费差价		
1.7.4	管理费差价		按规定调差
2	措施项目费	[2.2]+[2.3]+[2.4]	
2.1	其中:综合工日	定额基价分析	
2.2	安全文明措施费	定额基价分析	不可竞争费
2.3	单价类措施费	[2.3.1]+[2.3.2]+[2.3.3]+[2.3.4]+[2.3.5]+[2.3.6]	
2.3.1	定额人工费	定额基价分析	
2.3.2	定额材料费	定额基价分析	
2.3.3	定额机械费	定额基价分析	
2.3.4	定额管理费	定额基价分析	
2.3.5	定额利润	定额基价分析	
2.3.6	调差:	[2.3.6.1]+[2.3.6.2]+[2.3.6.3]+[2.3.6.4]	
2.3.6.1	人工费差价		
2.3.6.2	材料费差价		不含税价调差
2.3.6.3	机械费差价		
2.3.6.4	管理费差价		按规定调差
2.4	其他措施费(费率类)	[2.4.1]~[2.4.2]	
2.4.1	其他措施费(费率类)	定额基价分析	
2.4.2	其他(费率类)		按约定
3	其他项目费	[3.1]+[3.2]+[3.3]+[3.4]+[3.5]	
3.1	暂列金额		按约定
3.2	专业工程暂估价		按约定
3.3	计日工		按约定
3.4	总承包服务费	业主分包专业工程造价×费率	按约定
3.5	其他		按约定
4	规费	[4.1]+[4.2]+[4.3]	不可竞争费
4.1	定额规费	定额基价分析	
4.2	工程排污费		据实计取
4.3	其他		
5	不含税工程造价	[1]+[2]+[3]+[4]	
6	增值税	[5]×11%	一般计税法
7	含税工程造价	[5]+[6]	

表 9-7　工程造价计价程序表(简易计税方法)

序号	费用项目	计算公式	备注
1	分部分项工程费	[1.2]+[1.3]+[1.4]+[1.5]+[1.6]+[1.7]	
1.1	其中:综合工日	定额基价分析	
1.2	定额人工费	定额基价分析	
1.3	定额材料费	定额基价分析	
1.4	定额机械费	定额基价分析/(1-11.34%)	
1.5	定额管理费	定额基价分析/(1-5.13%)	
1.6	定额利润	定额基价分析	
1.7	调差:	[1.7.1]+[1.7.2]+[1.7.3]+[1.7.4]	
1.7.1	人工费差价		
1.7.2	材料费差价		含税价调差
1.7.3	机械费差价		
1.7.4	管理费差价	[管理费差价]/(1-5.13%)	按规定调差
2	措施项目费	[2.2]+[2.3]+[2.4]	
2.1	其中:综合工日	定额基价分析	
2.2	安全文明措施费	定额基价分析/(1-10.08%)	不可竞争费
2.3	单价类措施费	[2.3.1]+[2.3.2]+[2.3.3]+[2.3.4]+[2.3.5]+[2.3.6]	
2.3.1	定额人工费	定额基价分析	
2.3.2	定额材料费	定额基价分析	
2.3.3	定额机械费	定额基价分析/(1-11.34%)	
2.3.4	定额管理费	定额基价分析/(1-5.13%)	
2.3.5	定额利润	定额基价分析	
2.3.6	调差:	[2.3.6.1]+[2.3.6.2]+[2.3.6.3]+[2.3.6.4]	
2.3.6.1	人工费差价		
2.3.6.2	材料费差价		含税价调差
2.3.6.3	机械费差价		按规定调差
2.3.6.4	管理费差价	[管理费差价]/(1-5.13%)	按规定调差
2.4	其他措施费(费率类)	[2.4.1]~[2.4.2]	
2.4.1	其他措施费(费率类)	定额基价分析	
2.4.2	其他(费率类)		按约定

序号	费用项目	计算公式	备注
3	其他项目费	[3.1]+[3.2]+[3.3]+[3.4]+[3.5]	
3.1	暂列金额		按约定
3.2	专业工程暂估价		按约定
3.3	计日工		按约定
3.4	总承包服务费	业主分包专业工程造价×费率	按约定
3.5	其他		
4	规费	[4.1]+[4.2]+[4.3]	不可竞争费
4.1	定额规费	定额基价分析	
4.2	工程排污费		据实计取
4.3	其他		
5	不含税工程造价	[1]+[2]+[3]+[4]	
6	增值税	[5]×[3%/(1+3%)]	简易计税法
7	含税工程造价	[5]+[6]	

二、定额计价基本知识

定额计价是指以定额确定分部分项工程直接工程费人工、材料、机械台班等费用,从而确定单位工程造价的计价方法。其具体计价方法为:按照国家统一的工程量计算规则计算工程量,以行业主管部门颁发的定额计算确定其人工费、材料费、机械台班费,以计算所得计费基础(如直接工程费或人工费等),按相关费用标准计取措施费、管理费、规费、利润、税金等其他费用,汇总为工程造价。

(一)工程建设定额的概念及作用

所谓定额,即规定的额度。指在一定的生产条件下,为完成单位合格产品,所必须消耗的人工、材料、机械设备及其资金消耗的数量标准。各个行业都有定额,表示在一定生产条件下,合理的消耗数额,反映一定时期的社会生产力水平。

工程建设定额指在正常的施工条件下,为完成单位合格建筑产品,所必需消耗的人工、材料、机械台班及其资金的数量标准。如装饰装修工程中铺地砖时间的消耗、材料的消耗、每平方米的综合单价等。

工程建设定额的分类很多:

(1)按生产要素分可分为劳动消耗定额、材料消耗定额、机械台班消耗定额等。

(2)按用途性质分为施工定额、预算定额、概算定额、概算指标等。

(3)按编制单位和执行范围分为全国统一定额、地区定额、企业定额等。

其中,企业定额是企业根据自身的技术水平和管理水平,编制的完成单位合格产品所必需的人工、材料和施工机械台班的消耗量,以及其他生产经营要素消耗的数量标准。

企业定额是企业自身生产力水平的体现,每个企业均应拥有反映自己企业能力的企业定额。企业定额是施工企业施工管理和投标报价的基础和依据,是企业的商业机密,是核心竞争能力的表现。

(二)建筑装饰装修工程消耗量定额

1.建筑装饰装修工程消耗量定额的概念

装饰装修工程消耗量定额是指在一定的施工技术与组织条件下,完成规定计量单位质量合格的建筑装饰装修工程产品所需的人工、材料、机械台班消耗的数量标准。

它由人工消耗量定额、材料消耗量定额和机械台班消耗量定额三部分组成。

2.建筑装饰工程消耗量定额的作用

(1)装饰工程消耗量定额是确定人工、材料和机械台班消耗量的依据。

(2)装饰工程消耗量定额是施工企业编制施工组织设计、制定施工作业计划的依据。

(3)装饰工程消耗量定额是编制地区消耗量定额、企业消耗量定额的依据。

(4)建筑装饰工程消耗量是编制建筑装饰工程单位估价表、招标工程标底、施工图预算、确定工程造价的依据。

(5)建筑装饰工程消耗量定额是编制企业定额和投标报价的参考。

3.人工消耗量定额

人工消耗量定额又称劳动消耗量定额,是指在一定的生产技术和组织条件下,完成生产一定数量的建筑装饰装修工程单位合格产品所必须消耗的劳动量的标准。

人工消耗量定额有两种表现形式,即时间定额和产量定额。

1)时间定额

时间定额是指某工种工人班组或个人,在合理的劳动组织和合理的施工技术条件下,完成单位合格装饰装修产品所必需消耗的工作时间。包括准备与结束时间、基本生产时间、辅助生产时间、不可避免的中断时间及工人必需的休息时间。

时间定额的计量单位为"工日/m"、"工日/m^2"、"工日/m^3"、"工日/块"等。每个工日的工作时间按8 h计算。

2)产量定额

产量定额是指某工种工人班组或个人,在合理的劳动组织和合理的施工技术条件下,单位时间完成合格产品的数量。

产量定额的计量单位为"m/工日"、"m^2/工日"、"m^3/工日"、"块/工日"等。

4.材料消耗量定额

材料消耗量定额又称材料定额,指完成一定计量单位的分项工程所必须消耗的装饰材料、构配件、半成品、成品的数量。其中,材料的种类包括:

(1)主要材料——直接构成工程实体的材料,如面砖、水泥。

(2)辅助材料——构成实体除主要材料以外的其他材料,如垫木、钉子、铅丝。

(3)周转性材料——不构成工程实体且多次周转使用的摊销材料,如脚手架、模板。

(4)其他材料——用量少的,难以计量的用料,如面纱等。

在计价定额中,材料的消耗量应由材料的净用量和材料的损耗量两部分组成。净用量是直接用于工程的材料数量,损耗量则由材料损耗率计算。

$$材料消耗量=材料净用量+(1×材料损耗率)$$

5.机械台班消耗量定额

机械台班消耗量定额又称机械定额,指在正常施工条件、合理劳动组织和合理使用机械的条件下,完成单位合格产品所必需的一定品种、规格的施工机械台班的数量标准。

机械台班的消耗量是以台班为单位计算的,每台班为 8 h。

机械台班消耗量定额同人工消耗量定额一样,也有两种表现形式,即机械台班时间定额和机械台班产量定额。

机械台班时间定额的计量单位为"台班/m³"、"台班/m²"等;机械台班时间定额的计量单位为"m³/台班"、"m²/台班"等。

(三)《河南省房屋建筑与装饰工程预算定额》(HA 01-03—2016) 的使用

《河南省房屋建筑与装饰工程预算定额》(HA 01-03—2016)是由河南省建筑工程标准定额站主编的用于河南省行政区域内的工业与民用建筑的新建、扩建和改建房屋建筑与装饰工程计价使用的指导性资料,其中包括分部分项工程的定额基价以及构成定额基价的人工、材料、机械等要素的消耗量和价格等内容。

1.《河南省建设工程工程量清单综合单价》的内容组成

河南省的装饰装修工程计价所使用的定额为《河南省房屋建筑与装饰工程预算定额》(HA 01-03—2016),其内容组成分为总说明、费用组成说明及工程造价计价程序表、专业说明、各分部工程章节。

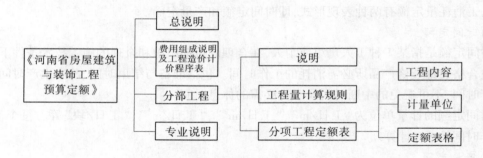

图 9-1 《河南省建设工程工程量清单综合单价》内容组成

房屋建筑与装饰工程的各分部工程章节内容包括:

(1)说明:包括各章节(分部)说明。

(2)工程量计算规则:定额的重要组成部分,它与定额表格配套使用,才能正确计算分项工程的人工、材料、机械台班消耗量。

(3)定额表:定额的主体内容,用表格的形式表示出来。定额表是,包括:分项工程项目的工作内容、工程量计量单位、定额表格。

应用《河南省房屋建筑与装饰工程预算定额》时,首先应熟悉定额编制总说明,章(节)说明等有关内容,便于了解定额项目的工作内容、有关规定及说明、工程量计算规则、各分项工程定额表所包含的工程内容等。

2.《河南省建设工程工程量清单综合单价》的使用

《河南省房屋建筑与装饰工程预算定额》(HA 01-03—2016)是定额编制基期暂定价,按市场最终定价原则,基价中涉及的有关费用按动态原则调整。人工费按工程造价管理机构发布的相应价格指数调整;材料价格可按约定调整;定额机械台班中的人工费、燃料动力费进行动态调整,机械租赁按造价管理机构发布的信息价调整。

1)直接套用

当工程项目的内容和施工要求与定额表中工作内容完全一致,且人工、材料、机械等价格不需重新组价调整时,直接套用定额项目。

【例9-1】某工程装饰装修分项工程为在混凝土基层上用干混地面砂浆 DS M20 做 20 mm 厚的平面砂浆找平层 200 m²,试求该分项工程价格。

【解】根据《河南省房屋建筑与装饰工程预算定额》11-1 子目,可得 20 mm 厚的平面砂浆找平层,为 2 022.71 元/100 m²。该工程项目的内容和施工要求和定额表的 11-1 子目完全一致,则可直接套用定额表中 2 022.71 元/100 m² 的基价。因工程量为 200 m²,则该分项工程价格为 4 045.42 元。

2)换算使用

常见的换算方法有:

(1)系数换算

根据定额规定的系数,对定额项目中的人工、材料、机械或工程量等进行调整的一种方法。具体步骤为:

根据设计要求的工程项目内容,查找每一分部工程说明、工程量计算规则,判断是否需要增减系数,调整定额项目或工程量。

一般可按如下形式进行换算:

换算后基(单)价=换算前基(单)价±[定额人工费(材料费或机械费)×相应系数]

如工程量进行调整,可直接乘以系数即可,计算如下:

换算后的工程量=分项工程量×定额规定的调整系数

换算后定额编号,在右下角写明"换"字

【例9-2】某工程采用 600 mm×600 mm 天然大理石铺设楼地面,按设计要求,该石材楼地面工程采用分色铺设,试求其基价。

【解】根据《河南省房屋建筑与装饰工程预算定额》楼地面工程分部说明,"石材楼地面需做分格、分色的,按相应项目人工乘以系数 1.10。"

查石材楼地面定额:11-17=21319.95 元/100 m²,其中人工费为 3126.69 元/100 m²

综合单价=21319.95+3126.69×(1.1-1)=21632.619~21632.62 元

【例9-3】某板式楼梯底面采用抹灰装饰工程,按施工图样计算其面积为 200 m²,试求该工程价格。

【解】根据《河南省房屋建筑与装饰工程预算定额》天棚工程量计算规则说明,"板式楼梯底面抹灰面积按水平投影面积乘以系数 1.15 计算"。

查抹灰面层定额:13-1=2635.46 元/100 m²

工程量=200×1.15=230(m²)=2.3(100 m²)

清单价格=2.3×2635.46=6061.558(元)~6061.56(元)

(2)砂浆厚度换算

当施工图设计的装饰用砂浆的配合比与定额相同但厚度不同时,这时的人工、材料、机械台班的消耗量均发生了变化,因此,不仅要调整人工、材料、机械台班的定额消耗量,还要调整人工费、材料费和定额基价。

换算方法:根据定额中规定的每增减 1 mm 厚度的费用及人工、材料、机械的定额用量进行换算。

【例 9-4】某工程在混凝土基层上做 30 mm 厚的干混地面砂浆找平层,试求其基价

【解】由 11-1 可得,20 mm 厚混凝土基层平面砂浆找平层基价为 2022.71 元/100 m²。

由 11-3 可得,干混地面砂浆找平层每增减 1 mm,基价为 65.42 元/100 m²。

混凝土基层平面砂浆找平层 11-1 换 = 2022.71+65.42×10 = 2676.91(元/100 m²)

3.补充定额

当分项工程与定额的条件完全不同时,或由于设计采用新结构、新材料、新工艺在定额表中没有同类项目,可编制补充定额。

编制补充定额的方法有两种:

(1)按照人工、材料、机械台班消耗量定额编制方法确定定额消耗量指标,然后分别乘以地区人工单价、材料预算价、机械台班使用单价,然后汇总计算综合单价。

(2)补充项目的人工、机械台班消耗量以同类型工序、同类型产品定额水平消耗量标准为依据,套用相近定额,材料消耗量按施工图计算或实际测定,然后分别乘以地区人工单价、材料预算价、机械台班使用单价,再汇总计算综合单价。

三、工程量清单计价基本知识

工程量清单计价指在招投标中招标人按照国家统一的工程量计算规则提供工程量清单,投标人依据工程量清单,结合自身实际情况自主报价的工程造价模式。

(一)《建设工程工程量清单计价规范》

2003 年颁布了《建设工程工程量清单计价规范》(GB 50500—2003),标志着工程计价工程量清单模式的开始。住房和城乡建设部分别于 2008 年、2013 年对《建设工程工程量清单计价规范》(GB 50500—2013)做出了修订。

1.《建设工程工程量清单计价规范》的特点

(1)强制性。由建设主管部门强制性颁布。

(2)统一性。编制清单时,五统一,即:项目编码、项目名称、项目特征、计量单位、工程量计算规则的统一。

(3)实用性。项目名称表现工程实体,项目名称明确,工程量计算规则简明,项目特征和工程内容描述很重要,决定工程造价。

(4)竞争性。①措施项目在清单中只列"措施项目"一栏,除"安全文明施工费"外,措施项目均可根据企业自身情况来组织设计和报价;②措施项目中的人工、材料、机械没有工程量和消耗量的规定。

(5)通用性。全国统一要求,并与国际接轨,便于市场化的进行。

2.《建设工程工程量清单计价规范》(GB 50500—2013)的主要内容

现行《建设工程工程量清单计价规范》(GB 50500—2013),含 15 章 54 节,包括"总则,术语,一般规定,招投标工程量清单,招标控制价,投标报价,合同价款约定,工程计量,合同价款调整,合同价款中期支付,竣工结算与支付,合同解除的款价结算与支付,合同价款争议的解决,工程计价资料与档案,计价表格"。

现行《建设工程工程量清单计价规范》(GB 50500—2013),对建设工程经济活动的全过

程进行了更全面和细化的规范和界定。关于工程计量,以国家标准的形式对工程量计算进行了规定。并将房屋建筑与装饰工程的工程量计算规则设置为《房屋建筑与装饰工程工程量计算规范》(GB 50854—2013)。其中与装饰相关的部分为:附录 H 门窗工程,附录 L 楼地面装饰工程,附录 M 墙柱面装饰与隔断、幕墙工程,附录 N 天棚工程,附录 P 油漆、涂料、裱糊工程,附录 Q 其他装饰工程。

(二)建筑装饰工程量清单的组成

工程量清单由拟建工程的分部分项工程项目、措施项目、其他项目、规费项目、税金项目清单等组成。

1.分部分项工程量清单

分部分项工程量清单反映拟建工程所有的分部分项工程项目。清单按《计价规范》要求由五个部分组成(项目编码、项目名称、项目特征、计量单位、工程量),其中:

(1)项目编码由 12 位阿拉伯数字组成,前 9 位按《房屋建筑与装饰工程工程量计算规范》规定使用,不得自行变动,后 3 位根据工程实际自行编制。

(2)项目名称应按《房屋建筑与装饰工程工程量计算规范》(GB 50854—2013)的项目名称结合工程实际确定。

(3)项目特征结合拟建工程项目描述。

(4)按《房屋建筑与装饰工程工程量计算规范》(GB 50854—2013)规定的计量单位确定。

(5)工程量按《房屋建筑与装饰工程工程量计算规范》(GB 50854—2013)规定的工程量计算规则计算。

2.措施项目清单

措施项目指为完成工程项目施工,发生于该工程施工准备和施工过程中的技术、生活、安全等方面,未构成工程实体的项目。

措施项目清单应根据拟建工程的实际情况列项,其中可以计算工程量的项目采用分部分项工程量清单的方式编制,分别列出项目编码、项目名称、项目特征、计量单位和工程量计算规则;不能计算工程量的项目清单,以"项"为计量单位。

措施项目如表 9-8 所示。

表 9-8　措施项目一览表

序号	项目名称	说明
1	安全文明施工(环境保护、文明施工、安全施工、临时设施)	通用项目,不可竞争
2	夜间施工	通用项目,以实际发生计算
3	二次搬运	通用项目,以实际发生计算
4	冬雨季施工	通用项目,以实际发生计算
5	大型机械设备进出场及安拆	通用项目,以实际发生计算
6	施工排水	通用项目,以实际发生计算
7	施工降水	通用项目,以实际发生计算
8	地上、地下设施,建筑物的临时保护设施	通用项目,以实际发生计算
9	已完成工程及设备保护	通用项目,以实际发生计算
10	室内污染物测定	装饰工程项目,以实际发生计算
11	垂直运输	装饰工程项目,以实际发生计算

3.其他项目清单

其他项目清单内容为:暂列金额;暂估价;计日工(零星工作费);总承包服务费。

4.规费项目清单

规范项目清单内容为:工程排污费;工程定额测定费;社会保障费(包括养老保险费、失业保险费、医疗保险费);住房公积金;危险作业意外伤害保险。

5.税金项目清单

税金项目清单内容原为:营业税、城市维护建设税、教育费附加。我国于2016年5月1日起全面实施"营改增",即营业税的应税项目改成缴纳增值税(增值税就是对于产品或者服务的增值部分纳税),减少了重复纳税的环节,营业税退出历史舞台。城市维护建设税、教育费附加不再体现在税金项目清单,而列入企业管理费当中计取。

小 结

本章主要讲述了:

(1)建筑面积计算;装饰装修工程的工程量计量规则。

(2)工程造价构成;工程建设定额的概念及作用;建筑装饰装修工程消耗量定额;《河南省建设工程工程量清单综合单价》的使用。

(3)《建设工程工程量清单计价规范》(GB 50500—2013);建筑装饰工程量清单的组成;工程量清单模式下建筑装饰装修工程费用的组成。

第十章 抽样统计分析的基本知识

第一节 数理统计的基本概念

【学习目标】 通过本章的学习,了解数理统计的基本概念,掌握施工质量数据抽样和统计分析方法。

一、数理统计的含义

在数理统计教科书和专著中,有关数理统计的性质、任务、应用等方面的论述,目前在统计学界并无原则性的分歧,但却很难对"数理统计"下一个正式的、完全无懈可击的定义。因此,我们宁可致力于从某些方面把数理统计的实质说清楚,而不着重于一个形式的定义。

当用观察和试验的方法去研究一个问题时,首先要通过试验"用有效的方式收集受随机性因素影响的数据";其次要对所收集的数据进行分析,以对所研究的问题作出某种形式的结论。在这两个步骤中,都会碰到许多数学问题。为解决这些数学问题而建立的理论和方法,构成了数理统计的内容。故一般地可以说,数理统计是数学的一个分支,它的任务是研究怎样有效地收集和使用带有随机性的数据。

二、样本与抽样方法

(一) 总体与样本

在数理统计中,把研究对象的全体构成的集合称为总体(或母体),总体中的每一个元素称为个体。含有有限个元素的总体称为有限总体,含有无限个元素的总体称为无限总体。

在实际问题中,人们关心的往往是研究对象的某个数量指标及其概率分布。因此,应该将总体理解为"研究对象的某一数量指标值的全体构成的集合",并且将这样的集合即总体看作是一个随机变量。本书用 $X, Y, Z, \cdots$ 表示总体。

从总体中按一定的规则抽出一些个体的行动,称为抽样,所抽取的个体 $X_1, X_2, \cdots, X_n$ 构成的向量 $(X_1, X_2, \cdots, X_n)$ 称为样本,n 称为样本容量。每个 $X_i (1 \leq i \leq n)$ 也称为样本,这不致引起混乱。

由于我们要求所抽取的每个个体都能很好地反映总体的情况,故对抽样方法要提出一定的要求。如果总体中每个个体被抽到的机会是均等的,并且在抽取一个个体后总体的成分不变,那么,抽得的这些个体就能很好地反映总体的情况。基于这种想法去抽取个体的方法称为简单随机抽样。

由样本来推断总体是数理统计的主要内容,而最有代表性的样本 $(X_1, X_2, \cdots, X_n)$ 是由简单随机抽样抽得的样本,即 $X_1, X_2, \cdots, X_n$ 是 n 个相互独立的且与总体 X 同分布的随机变量,将这种样本称为简单随机样本。

有限总体的有放回抽样所得的样本为简单随机样本;无限总体或虽为有限总体但样本容量 n 相对于总体的个体数 N 来讲比较小(如 $\frac{n}{N} < 0.05$)的无放回抽样所得的样本,亦可近似地当作简单随机样本使用。故本书只讨论简单随机样本,简称样本。

对一个样本 $(X_1, X_2, \cdots, X_n)$,在将要抽样时是一个随机向量,在抽样结束后,得到一组观测值 $(x_1, x_2, \cdots, x_n)$。样本的这种"抽样前是随机变量,抽样后是具体数值"的特性称为样本的二重性。

(二)抽样的方法

1.随机抽样

1)概念

随机抽样(抽签法、随机样数表法)常常用于总体个数较少时,它的主要特征是从总体中逐个抽取。

优点:操作简便易行。

缺点:总体过大时不易实行。

2)方法

(1)抽签法。

一般地,抽签法就是把总体中的 N 个个体编号,把号码写在号签上,将号签放在一个容器中,搅拌均匀后,每次从中抽取一个号签,连续抽取 n 次,就得到一个容量为 n 的样本。

(抽签法简单易行,适用于总体中的个数不多时。当总体中的个体数较多时,将总体"搅拌均匀"就比较困难,用抽签法产生的样本代表性差的可能性很大)

(2)随机数法。

随机抽样中,另一个经常被采用的方法是随机数法,即利用随机数表、随机数骰子或计算机产生的随机数进行抽样。

2.分层抽样

分层抽样(Stratified Random Sampling):一般地,在抽样时,将总体分成互不交叉的层,然后按照一定的比例,从各层独立地抽取一定数量的个体,将各层取出的个体合在一起作为样本,这种抽样方法是一种分层抽样(Stratified Sampling)。

主要特征:分层按比例抽样,主要适用于总体中的个体有明显差异的情况。共同点是每个个体被抽到的概率都相等。

3.整群抽样

1)概念

整群抽样(Cluster Sampling)又称聚类抽样,是将总体中各单位归并成若干个互不交叉、互不重复的集合,称之为群;然后以群为抽样单位抽取样本的一种抽样方式。

应用整群抽样时,要求各群有较好的代表性,即群内各单位的差异要大,群间差异要小。

2)优缺点

整群抽样的优点是实施方便、节省经费。

整群抽样的缺点是往往由于不同群之间的差异较大,由此而引起的抽样误差往往大于简单随机抽样。

3）实施步骤

先将总体分为 i 个群,然后从 i 个群中随机抽取若干个群,对这些群内所有个体或单元均进行调查。抽样过程可分为以下几个步骤:

（1）确定分群的标注。

（2）总体（N）分成若干个互不重叠的部分,每个部分为一群。

（3）根据各样本量,确定应该抽取的群数。

（4）采用简单随机抽样或系统抽样方法,从 i 群中抽取确定的群数。

例如,调查中学生患近视眼的情况,抽某一个班做统计;进行产品检验,每隔 8 h 抽 1 h 生产的全部产品进行检验等。

4）与分层抽样的匹别

整群抽样与分层抽样在形式上有相似之处,但实际上差别很大。

（1）分层抽样要求各层之间的差异很大,层内个体或单元差异小;而整群抽样要求群与群之间的差异比较小,群内个体或单元差异大。

（2）分层抽样的样本是从每个层内抽取若干单元或个体构成,而整群抽样则是要么整群被抽取,要么整群不被抽取。

4.系统抽样

1）概念

系统抽样（Systematic Sample）:当总体中的个体数较多时,采用简单随机抽样显得较为费事。这时,可将总体分成均衡的几个部分,然后按照预先定出的规则,从每一部分抽取一个个体,得到所需要的样本。

2）步骤

一般地,假设要从容量为 N 的总体中抽取容量为 n 的样本,我们可以按下列步骤进行系统抽样:

（1）先将总体的 N 个个体编号。有时可直接利用个体自身所带的号码,如学号、准考证号、门牌号等。

（2）确定分段间隔 k,对编号进行分段。当 N/n（n 是样本容量）是整数时,取 $k=N/n$。

（3）在第一段用简单随机抽样确定第一个个体编号 $l(l \leqslant k)$。

（4）按照一定的规则抽取样本。通常是将 l 加上间隔 k 得到第 2 个个体编号（$l+k$）,再加 k 得到第 3 个个体编号（$l+2k$）,依次进行下去,直到获取整个样本。

三、统计量

在统计学上,把凡是由样本构成的不含任何未知参数的样本函数称为统计量。统计量不依赖于任何未知参数,这一点从统计量的意义看是显然的,因为统计量的主要作用在于对未知参数进行推断。至于要选用什么统计量,当然要视问题的性质而定。笼统地说,所提出的统计量应当最好地集中了与研究问题有关的信息。

下面介绍几个常用的统计量样本矩。

设 $(X_1, X_2, \cdots, X_n)$ 是来自总体 X 的一个样本,则称统计量

$$\overline{X} = \frac{1}{n} \sum_{i=1}^{n} X_i \tag{10-1}$$

为样本均值;统计量

$$S^2 = \frac{1}{n-1} \sum_{i=1}^{n} (X_i - \bar{X})^2 \qquad (10\text{-}2)$$

为样本方差;统计量

$$A_k = \frac{1}{n} \sum_{i=1}^{n} X_i^k \qquad (10\text{-}3)$$

为样本的 k 阶矩(或 k 阶原点矩);统计量

$$B_k = \frac{1}{n} \sum_{i=1}^{n} (X_i - \bar{X})^k \qquad (10\text{-}4)$$

为样本的 k 阶中心矩。显然, $A_1 = \bar{X}$, $B_2 = \frac{n-1}{n} S^2$。

样本均值常用于估计总体分布的均值,或检验有关总体分布均值的假设。样本方差可用于估计总体分布的方差。式(10-2)中的 $n-1$ 称为 S^2 的自由度(统计量中独立变量个数), S 称为样本标准差。

第二节 施工质量数据抽样和统计分析方法

一、施工质量数据抽样的基本方法

施工现场质量管理应有相应的施工技术标准,健全的质量管理体系、施工质量检验制度和综合施工质量水平评定考核制度。

(一)建筑工程应按下列规定进行施工质量控制

(1)建筑工程采用的主要材料、半成品、成品、建筑构配件、器具和设备应进行抽样检测、现场验收。凡涉及安全、功能的有关产品,应按各专业工程质量验收规范规定进行复检,并应经监理工程师(建设单位技术负责人)检查认可。

(2)各工序应按施工技术标准进行质量控制,每道工序完成后,应进行检查。

(3)相关各专业工种之间,应进行交接检验,并形成记录。未经监理工程师(建设单位技术负责人)检查认可,不得进行下道工序施工。

(二)质量数据检验要求及方法

1.抽样方案选择

检验批的质量检验应根据检验项目的特点在下列抽样方案中进行选择:

(1)计量、计数或计量-计数等抽样方案。

(2)一次、二次或多次抽样方案。

(3)根据生产连续性和生产控制稳定性情况,尚可采用调整型抽样方案。

(4)对重要的检验项目当可采用简易快速的检验方法时,可选用全数检验方案。

(5)经实践检验有效的抽样方案。

2.各方风险规定

在制定检验批的抽样方案时,对生产方风险(或错判概率 A)和使用方风险(或漏判概率 B)可按下列规定采取:

（1）主控项目：对应于合格质量水平的 A 和 B，均不宜超过 5%。

（2）一般项目：对应于合格质量水平的 A 不宜超过 5%，B 不宜超过 10%。

3.施工现场材料检验方法

施工现场材料检验的取样问题是抽样检验中抽样方案的一部分，施工现场材料检验抽样适合的抽样方案是计数标准型一次抽样和计量标准型一次抽样。

计数一次抽样方案适用于产品质量只有合格与不合格之分的情况。它是从一批产品中随机抽取 n 个试样，并规定一个数目 C，如果样本中不合格品的个数 r 不超过 C，则判断此产品是合格的，接收此批产品；反之，如果 r 超过 C，则判断此批产品是不合格的，拒收此批产品。计量一次抽样方案适用于产品质量特征是连续变化的情况。它是从一批产品中随机抽取 n 个试样，用样品的检验数据构成某种统计量，并与验收界限比较，当样本数据统计量符合验收界限要求时，则判断此批产品合格，予以验收；反之，当样本数据统计量达不到验收界限要求时，则判断此批产品不合格，予以拒收。

依据数理统计学原理，施工现场材料检验的取样应考虑的基本问题包括批量的划分、抽样规则和样本容量的确定。现以主要工程材料水泥、骨料、混凝土、钢筋、砖为例讨论如下。

1）水泥

（1）批量划分：对同一水泥厂生产的同期出厂的同品种、同强度等级的水泥，以一次进场（厂）的同一出厂编号的水泥为一批。但一批的总量，袋装水泥不得超过 200 t，散装水泥不得超过 500 t。

（2）抽样方法：对袋装水泥可用分层随机抽样法，从不少于 20 袋中各采取等量水泥，对散装水泥可用单纯随机法，从不少于 3 个车罐中各采取等量水泥。经混拌均匀后，再从中称取不少于 12 kg 水泥作为检验试样。

2）骨料（砂、石）

（1）批量划分：按同产地、同规格分批检验。对产源固定、产品质量稳定、用大型工具运输的，以 400 m³ 或 600 t 为一验收批。对分散生产或用小型运输工具运输的，以 200 m³ 或 300 t 为一验收批；不足上述数量的以一批论。

（2）抽样方法：在料堆上取样时，用分层随机取样法。对于砂子，由各部位抽取大致相等的 8 份组成一组样品；对于石子，由各部位抽取大致相等的 15 份组成一组样品。每组样品的取样数量，根据检验项目有关标准确定。

3）混凝土强度检验

（1）批量划分：由强度等级相同、设计要求相同及生产工艺和配合比基本相同的混凝土组成一个验收批，一般不超过一个季度为宜。现浇混凝土一个验收批不应超过 300 m³。批量过大，一旦出现样本强度通不过验收标准，就会增加进一步处置的工作量。但批量过小，样本容量也相应减小，对总体质量的判断容易失误，也不妥。

（2）抽样方法：宜用机械随机抽样法。取样频率要求为不超过 100 盘或 100 m³，或 1 个工作班同配比混凝土，取样不少于 1 组，每组 3 个试件；现浇混凝土第 1 楼层或每一验收项目，取样不少于 1 组。当有必要确定施工阶段的混凝土强度时，还应根据工程部位留取适量试件。

4）钢筋

（1）批量划分：由同一牌号、同一炉罐号、同一规格、同一交货状态的钢筋组成一批检验,每批质量不大于 60 t。冷拉钢筋由质量不大于 20 t 的同级别、同直径的组成 1 个检验批。

（2）取样方法：用二次抽样法随机抽取,拉伸、弯曲试验的试样随机抽取 2 根钢筋切取。

5）砖

（1）批量划分：烧结普通砖按 3.5 万块~15 万块为一批,但不得超过 1 条生产线的日产量,不足 3.5 万块亦按 1 批计。烧结多孔砖按 5 万块为 1 批,不足该数时按 1 批计。烧结空心砖和空心砌块按每 3 万块为 1 批,不足该数时按 1 批计。

（2）抽样方法：采用二次抽样先抽取若干块砖（按有关标准规定数量）进行外观质量和尺寸偏差检验,再用单纯随机法从外观、尺寸检验合格的样本中抽取若干进行物理性能检验。

科学合理的取样,是保证材料检验工作质量的前提。建设工程施工现场材料检验的取样需要注意的问题有：①合理划分检验（验收）批量；②选择适宜的取样方法和样本容量；③严格按规定操作。有效地应用数理统计学原理指导材料取样和检验工作,将使材料检验工作事半功倍。

二、数据统计分析的基本方法

（一）质量数据的分类

质量数据是多种多样的,按其性质和使用目的不同,可分为两类。

1.计量值数据

计量值数据是可以连续取值,或者说可以用测量工具具体测量出小数点以下数值的这类数据,如长度、压力、温度等。

2.计数值数据

计数值数据是不能连续取值,只能以个数计算的数据,如不合格品数、缺陷数等。

（二）施工质量数据统计分析的方法

施工质量数据管理的方法分为排列图法、直方图法、控制图法、调查表法、分层法、散布图法、因果图法。

1.排列图

排列图是将质量改进项目从最重要到最次要进行排列而采用的一种简单图示技术,见图 10-1。频数表见表 10-1。

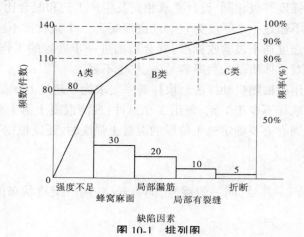

图 10-1　排列图

表 10-1　频数表

不良项目	不良数	不良率	累计不良率
沾锡渣	31	42.5%	42.5%
骨架破	18	22.7%	67.2%
磁芯破损	13	17.8%	85%
胶带破	7	9.6%	94.6%
焊点高	2	2.7%	97.3%
其他	2	2.7%	100%
合计	73	100%	

排列图不良率与累计不良率计算：

（1）不良率：

$$P = \frac{\text{单项不良数}}{\text{总不良数}}$$

（2）累计不良率：

$$N_P = P_1 + P_2 + P_3 + P_4 + \cdots$$

2.直方图

直方图是用一系列宽度相等、高度不等的矩形表示数据分布的图（见图 10-2）。

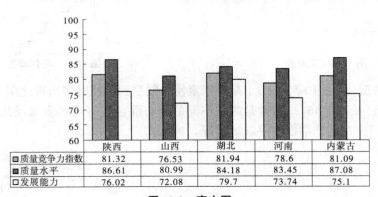

	陕西	山西	湖北	河南	内蒙古
质量竞争力指数	81.32	76.53	81.94	78.6	81.09
质量水平	86.61	80.99	84.18	83.45	87.08
发展能力	76.02	72.08	79.7	73.74	75.1

图 10-2　直方图

1）直方图汇总步骤

（1）收集一组数据。

（2）计算数据的变化范围（极差 R）。

（3）确定组数（样本大小 n，组数 k）。

（4）计算组距 h，h 一般取整数。

（5）确定组边界。

（6）计算频数，例如唱票法。

（7）计算频率。

（8）绘制频数分布表。

（9）绘制频数直方图,纵轴为频数。

（10）绘制频率直方图,纵轴为频率。

（11）进行分析。

2）直方图类型

（1）对称型:质量特性分布范围 B 在 T 的中间,平均值 X 基本与公差中心重合,质量特性分布的两边还有一定的余地,这很理想。

（2）单侧型:质量特性分布范围 B 虽然也落在公差范围内,但因偏向一边,故有超差的可能,应采取措施纠正。

（3）双侧型:质量特性分布范围 B 也落在公差范围内,但完全没有余地,说明总体已出现一定数量的废品,应设法使其分布集中,提高工序能力。

（4）尖峰型:公差范围比特性分布范围大很多,此时应考虑是否可以改变工艺,以提高生产效率,降低生产成本或者缩小公差范围。

（5）超差型:质量特性分布范围过分地偏离公差范围,已明显看出超差,应立即采取措施加以纠正。

3）直方图分布状态与分析

（1）正常型(见图10-3)。对称,是一般稳定生产质量状态的正常情况。

（2）右偏峰型(见图10-4)。由于某种因素使下限受到限制时多出现此型,如清洁度近于零、缺陷数近于零、孔加工尺寸偏小等。

图 10-3　正常型　　　　　　　　　　　图 10-4　右偏峰型

（3）左偏峰型(见图10-5)。由于某种因素使上限受到限制时多出现此型。

（4）双峰型(见图10-6)。常常是两种不同的分布混合在一起时多出现此型,如两台设备或不同原料所生产的产品混在一起的情况。

图 10-5　左偏峰型　　　　　　　　　　图 10-6　双峰型

（5）平峰型(见图10-7)。常常是由于在生产过程中有某中缓慢的倾向在起作用时多出现此型,如刀具的磨损、操作者的疲劳等。

（6）高端型(见图10-8)。当工序能力不足时,为找到适合标准的产品而做全数检查时多出现此型,也就是说用剔除不合格产品的产品数据作直方图时易出现此型。另外,在等外品超差返修或制造假数据等情况时易出现此型。

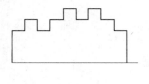

图 10-7　平峰型

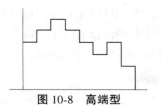

图 10-8　高端型

(7)孤岛型(见图 10-9)。当生产条件的明显变化,如一时原料发生变化或者在短期内由不熟练工人替班加工时易出现此型;另外,在测量有误时易出现此型。

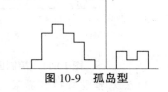

图 10-9　孤岛型

4)与公差界限比较分析

(1)理想型:直方图的分布中心与公差中心重合,其分布在公差范围内,且两边有余量。

(2)偏向型:直方图的分布在公差范围内,但分布中心和公差中心有较大偏移——工序稍微变化都易出现不合格。

(3)无富余型:直方图的分布在公差范围内,两边的分布均没有余地——工序稍微变化都易出现不合格。

(4)能力富余型:直方图的分布在公差范围内,两边有过大的余地——不经济。

(5)能力不足型:实际分布超出公差范围——已出现不合格。

(6)陡壁型:实际分布中心严重偏离公差中心,但作图时已剔除了不合格。

3.控制图

控制图是将一个过程定期收集的样本数据按顺序点绘成的一种图形技术,用于判断过程正常或异常的一种工具(见图 10-10)。

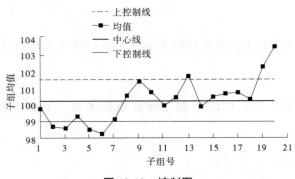

图 10-10　控制图

1)控制图的原理

当质量特性的随机变量 x 服从正态分布时,则 x 落在 $\mu \pm 3\sigma$ 的概率是 99.73%(见图 10-11)。根据小概率事件可以"忽略"的原则:如果出现超出 $\mu \pm 3\sigma$ 范围的 x 值,则认为过程存在异常。所以,在过程正常情况下约有 99.73%的点落在此控制线内。

观察控制图的数据位置,可以了解过程情况有无改变。

2)控制图的控制线

中心线(CL):$\bar{x}$

上控制线/限(UCL)：$x+3\sigma$

下控制线/限(LCL)：$x-3\sigma$

控制图右转90°见图10-12。

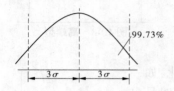

图10-11　控制图

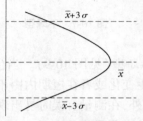

图10-12　控制图右转90°

3)公差界限与控制界限的区别

公差界限：区分合格品与不合格品。

控制界限：区分正常波动与异常波动。

4)控制图的作用

(1)能及时发现生产过程中的异常现象和缓慢变异，预防不合格品发生，从而降低生产成本和提高生产效率。

(2)能有效分析判断生产过程工序质量的稳定性，从而可降低检验、测试费用。

(3)可查明设备和工艺手段的实际精度，以便作出正确的技术决定。

(4)使工序的成本和质量成为可预测的，并能以较快的速度和准确性测量出系统误差的影响程度。

4.调查表

调查表是用来系统地收集资料和积累数据确认事实并对数据进行粗略整理和分析的统计图表。

5.分层法

分层法是按照一定的标志把收集到的大量有关某一特点主题的统计数据加以归类、整理和汇总的一种方法。

6.散布图

散布图是研究成对出现的两组数据之间存在的关系及其相关情况的图示方法(见图10-13)。

相关关系：

(1)强正相关：X变大，Y也显著变大。

(2)弱正相关：X变大，Y也大致变大。

(3)不相关：X和Y之间没有相关关系。

(4)强负相关：X变大，Y显著变小。

(5)弱负相关：X变大，Y大致变小。

(6)非线性相关：X变大，Y与X不成线性变化。

7.因果图

因果图又称石川图、要因图、鱼刺图等，是以结果为特性，以原因为因素。在它们之间用箭头联系起来(见图10-14)。

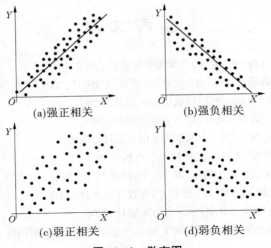

(a)强正相关　　　　(b)强负相关

(c)弱正相关　　　　(d)弱负相关

图 10-13　散布图

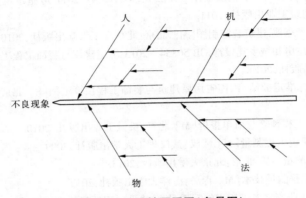

图 10-14　特殊性要因图(鱼骨图)

1)因果图作图方法

(1)明确要管理的特性。

(2)划出特性(结果)与主干。

(3)选取影响特性的要因。

(4)先画大枝(大分类的要因)。

(5)对大枝细究,一层一层,形成中枝、小枝、细枝,直到找出可采取措施的原因。

(6)检查要因是否有遗漏。

(7)对特别重要的要因附以标记。

2)注意事项

结果(特性)要具体;一个特性(结果)一张图;要因的分析应尽可能深入细致,穷追到底。

小　结

本章主要讲述了数理统计的基本概念,以及施工质量数据抽样和统计分析的方法。

参 考 文 献

［1］ 焦涛,白梅.建筑装饰材料［M］.北京:北京大学出版社,2013.

［2］ 王军,马军辉.建筑装饰施工技术［M］.北京:北京大学出版社,2009.

［3］ 沙玲.建筑装饰施工技术［M］.北京:机械工业出版社,2008.

［4］ 周耀.建筑装饰施工技术［M］.北京:化学工业出版社,2008.

［5］ 骆刚.计算机应用基础［M］.北京:中国水利水电出版社,2010.

［6］ 韩应江.计算机应用基础［M］.大连:东软电子出版社,2012.

［7］ 焦涛,袁新华.轻质隔墙装饰施工技术［M］.北京:高等教育出版社,2007.

［8］ 焦涛.门窗装饰工艺及施工技术［M］.北京:高等教育出版社,2007.

［9］ 冯美宇.建筑与装饰构造［M］.北京:中国电力出版社,2006.

［10］ 中华人民共和国住房和城乡建设部.GB/T 50001—2010 房屋建筑制图统一标准［S］.北京:中国计划出版社,2011.

［11］ 东南大学建筑学院,江苏广宇建设集团有限公司.JGJT 244—2011 房屋建筑室内装饰装修制图标准［S］.北京:中国建筑工业出版社,2011.

［12］ 赵方欣,黄瑞芬,李东侠.建筑装饰制图［M］.北京:北京理工大学出版社,2010.

［13］ 中华人民共和国住房和城乡建设部.GB 50854—2013 房屋建筑与装饰工程工程量清单计价规范［S］.北京:中国计划出版社,2013.

［14］ 河南省建筑工程标准定额站.河南省房屋建筑与装饰工程预算定额［S］.北京:中国建材工业出版社,2016.

［15］ 翟丽旻.建筑装饰工程预算与清单报价［M］.北京:机械工业出版社,2010.

［16］ 李生平,陈伟清.建筑工程测量［M］.武汉:武汉理工大学出版社,2009.

［17］ 张敬伟.建筑工程测量［M］.北京:北京大学出版社,2013.

［18］ 王伟主,郭清燕.工程测量技术［M］.青岛:海洋大学出版社,2012.

［19］ 全国二级建造师执业资格考试用书编写委员会.建设工程项目管理［M］.北京:中国建筑工业出版社,2011.